基礎無機化学

下井 守 著

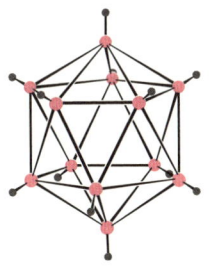

東京化学同人

まえがき

　有機化学の主役は炭素と水素，そして脇役に酸素，窒素などが並び，大きなドラマが展開されています．一方，これから皆さんが学ぶ無機化学の主役は100種類以上の元素です．脇役なしのすべてが主役のドラマ，考えただけでも収拾がつかないドラマになりそうです．登場人物が多数出てくる物語を読むときには，登場人物の整理が必要になります．幸い，メンデレーエフの周期律とそれを具体化した周期表が無機化学の登場人物の整理をする指針になります．周期表は化合物の組成や元素の性質に基づいて経験的につくられたものですが，20世紀になって，原子構造がわかってはじめて周期表が理論的に説明できるようになりました．さらに量子化学の発展は化合物の構造，結合の理解を深めるのに大きな寄与をしました．また，熱力学や反応速度論などの巨視的な物理化学も複雑な化学反応を整理する役割を果たしてきました．

　本書では，前半で原子の構造と周期律，無機物質の構造と結合，さらに反応について学び，後半で個々の無機物質についてその構造，反応性，応用などを学んでいきます．無機化学のこのような展開は最近の教科書ではごく普通のものですが，本書の前半，これは物理化学に分類される領域ですが，ここでは高等学校で学んだ化学の知識とつながるように気をつけました．

　後半の各論は周期表に基づいて解説していきますが，同じ族に属していても，元素はそれぞれ個性があります．14族の元素単体を取上げただけでも，そのことがわかります．炭素は多形でダイヤモンド，グラファイト，フラーレンという全く異なる構造で存在することができます．ケイ素，ゲルマニウムはダイヤモンド構造のみをとり，多形ではありません．スズではふたたび，多形になり，ダイヤモンド構造のスズと金属スズが存在します．鉛になるとまた多形ではなくなり，最密充塡構造の金属のみが取りうる構造になります．これを見ますと，族の中の一，二の元素だけを取上げて，あとは推して知るべし，とするわけにはいきません．無機化学の宿命

であるとともに，面白いところでもあります．

　各論は覚えることが多いからいやだという人も多いのですが，新しい知識に触れることを楽しみながら，無機化学を学んでくださることを切に願っています．

　元素の個性を生き生きと伝えることが無機化学を講義するものの重大な役割だと自戒してきました．この冊子がそれをどこまで実現できているか心もとない限りですが，何とか自分なりの責務を果たした感をもっています．

　執筆が遅れ遅れになりながらもここまでたどり着くことができたのは，東京化学同人編集部の高林ふじ子さんの励ましと貴重な助言のおかげです．深甚なる感謝の意を表したいと思います．

　2009年5月

下　井　守

目　　次

① 原子構造と周期律 ……………………………………………… 1

- 1・1　原子核と電子 …………………………………………… 1
- 1・2　核種と同位体 …………………………………………… 4
- 1・3　放射性核種と放射性崩壊 ……………………………… 7
- 1・4　宇宙における元素の存在度 …………………………… 10
- 1・5　ボーアの水素原子モデル ……………………………… 12
- 1・6　水素の波動関数 ………………………………………… 15
- 1・7　多電子原子の電子配置 ………………………………… 20
- 1・8　イオンの電子配置 ……………………………………… 28
- 1・9　周　期　律 ……………………………………………… 29

② 分子の構造と結合 ……………………………………………… 34

- 2・1　分子の対称性 …………………………………………… 34
  対称性と対称操作, 対称要素／回映操作と反転操作, 鏡映操作／
  点群の種類／点群決定の検索表
- 2・2　共有結合 ………………………………………………… 43
  原子価結合法／VSEPR／分子軌道法／
  原子価結合法と分子軌道法
- 2・3　配位結合 ………………………………………………… 60
- 2・4　電気陰性度 ……………………………………………… 68

③ 無機物質の結晶構造と結合 …………………………………… 71

- 3・1　結晶構造 ………………………………………………… 71
  格子点と単位胞／結晶系とブラヴェ格子／
  球の最密充塡と体心立方格子／二元化合物の構造

    3・2　イオン結合 ……………………………………………………… 79
            格子エネルギーの理論値／格子エネルギーの実測値／
            イオン半径／イオン結晶の構造とイオン半径比
    3・3　金属結合 ……………………………………………………… 87

4　無機物質の反応 …………………………………………………… 91

    4・1　水と水素結合 ………………………………………………… 91
    4・2　酸・塩基 ……………………………………………………… 93
            アレニウス酸・塩基／ブレンステッド酸・塩基／
            ブレンステッド酸・塩基の強さ／ルイス酸・塩基／HSAB
            （硬い酸・軟らかい酸，硬い塩基・軟らかい塩基）／非水溶媒
    4・3　酸化還元反応 ……………………………………………… 100
            酸化還元の定義／酸化数と酸化還元／電池と標準酸化還元
            電位／標準電極電位とギブズエネルギー変化

5　典型元素の単体と化合物の性質 ………………………………… 107

    5・1　水　素 ……………………………………………………… 107
            名称および発見／自然界における存在／単離／用途／同位体／
            オルト水素とパラ水素／二元水素化物／水素結合
    5・2　アルカリ金属 ……………………………………………… 113
            名称，発見および単離／一般的概観／自然界における存在／
            アルカリ金属の単離・製造／アルカリ金属の用途／
            化学的性質／イオン半径とイオンの挙動
    5・3　アルカリ土類元素 ………………………………………… 122
            名称，発見および単離／一般的概観／自然界における存在／
            アルカリ土類金属の単離・製造／アルカリ土類金属の用途／
            化学的性質／生体内のマグネシウム，カルシウム
    5・4　13族元素（ホウ素族） …………………………………… 131
            名称，発見および単離／一般的概観／自然界における存在／
            元素単体の単離・製造／元素単体の構造／元素の用途／
            化学的性質と化合物

vii

- 5・5　14族元素（炭素族） ……………………………………… 146
  名称，発見および単離／一般的概観／自然界における存在／
  元素単体の単離・製造／元素単体の構造／元素単体の用途／
  化学的性質と化合物

- 5・6　15族元素（窒素族） ……………………………………… 163
  名称，発見および単離／一般的概観／自然界における存在／
  元素単体の単離・製造／元素単体の構造／元素単体の用途／
  化学的性質と化合物

- 5・7　16族元素（酸素族） ……………………………………… 175
  名称，発見および単離／一般的概観／自然界における存在／
  元素単体の単離・製造／元素単体の構造／元素単体の用途／
  化学的性質と化合物

- 5・8　17族元素（ハロゲン） …………………………………… 183
  名称，発見および単離／一般的概観／自然界における存在／
  元素単体の単離・製造／元素単体の用途／化学的性質と化合物

- 5・9　18族元素（希ガス，貴ガス） …………………………… 193
  名称，発見および単離／一般的概観／自然界における存在／
  元素単体の単離／元素単体の用途／化学的性質と化合物

❻ 遷移元素の単体と化合物の性質 …………………………… 200

- 6・1　遷移元素 …………………………………………………… 200
  遷移元素の地殻での存在度／遷移元素の一般的概観

- 6・2　3族元素（スカンジウム族） ……………………………… 207
  名称，発見および単離／一般的概観／自然界における存在／
  3族元素の単離／3族元素の用途／化学的性質と化合物

- 6・3　4族元素（チタン族） ……………………………………… 211
  名称，発見および単離／一般的概観／自然界における存在／
  4族元素の単離／4族元素の用途／化学的性質と化合物

- 6・4　5族元素（バナジウム族） ………………………………… 218
  名称，発見および単離／一般的概観／自然界における存在／
  5族元素の単離／5族元素の用途／化学的性質と化合物

6・5 6族元素（クロム族）・・・・・・・・・・・・・・・・・・・・・・・・・・・・・・・・・・・・・・223
　　　名称，発見および単離／一般的概観／自然界における存在／
　　　6族元素の単離／6族元素の用途／化学的性質と化合物

6・6 7族元素（マンガン族）・・・・・・・・・・・・・・・・・・・・・・・・・・・・・・・・・229
　　　名称，発見および単離／一般的概観／自然界における存在／
　　　7族元素の単離／7族元素の用途／化学的性質と化合物

6・7 8族元素（鉄族）・・234
　　　名称，発見および単離／一般的概観／自然界における存在／
　　　8族元素の単離／8族元素の用途／化学的性質と化合物

6・8 9族元素（コバルト族）・・・・・・・・・・・・・・・・・・・・・・・・・・・・・・・・・240
　　　名称，発見および単離／一般的概観／自然界における存在／
　　　9族元素の単離／9族元素の用途／化学的性質と化合物

6・9 10族元素（ニッケル族）・・・・・・・・・・・・・・・・・・・・・・・・・・・・・・・246
　　　名称，発見および単離／一般的概観／自然界における存在／
　　　10族元素の単離／10族元素の用途／化学的性質と化合物

6・10 11族元素（銅族）・・・・・・・・・・・・・・・・・・・・・・・・・・・・・・・・・・・・・251
　　　名称，発見および単離／一般的概観／自然界における存在／
　　　11族元素の単離／11族元素の用途／化学的性質と化合物

6・11 12族元素（亜鉛族）・・・・・・・・・・・・・・・・・・・・・・・・・・・・・・・・・・256
　　　名称，発見および単離／一般的概観／自然界における存在／
　　　12族元素の単離／12族元素の用途／化学的性質と化合物

6・12 ランタノイド・アクチノイド・・・・・・・・・・・・・・・・・・・・・・・・・・・262
　　　名称，発見および単離／一般的概観／自然界における存在／
　　　ランタノイド・アクチノイドの単離／
　　　ランタノイド・アクチノイドの用途／化学的性質と化合物

◼ 付録 A　無機化学命名法・・・・・・・・・・・・・・・・・・・・・・・・・・・・・・・・・・・・・・・277
◼ 付録 B　本書で使用されている非 SI 単位と SI 単位との換算・・・・・・・・・284
◼ 付録 C　参考書・推薦書・・286

◼ 索　　引・・287

1

原子構造と周期律

　化学で扱う物質はすべて原子から成り立っている．無機化合物で重要なイオン結晶を構成する粒子は原子そのものではなくイオンであるが，そのイオンは，原子が電子を放出したり，獲得したりしたものであり，原子の成り立ちを理解することにより容易に把握することができる．また，物質の性質を扱ううえで，最小単位として分子を考えなくてはならない物質も多いが，その分子を構成しているものもやはり原子である．したがって，原子構造を理解することは，化学的に物質を理解していく場合の基本になる．特に，無機化学を体系化するうえで欠くことのできない元素の周期律は，原子構造と密接な関係があり，原子構造の理解なしで周期律を解釈することは，表面的な理解にすぎない．本章では量子力学に基づき原子構造を理解するとともに，原子構造と周期律の関係について議論する．また，原子核の構成に由来する同位体，放射能などについても学んでいく．

1・1　原子核と電子

　物質を小さく分割していくと，**原子**（atom）という最小単位に行き着くことは古代ギリシャの時代から考えられてはいたが，近代科学のなかで原子の存在が改めて認識されたのは 1804 年の**ドルトン**（Dalton）の提案からである．**分子**（molecule）の存在については，**アボガドロ**（Avogadro）によって 1811 年に提案されたものの，1858 年に**カニッツァロ**により再確認されるまで，無視され，その後も長い間，仮説として扱われていた．幕末の 1857 年にオランダから日本に派遣された医官ポンペはカリキュラムに基づく医学教育を初めて日本で実施した．その際に医学教育に必要な基礎教育として，物理学，化学，鉱物学などの講義も実施した．最近発見された，ポンペの化学の講義録のなかに，

　　"原子とは物質がそれにより成り立っている最小の単位で，それ以上分割できないものと考えられている．多くの原子が集まった物を結合原子と称して，化学ではこれを分子と言っているが，ひょっとするとこれは正しくないかもしれない．本来，分子と原子は同じものである．"
　　［芝 哲夫 訳，"ポンペ化学書──日本最初の化学講義録"，p.5，化学同人（2005）］

という興味深い記述がある．光学顕微鏡などで拡大しても単独の原子を見ることができないため，原子や分子の存在が確立されたのは20世紀になってからである．

ボイル-シャルルの法則，すなわち気体の体積と温度，圧力というマクロスコピックな物理量の関係が原子・分子の運動に起因することが19世紀後半に**マクスウェル**の気体分子運動論によって示された．また，顕微鏡下で観察された水中での微粒子の不規則な運動，すなわち**ブラウン運動**が**アインシュタイン**（1905）と**ペラン**（1908）により**アボガドロ数**の決定に使われるに至って，当時，原子・分子の存在に懐疑的であった有力な物理学者，化学者もその存在を認めるようになった．

19世紀末から20世紀にかけての科学の進歩により，原子の構成に関するわれわれの知識は急速に増大してきた．

1897年に**トムソン**（J.J. Thomson）による陰極線の研究から，陰極線の電荷と質量の比 e/m が常に一定であることが見いだされ，物質に普遍的な粒子として**電子**（electron）が発見された．さらに**ミリカン**の油滴の実験により電気素量 e が測定され，電子の質量は原子の質量の数千分の1から数万分の1というきわめて小さい値であることがわかった．

原子の大部分の質量を保持している**原子核**（atomic nucleus）の発見は，1911年に**ラザフォード**の指導のもとに**ガイガー**と**マルスデン**が行った実験の結論から導かれた．ラジウムから放出される α 粒子（ヘリウムの原子核）をいろいろな金属箔にぶつけると，大部分の α 粒子はほとんど曲げられずに通り抜けるが，ときどき大きく曲げられる粒子が存在し，まれにはほとんど反対方向に曲げられるものもでてくることを見いだした．α 粒子の散乱角の分布データをもとに，彼らは，原子の質量の大部分はきわめて小さな範囲に集中して，核を形成しており，その核に正の電荷が集中しているという結論を導き出した．

求められた核の電荷は，現在知られている電荷の倍近い値となっており，大きな誤差を伴っていたが，原子の構造について初めて明確な描像が得られたことになる．すなわち，トムソンは，電子の負電荷を相殺する正電荷が原子全体に広がっていて，その中に電子が埋まっているというモデル（プラムプディングモデル）をたてていたが，そのモデルは否定され，**長岡半太郎**が提案していた，正の電荷をもった核のまわりを電子が回っている土星モデルに近い構造であることが実験的に確認されたことになる．

原子の大きさは半径でいうと大体 1 Å（10^{-10} m：0.1 nm）から数 Å であるのに対して，原子核は 10^{-4} Å 程度であり，きわめて小さい．原子の大きさを半径 10 km の

球に例えるなら,原子核は1mの球に過ぎず,体積比では10^{-12}程度になり,いかに小さな領域に原子の質量が集中しているかがわかる.

原子核はさらに陽子と中性子からできあがっている.

陽子(proton)の発見はやはりトムソンによってなされた.陰極線と反対方向に正に帯電した粒子線が見いだされ,その質量は電子に比べて,ずっと大きいことがわかった.この粒子は原子が電子を一部放出したものであり,現在陽イオンとよばれるものに相当する.質量は原子そのものとほぼかわらない.それらの粒子線のうち,水素が最も軽い粒子を発生し,電子の質量の約1840倍の質量をもつことがわかった.これが第二の素粒子で陽子である.その電荷は電子の電荷と絶対値は完全に等しく,符号が逆,すなわち正になっている.

中性子(neutron)は電荷を全くもたないため,検出が難しく,その発見には1932年のチャドウィックの研究を待たなければならなかった.彼はα粒子をベリリウム薄膜にあてると,α粒子が遮られるが,そのかわりにベリリウムから飛び出してくる粒子がパラフィン中の水素をイオン化して水素イオンを発生することを見いだした.ベリリウムから飛び出してくる粒子は電荷をもたず,質量は陽子とほぼ同じであり,これが第三の素粒子,中性子である.

表1·1に陽子,中性子,電子の質量と電荷をまとめた.陽子と電子の電荷は絶対値が完全に一致する.中性子から電子が飛び出すと残りは陽子になる.電子と陽子の質量の和は中性子の質量にならないが,その質量の差分は§1·2で述べる$E=mc^2$の式に従って大きなエネルギーとして放出される.§1·3で述べる原子核のβ崩壊はその過程に相当する.

原子核は陽子と中性子から構成されている.原子には原子核中の陽子と同じ数の電子が含まれるため,原子は電気的に中性である.原子から電子が放出されると,その粒子は正に帯電し,**陽イオン**(**カチオン**: cation)となる.電子が1個放出されれば1価の陽イオンであり,2個放出されれば2価の陽イオンとなる.逆に原子

表 1·1 陽子,中性子,電子の質量と電荷

素粒子	質量/kg[†]	質量(電子に対する相対質量)	電荷/C[†]	電荷(陽子の電荷に対する相対比)	原子内の位置
陽 子	1.6726×10^{-27}	1836	$+1.602 \times 10^{-19}$	$+1$	原子核
中性子	1.6750×10^{-27}	1839	0	0	原子核
電 子	9.1094×10^{-31}	1	-1.602×10^{-19}	-1	核 外

[†] これらの値は現在8桁から9桁の精度で求められている.

が電子を受け取れば**陰イオン**（アニオン：anion）となり，受け取った電子の数により，1価，2価などの陰イオンが生じる．

気体状態で原子が電子を放出してイオンになっているものは**プラズマ**（plasma）とよばれる．プラズマ状態は気体の放電管中などで見られるが，エネルギーが高く，きわめて不安定であり，通常の気体の構成粒子は電気的に中性な分子や原子として存在する．

陽子や中性子はさらに小さい**クォーク**や**レプトン**などの素粒子から構成されていることが現在わかっているが，化学が対象とする物質を見ていく場合には，そこまでさかのぼる必要はなく，原子核を構成する素粒子は陽子，中性子と考えることで十分理解できる．

1・2　核種と同位体

原子核中の陽子と中性子の数で原子核の種類が決定され，これを**核種**（nuclide）という．中性子数が異なっていても，同じ数の陽子をもつ原子は，同じ数の電子をもち，化学的な性質はほぼ同一であるため，同じ数の陽子をもつ複数の核種をまとめて**元素**（element）とよぶ．原子核の陽子数は**原子番号**（atomic number）Z に相当する．陽子と中性子の質量はほぼ等しいので，陽子数と中性子数の和を使えば，核種の質量を指定できることになり，この数を**質量数**（mass number）とよぶ．質量数 A と陽子数 Z, 中性子数 N の間にはつぎの関係が成立する．

$$A = Z + N$$

核種は原子番号と質量数で指定することができ，$_Z^A\text{E}$ のように記す．ここで E は元素記号である．元素によって原子番号は一定であるので，Z を省略して，^AE のように表すことが多い．たとえば，原子番号1の水素には中性子数が 0, 1, 2 の 3 種類の核種が存在し，それぞれ，$^1\text{H}, ^2\text{H}, ^3\text{H}$ のように記して区別することができる．読むときには水素1あるいは H1 のように質量数を後に読み上げる．

同一の元素で異なる質量数をもつ核種，すなわち陽子数が同じで，中性子数が異なる核種を互いに**同位体**（isotope）とよぶ．単一の核種について記述するときには同位体という用語は用いない．元素の同位体は，核融合でも起こさない限り無限の寿命をもつ**安定同位体**（stable isotope）と放射壊変して異なる核種になる**放射性同位体**（radioisotope）に分類することができる．フッ素やリンのように安定同位体が1種類しかない元素もあるが，多くの元素は複数の安定同位体をもつ．

● 原 子 量

元素の相対的質量を用いて**原子量**(atomic weight)を定義することができる。^{12}C の原子1個の質量の 1/12 を**原子質量単位**(atomic mass unit, 1.660 538 86(28)×10^{-27} kg, u)と定義し，これを原子や分子の質量を表す単位として用いる．定義により ^{12}C の相対質量は 12 u である．^{13}C は 13.003 35 u になる．天然の炭素は ^{12}C と ^{13}C の混合物であるため，その同位体比によって炭素の平均相対質量 12.011 が求められる．これが炭素の原子量であり，**相対原子質量**(relative atomic mass)ともいう．核種が1種類だけのリンやナトリウムなどの原子量はきわめて精確に求められ，9桁程度の有効数字をもつが，同位体をもつ元素は同位体組成の測定精度の問題や，天然における同位体組成の変動などのために有効数字が4桁程度になるものもある．ウランのように同位体分別をしている元素の市販品の原子量は原子量表と大きく異なる場合もある．

分子量(molecular weight)は分子を構成する原子の原子量の和として求められるが，**相対分子質量**(relative molecular mass)ということもある．

● 質 量 欠 損

原子は整数個の中性子，陽子，電子から成り立つので，原子の質量はそれぞれの質量×個数を足すことによって求められるはずであるが，実際の質量はその値より小さい．たとえば，2個の陽子，2個の中性子，2個の電子の質量の和は 6.697×10^{-27} kg（4.0330 g mol^{-1}）であるが，^{4}He の質量は 6.646×10^{-27} kg（4.0026 g mol^{-1}）であり，0.051×10^{-27} kg（0.0304 g mol^{-1}）だけ小さい．この質量差 Δm は**質量欠損**

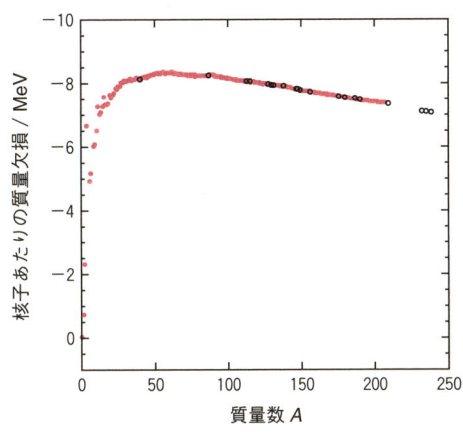

図 1・1 核子あたりの質量欠損
（● は安定核種，○ は放射性核種を示す）

(mass defect) とよばれ，アインシュタインの相対性理論から出てくる質量 m とエネルギー E の関係式 $E=mc^2$ に従い，核を形成する際の**結合エネルギー**（binding energy）として放出される．ここで，c は光速度で 2.9979×10^8 m s^{-1} という大きな値をもつため，微少な質量欠損でも非常に大きなエネルギーとなる．原子の質量数が大きくなるに従い質量欠損は大きくなるが，**核子**（nucleon：陽子および中性子）一つ当たりに換算すると，図 1・1 のように ^{56}Fe が最大，すなわち最も安定な核種になる．図 1・1 の縦軸は天然に存在する核種の質量欠損をエネルギー単位 MeV（10^6 eV）で表したものである．化学結合のエネルギーは 10 eV 程度であることを考えると，原子核の結合エネルギーがいかに大きいものであるかがわかる．

図 1・2 は安定核種の陽子数と中性子数の関係を示した図である．プロットのすき間やプロットの周辺には放射性の核種が存在する．安定核種の種類にはいくつかの特徴がある．

❶ 原子番号が大きくなると，中性子数が陽子数より多くなる．
❷ 原子番号が偶数のものは多くの同位体をもつが，奇数のものは同位体の数が少ない．
❸ 中性子数が偶数の核種の方が奇数の核種より多い．

原子核を形成する力は電磁力や重力とは異なり**核力**とよばれるが，原子核の安定化に中性子が欠かせないことがわかる．

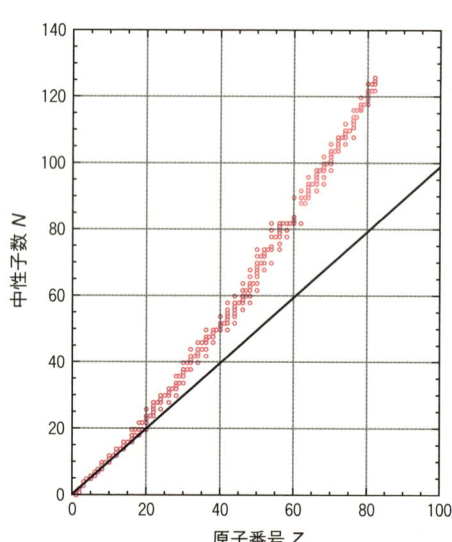

図 1・2 安定核種の陽子数と中性子数の関係（直線は陽子数と中性子数が同じ場合を示す）

1・3 放射性核種と放射性崩壊

不安定核種は放射線を放出して別な核種に変換する．核種が放射線を放出する能力あるいは現象を**放射能**（radioactivity）とよぶ．放射能をもつ核種は**放射性核種**とよばれる．また，放射性同位体とよばれることもある．原子核の**崩壊**（壊変ともいう）に伴い放出される放射線は**α線**（α-rays），**β線**（β-rays），**γ線**（γ-rays）の3種類がある．このうちγ線は高エネルギーの電磁波であるが，α線，β線はそれぞれ ^{4}He 原子核，電子の粒子線である．α粒子の放出に伴い，原子核中の陽子は2個減少し，中性子も2個減少するため，**α崩壊**（α-decay）では原子番号と質量数はそれぞれ，2および4だけ小さくなる．**β崩壊**（β-decay）では原子核中の中性子から電子が放出され陽子に変化するため，原子番号が一つ増加し，質量数は変化しない．**γ崩壊**（γ-decay）はエネルギーのより高い励起状態の原子核から電磁波としてエネルギーを放出してより安定な状態に遷移する過程であるため，原子番号や質量数の変化を伴わない．

可視光線や紫外線などの電磁波も広い意味で放射線の一種であるが，原子核崩壊に伴う放射線はエネルギーが大きいため，物質を電離する（電子を放出させる）能力をもつ**電離放射線**であることにより，紫外線などと区別される．**X線**（X-ray）もγ線と同程度のエネルギーをもつ電磁波で，電離放射線であるが，原子核の崩壊に伴うものではない．X線は，高エネルギーの電子の減速に伴い放出されたり，内殻の電子がたたき出されたあとに外側の軌道からの電子が落ちる際に放出されたりする電磁波である．

放射性核種 A が放射性崩壊をして核種 B に変化したとき，A を**親核種**，B を**娘核種**とよぶ．A が減少する速度 $-\mathrm{d}N/\mathrm{d}t$ は A の個数 N に比例する．すなわち，

$$-\frac{\mathrm{d}N}{\mathrm{d}t} = \lambda N \tag{1・1}$$

λ は核種に固有の値で，**崩壊定数**（壊変定数：decay constant）とよばれる．放射能の強さは単位時間あたりに起こる放射性崩壊の数で表されるので，λN がそれに相当する．この微分方程式から次式が導かれる．

$$N = N_0 \mathrm{e}^{-\lambda T_{1/2}} \tag{1・2}$$

ここで N_0 は時刻 $t=0$ のときの A の個数を表し，$T_{1/2}$ は**半減期**（half-life）とよばれ，放射性崩壊により放射性核種の個数が半分になる時間に相当する．

$$T_{1/2} = \frac{\log_e 2}{\lambda} = \frac{0.693}{\lambda} \tag{1・3}$$

ウランには3種類の同位体，^{234}U（0.0055%），^{235}U（0.7200%），^{238}U（99.2745%）があるが，それぞれの半減期は $2.454×10^5$ y, $2.342×10^7$ y, $4.468×10^9$ y である．このうち，^{234}U は ^{238}U の放射性崩壊を経てできる核種であるが，^{235}U と ^{238}U は宇宙に広がっていた原子が地球生成の際に取込まれたもので，(1・2)式に従って減少してきている．地球の年齢は 45 億年程度で ^{238}U の半減期と一致するので，地球生成のころの ^{238}U は現在の2倍程度存在したはずである．一方 ^{235}U は現在の $2^{45×10^8/23×10^7} = 2^{20} = 1×10^6$ 倍存在したことになる．

^{14}C は半減期 5730 y で，地球ができた当初の核種は全く存在しないが，上空で宇宙線と窒素の衝突によって常につくられ，大気中の CO_2 中に一定濃度で存在する．この CO_2 が光合成によって植物中に取込まれるため，生きている生物中の ^{14}C の濃度は大気中の CO_2 中の ^{14}C の濃度とほとんど同じであるが，生物が死んで生命活動を中止すると，新たな ^{14}C が取込まれなくなるため，(1・2)式に従って，^{14}C の濃度は低下していく．これを利用すると考古学的試料の年代を測定することができる．

K に 0.0117% 含まれる ^{40}K は半減期 $1.277×10^9$ y で放射性崩壊する．その崩壊は 2 通りあり，一つは β 崩壊で ^{40}Ca に変換する．この崩壊が起こる確率は 89.3% で，残りの 10.7% は**電子捕獲**（electron capture）という過程で，電子が原子核の陽子に捕獲され，中性子に変換する．そのため，原子番号が 1 小さい ^{40}Ar に変化する．この過程ではいったん原子核の励起した状態になり，1.461 MeV の γ 線を放出しながら，安定な ^{40}Ar に変換する．この放射性崩壊は天然放射能の中では重要であり，花コウ岩のようなカリウムに富む岩石が多い所では天然放射能のレベルが高い．また ^{40}K–^{40}Ar の崩壊は岩石，鉱物などの地球化学的年代測定に利用される．

● **放 射 平 衡**

放射性崩壊して生成した核種が不安定な核種で，さらに崩壊する場合がある．天然に存在する ^{232}Th, ^{235}U, ^{238}U は α 崩壊と β 崩壊を繰返して，最終的にそれぞれ，^{208}Pb, ^{207}Pb, ^{206}Pb になる．α 崩壊では質量数が 4 減少するが，β 崩壊では質量数の減少がないので，それぞれの崩壊でできる核種の質量数は $4n, 4n+3, 4n+2$（n は自然数）になり，それぞれ，**トリウム系列**，**アクチニウム系列**，**ウラン系列**とよばれる．図 1・3 にその系列の崩壊様式と生成する核種を示した．$4n+1$ の系列も ^{237}Np から始まり ^{205}Tl に達する系列で起こるが，現在は，天然には存在しない系列である．

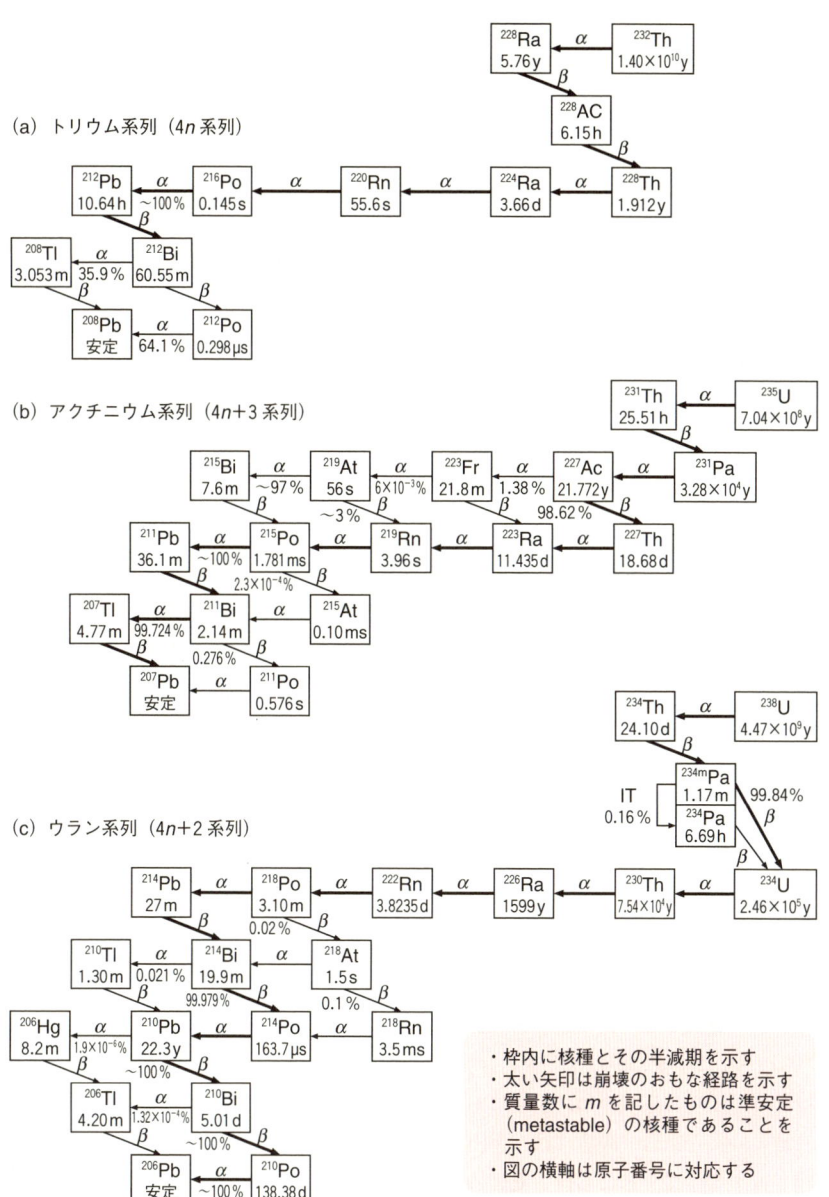

図 1・3　放射性崩壊系列

親核種の半減期が娘核種の半減期より短い場合には，娘核種がどんどん増えていく状況が生まれるが，上記の系列ではいずれも，親核種の半減期が娘核種の半減期に比べて圧倒的に長い．すなわち

$$\lambda_1 \ll \lambda_2, \ \lambda_1 \ll \lambda_3, \ \cdots\cdots, \ \lambda_1 \ll \lambda_n$$

という関係が成立している．このような場合，最も長い半減期をもつ娘核種の半減期より十分に長い時間が経つと，親核種の原子数 N_1 と娘核種の原子数 N_i との間には，次式の関係が成立する．

$$\lambda_1 N_1 = \lambda_2 N_2 = \lambda_3 N_3 = \cdots\cdots = \lambda_n N_n$$

このような関係が成り立つ状態を**放射平衡が成立**しているという．

● **核 分 裂**

^{235}U に中性子を当てると，原子核が二つに分裂し，その際に数個の中性子が放出される．これを**核分裂**（nuclear fission）とよぶ．核分裂では原子核は不均等に分裂し，生じる二つの核種は一般に異なる．放出された中性子がさらに別の ^{235}U に衝突すると，核分裂が連続して起こる．核分裂で生じた核種の結合エネルギーは一般に ^{235}U より大きいため（核子一つあたりの質量欠損が大きい），1回の核分裂で，大きなエネルギーが放出される．放出された中性子のうち，1個より多い数の中性子が核分裂を起こすと，核分裂の連鎖反応が爆発的に起こることになる．これが**核爆発**（nuclear explosion）である．

放出された中性子のうち1個だけがつぎの核分裂を起こすならば，核分裂の連鎖反応は一定の速度で起こることになる．^{235}U の濃度を変えたり，生じた中性子を別な材料に吸収させたりすることにより，そのような状況をつくりだすことができるならば，原子核のエネルギーをコントロールして利用することができることになる．これが**原子炉**（nuclear reactor）の原理である．

1・4　宇宙における元素の存在度

図 1・4 は宇宙における元素の存在度を示した図である．膨大な宇宙の星間空間はほとんど真空に近いため，宇宙における元素の存在度は星の中の元素の存在度を知ればよい．ただし，現実には，宇宙全体の星のデータは得られず，太陽系の元素の存在度をもって宇宙における元素の存在度としている．多くの恒星のなかで太陽は標準的な恒星であり，太陽系の元素の存在度は宇宙全体の元素の存在度と考えても差し支えないだろうという論理である．幸い，太陽のスペクトルや地球，月，隕石

1・4 宇宙における元素の存在度

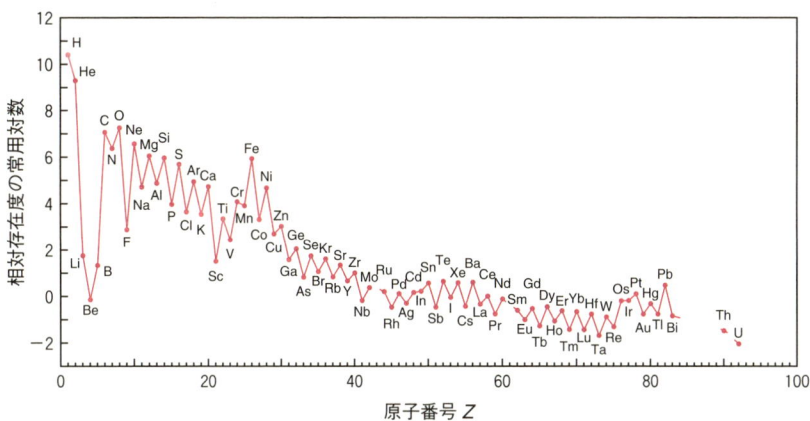

図 1・4 宇宙における元素の存在度（ケイ素を 10^6 個で規格化して示している）

などの元素分析により，太陽系の元素組成はかなり正確に求めることができる．図 1・4 は横軸に原子番号をとり，縦軸にはケイ素 10^6 個を基準にした各元素の原子数を常用対数目盛りで示している．常用対数を用いているため，縦軸の目盛は 10 倍のファクターに相当することに注意してグラフを見てほしい．

このグラフを概観すると，宇宙の元素の存在度には以下のような特徴があげられる．

❶ 原子番号が大きくなるにつれて存在度は著しく低下する．
❷ 原子番号が偶数の元素は近くの奇数の元素の 10 倍から 100 倍くらい多い．
❸ 水素，ヘリウムの存在度は他の元素に比べてきわめて多く，水素とヘリウムだけで 99％ に達する．
❹ 鉄，鉛の付近に極大が存在する．
❺ リチウム，ベリリウム，ホウ素などの存在度はきわめて低い．

上記の特徴は宇宙における元素の生成や核種の安定性を反映している．

宇宙は中性子の大爆発ビッグバンによって約 150 億年前に始まったと考えられている．ビッグバンの際に中性子の一部が電子を放出して陽子となった．ビッグバンの初期は非常な高温であるため，電子は陽子と結びつかないで，プラズマ状態であるが，陽子と中性子が結合して重水素 ^2H や ^4He のような原子核が生成する．このような核融合の際には大量のエネルギーが放出される．ビッグバンの最初の数分間で ^3He や ^7Li などの原子核も生成するが，宇宙が膨張して温度が低下すると，その

ような原子核の生成も停止する.

　宇宙がさらに膨張して,重力の影響で物質が凝集し始め,恒星の生成が始まる.物質が大量に凝集すると,恒星の中心部は核融合を起こすのに十分な温度に達し,水素とヘリウムの核融合により $^{12}C, ^{16}O, ^{20}Ne$ などができ,さらに,Si や Fe のような質量の大きい元素が生成してくる.原子核の安定性は ^{56}Fe が最大であるため(図1・1),恒星の中では,しだいに Fe がたまっていくことになる.Fe より大きな元素は超新星の爆発などの際に生まれ,それが次世代の恒星の生成の際に取込まれていく.宇宙全体はビッグバン以来の断熱膨張により現在 3 K という低温であるが,恒星など,局所的には高温の部分があり,現在も新たな元素が生成している.最終的には最も安定な ^{56}Fe がさらに増加していくことになるが,ビッグバンから 150 億年たっているにもかかわらず,水素,ヘリウムが 99 % も占めている事実は,現在でも,宇宙の進化の初期段階といってもよいのかもしれない.

　原子番号 Z が偶数の元素が奇数番の元素より多いのは原子核の安定性の違いによる.§1・2 で指摘した偶数番の元素は同位体の数が多いことは原子核の安定性を反映している.また Li, Be, B の存在度が非常に低いが,恒星の中の核融合のプロセスでこれらの原子ができる過程がないためである.これらの原子は宇宙線中の軽原子や中性子が互いに高エネルギーで衝突する際にでき,それが,恒星に取込まれたものである.

1・5　ボーアの水素原子モデル

　原子の構造については §1・1 で記したように大部分の質量は正の電荷をもつ原子核に集中しており,そのまわりを負の電荷をもつ質量の小さい電子が回っているというモデルがラザフォードにより提出されたが,19 世紀までに確立された古典物理学とは矛盾するという大きな問題点があった.すなわち,電子が原子核のまわりを回っているとすると,電子はエネルギーを放出しながら徐々に原子核に引き寄せられ,ついには原子核と合体するはずであるという問題である.古典物理学では説明がつかない大きな理由の一つは,古典物理学ではエネルギーが連続的であるということに基づく.それに対して,エネルギーは連続的ではなく,離散的な値をもつという,古典物理学とは矛盾する仮定をおくことにより,初めてこの問題への解決ができる.このような新しい考え方は**量子力学**(quantum mechanics)とよばれ,1900 年に**プランク**が黒体放射のエネルギー分布を説明するために提出した仮説から始まる.また,光電効果の合理的な説明として,1905 年に**アインシュタイン**が,

1・5 ボーアの水素原子モデル

光が波であるだけでなく，$h\nu$ のエネルギーをもつ粒子であることを提案した．ここで ν は光の振動数であり，h（$=6.626\times10^{-34}$ J s）はプランクが黒体輻射の理論を提出したときに，実験結果と合わせるために導入したパラメーターであり，**プランク定数**（Planck constant）とよばれる．

1913 年に**ボーア**（N. Bohr）が古典物理学とは大きく異なる仮定をおいて，水素原子の新しいモデルを提唱し，水素の原子スペクトルを合理的に説明することに成功した．この理論は**前期量子論**とよばれ，現在では廃棄され，次節で展開する波動関数による原子構造の記述に取ってかわられたが，一通りさらっておくことは原子のイメージを形成するうえでも重要であるので，ここで概説しておく．

ボーアは，水素原子では，原子核のまわりを一つの電子が円運動をしているとし，その運動に古典物理学とは異なる三つの仮定をおいた．

❶ **定常状態**（steady state）**仮定**： 水素原子はそのエネルギーがとびとびの値，$E_1, E_2, \cdots, E_n, \cdots$ のみをとる定常状態で存在する．定常状態にいる限り，決して電磁波を放出したり，吸収したりすることはない．

❷ **状態間の遷移**（transition）**と振動数条件**： ある定常状態（エネルギー E_n）から別の定常状態（E_m）に移るときに電磁波の吸収や放出が起こる．吸収または放出される電磁波のエネルギーは二つ状態間のエネルギー差に等しい．

$$\Delta E = E_n - E_m = h\nu$$

❸ **量子条件**： 電子の円運動において角運動量 l はつぎの条件を満たすものしかゆるされない．

$$l = m_e v r = n\left(\frac{h}{2\pi}\right) = n\hbar$$

ここで m_e は電子の質量，v は電子の速度，r は電子の回転半径であり，n は**量子数**（quantum number）とよばれ，$1, 2, 3, \cdots$ などの自然数である．プランクの定数 h を 2π で割った値は $\hbar$（エイチバー）で表されることが多い．

電子が原子核から受けるクーロン力が円運動の向心力になるとすると，

$$\frac{e^2}{4\pi\varepsilon_0 r^2} = \frac{m_e v^2}{r}$$

が成り立つ．ここで ε_0 は真空の誘電率（$=8.854\times10^{-12}$ J^{-1} C^2 m^{-1}）である．これから，量子数 n の状態のエネルギー E_n は

$$E_n = -\frac{m_e e^4}{8h^2\varepsilon_0^2} \times \frac{1}{n^2}$$

と求められる．すなわち量子数が1のときが最もエネルギーが低く，nが大きくなるに従って，高くなって行き，nが無限大で0に収束する．nが1の状態を**基底状態**（ground state）とよび，1以外の状態を**励起状態**（excited state）とよぶ．物理定数を代入するとnが1のときのエネルギーは$-13.6\,\mathrm{eV}$と求められる．

また量子数nの定常状態での電子の円運動の半径r_nはnの2乗に比例し，次式で表される．

$$r_n = \frac{h^2 \varepsilon_0 n^2}{\pi m_e e^2}$$

基底状態（$n=1$）のときの半径$0.529\,\mathrm{Å}$（$5.29\times 10^{-11}\,\mathrm{m}$）を特に**ボーア半径**とよぶ．この値は$1\,\mathrm{Å}$程度と推定されていた原子の大きさによく一致する．

ボーアの理論はそれまでに知られていた実験事実と定量的によく一致する．水素の原子スペクトルで得られる可視部の輝線スペクトルについて，1885年にバルマーが一般式として次式を提案した．これを**バルマー系列**（Balmer series）とよぶ．

$$\lambda = H\frac{m^2}{m^2 - 2^2} \qquad H = 364.56\,\mathrm{nm}$$

$$m = 3, 4, 5, \cdots$$

さらに1889年には**リュードベリ**が波数$\tilde{\nu}$を用いて二つの項の差で表されることを明らかにした．

$$\tilde{\nu} = \frac{1}{\lambda} = R_\infty \left(\frac{1}{2^2} - \frac{1}{m^2} \right) = \frac{4}{H}\left(\frac{1}{2^2} - \frac{1}{m^2} \right)$$

$R_\infty =$ **リュードベリ定数**（Rydberg constant）$= 1.097373\times 10^7\,\mathrm{m}^{-1}$

その後，可視部だけでなく，紫外部，赤外部にもスペクトル線がみつかり，それらの波数は次式で表されることがわかった．

$$\tilde{\nu} = \frac{1}{\lambda} = R_\infty \left(\frac{1}{n^2} - \frac{1}{m^2} \right)$$

これらのスペクトルの波長はすべて，ボーアの理論の振動数条件を用いると，非常によく一致する．

ボーアの理論では一定の半径で電子が円軌道を回転しているが，1927年に提唱された**ハイゼンベルグ**の**不確定性原理**で，電子のように小さな粒子の運動を古典力学のように記述することができないことなどが示され，また，1924年には運動する粒子は波としての性質をもつという**ド・ブロイ**による**物質波**の考え方が提案され，次節で述べられる波動関数を用いる量子力学にとってかわられた．

1・6 水素の波動関数

1926年シュレーディンガー(Schrödinger)が電子のようなミクロな粒子の挙動を表す式として波動方程式を提案した.

$$\hat{H}\Psi = E\Psi$$

ここで$\hat{H}$は**ハミルトン演算子**(ハミルトニアン: hamiltonian)であり,Eは系の全エネルギー,Ψ(プサイ)は**波動関数**(wave function)である.ハミルトン演算子は運動量を用いて表した運動エネルギーを表す演算子

$$-\frac{\hbar^2}{2m}\nabla^2 = -\frac{\hbar^2}{2m}\left(\frac{\partial^2}{\partial x^2}+\frac{\partial^2}{\partial y^2}+\frac{\partial^2}{\partial z^2}\right)$$

とポテンシャルエネルギーVから成り立つ.水素の場合,ポテンシャルエネルギーは原子核と電子の間のクーロンエネルギーによるので方程式は以下のようになる.

$$\left\{-\frac{\hbar^2}{2m_\mathrm{e}}\nabla^2-\frac{e^2}{4\pi\varepsilon_0 r}\right\}\Psi(x,y,z) = E\Psi(x,y,z)$$

この波動方程式はボーアの理論のように簡単には求めることはできないが,厳密に解くことができる.その際に,波動関数に定常状態が成立するとすれば,ボーアの量子数nに対応する量子数が自然に出てくる.そして量子数nのときのエネルギーはボーアの理論と全く同じ値が求められる.しかし,波動関数から求められる原子のモデルはボーアの理論から描き出される原子のモデルとはいくつかの点で大きく異なる.

❶ ボーアの理論では電子は特定の半径の軌道を回転しているが,波動方程式では,そのような軌道は求めることができず,特定のエネルギーをもっていても,電子はあらゆる場所に存在することができ,その存在確率がΨ^2で表されるのみである.

❷ 量子数はn(これを**主量子数**(principal quantum number)とよぶ)だけでなく,**方位量子数**(azimuthal quantum number, l),**磁気量子数**(magnetic quantum number, m)が存在する.このうち,系のエネルギーに関係するのは主量子数のみである.

❸ 主量子数nは$1, 2, 3, \cdots$の正の整数をとるが,方位量子数lは$0, 1, 2, \cdots, n-1$のn個の値をとり,磁気量子数は$-l, -l+1, \cdots, 0, 1, \cdots, l-1, l$の値をとる.
すなわち,(n, l, m)の組合わせについては
$n=1$の場合 $(1, 0, 0)$のみであるが
$n=2$の場合 $(2, 0, 0)$,$(2, 1, -1)$,$(2, 1, 0)$,$(2, 1, 1)$の4通り

$n=3$ の場合 (3, 0, 0), (3, 1, −1), (3, 1, 0), (3, 1, 1), (3, 2, −2), (3, 2, −1), (3, 2, 0), (3, 2, 1), (3, 2, 2) の9通り

になる．一般に n^2 通りの量子数の組み合わせが可能である．

図1・5は水素原子の**軌道のエネルギー**（orbital energy）を示している．一組の量子数で表される状態のエネルギーを**エネルギー準位**（energy level）とよぶ．水素の軌道のエネルギーは主量子数のみに依存し，方位量子数と磁気量子数には依存しない．このように同一のエネルギーに複数の状態が存在する場合，**縮重**（または**縮退**: degeneracy）しているという．

各量子数の組合わせのそれぞれが電子の挙動を記述するものであるが，電子はボーアの理論のように特定の軌道（オービット）上を運動するのではないので，波動関数は電子の**軌道関数**（**オービタル**: orbital）とよばれるが，単に**軌道**とよばれることが多い．方位量子数 $l = 0, 1, 2, 3, \cdots$ に対しては s, p, d, f, g, h, … という記号が用いられる．この記号のうち，s, p, d, f は各種原子スペクトルの線スペクトルのシリーズを表すのに使われた sharp, principal, diffuse, fundamental などの名称に由来するが，g 以下はアルファベット順に続く（j は用いない）．軌道を区別するために，主量子数 n を前につけて，1s 軌道，2s 軌道，2p 軌道などとよぶ．

軌道関数は原子核からの距離に依存し，角度には依存しない動径関数 $R_{nl}(r)$ と角度部分の関数 $Y_{lm}(\theta, \phi)$ の積で表される．$R_{nl}(r)$ と $Y_{lm}(\theta, \phi)$ の具体的な形は表1・2

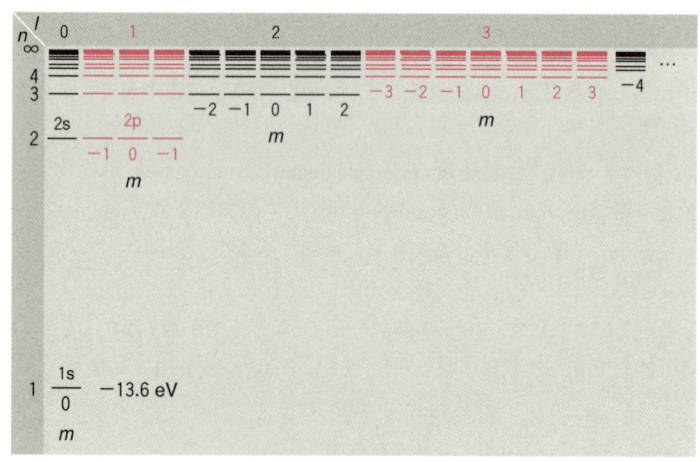

図 1・5　水素原子の軌道のエネルギー準位

のようになる．

　ここで Z は原子核の電荷すなわち原子番号を示し，水素の場合は 1 である．$Z=2,3,\cdots$ は §1・7 で述べる水素様イオンに対応する．a_0 は**ボーア半径**とよばれ，ボーアモデルにおける量子数 1 の電子の回転半径 0.529 Å に相当する．動径関数は n,l のみに依存し，m には依存しない．また角度部分の関数は l,m にのみに依存し，主量

表 1・2　水素の原子軌道の動径部分と角度部分

	$R_{nl}(r)$		$Y_{lm}(\theta,\phi)$
1s	$\left(\dfrac{Z}{a_0}\right)^{3/2} 2\mathrm{e}^{-Zr/a_0}$	$m=0$	$\dfrac{1}{2\sqrt{\pi}}$
2s	$\left(\dfrac{Z}{a_0}\right)^{3/2} \dfrac{1}{\sqrt{2}}\left(1-\dfrac{1}{2}\dfrac{Zr}{a_0}\right)\mathrm{e}^{-Zr/2a_0}$	$m=0$	$\dfrac{1}{2\sqrt{\pi}}$
2p	$\left(\dfrac{Z}{a_0}\right)^{3/2} \dfrac{1}{2\sqrt{6}}\dfrac{Zr}{a_0}\mathrm{e}^{-Zr/2a_0}$	$m=+1$	$\dfrac{1}{2}\sqrt{\dfrac{3}{2\pi}}\sin\theta\,\mathrm{e}^{+\mathrm{i}\phi}$
		$m=0$	$\dfrac{1}{2}\sqrt{\dfrac{3}{\pi}}\cos\theta$
		$m=-1$	$\dfrac{1}{2}\sqrt{\dfrac{3}{2\pi}}\sin\theta\,\mathrm{e}^{-\mathrm{i}\phi}$
3s	$\left(\dfrac{Z}{a_0}\right)^{3/2} \dfrac{2}{3\sqrt{3}}\left\{1-\dfrac{2}{3}\dfrac{Zr}{a_0}+\dfrac{2}{27}\left(\dfrac{Zr}{a_0}\right)^2\right\}\mathrm{e}^{-Zr/3a_0}$	$m=0$	$\dfrac{1}{2\sqrt{\pi}}$
3p	$\left(\dfrac{Z}{a_0}\right)^{3/2} \dfrac{8}{27\sqrt{6}}\dfrac{Zr}{a_0}\left(1-\dfrac{1}{6}\dfrac{Zr}{a_0}\right)\mathrm{e}^{-Zr/3a_0}$	$m=+1$	$\dfrac{1}{2}\sqrt{\dfrac{3}{2\pi}}\sin\theta\,\mathrm{e}^{+\mathrm{i}\phi}$
		$m=0$	$\dfrac{1}{2}\sqrt{\dfrac{3}{\pi}}\cos\theta$
		$m=-1$	$\dfrac{1}{2}\sqrt{\dfrac{3}{2\pi}}\sin\theta\,\mathrm{e}^{-\mathrm{i}\phi}$
3d	$\left(\dfrac{Z}{a_0}\right)^{3/2} \dfrac{4}{81\sqrt{30}}\left(\dfrac{Zr}{a_0}\right)^2\mathrm{e}^{-Zr/3a_0}$	$m=+2$	$\dfrac{1}{4}\sqrt{\dfrac{15}{2\pi}}\sin^2\theta\,\mathrm{e}^{+2\mathrm{i}\phi}$
		$m=+1$	$\dfrac{1}{2}\sqrt{\dfrac{15}{2\pi}}\cos\theta\sin\theta\,\mathrm{e}^{+\mathrm{i}\phi}$
		$m=0$	$\dfrac{1}{4}\sqrt{\dfrac{5}{\pi}}(3\cos^2\theta-1)$
		$m=-1$	$\dfrac{1}{2}\sqrt{\dfrac{15}{2\pi}}\cos\theta\sin\theta\,\mathrm{e}^{-\mathrm{i}\phi}$
		$m=-2$	$\dfrac{1}{4}\sqrt{\dfrac{15}{2\pi}}\sin^2\theta\,\mathrm{e}^{-2\mathrm{i}\phi}$

子数には依存しない．p 軌道，d 軌道の角度部分は $m \neq 0$ のときは複素関数になっているが，m の絶対値が等しい関数どうしが複素共役関数になっているので，それらの和または差をとることによって，実数関数にすることができ，直交座標 x, y, z で表示することができる．具体的には p 軌道の角度部分は

$$\frac{1}{2}\sqrt{\frac{3}{\pi}}\frac{x}{r}, \quad \frac{1}{2}\sqrt{\frac{3}{\pi}}\frac{y}{r}, \quad \frac{1}{2}\sqrt{\frac{3}{\pi}}\frac{z}{r}$$

となり，それぞれ，p_x, p_y, p_z 軌道とよばれる．また，d 軌道の角度部分は

$$\frac{1}{2}\sqrt{\frac{15}{\pi}}\frac{xy}{r^2}, \quad \frac{1}{2}\sqrt{\frac{15}{\pi}}\frac{yz}{r^2}, \quad \frac{1}{2}\sqrt{\frac{15}{\pi}}\frac{xz}{r^2}, \quad \frac{1}{4}\sqrt{\frac{15}{\pi}}\frac{x^2-y^2}{r^2}, \quad \frac{1}{4}\sqrt{\frac{15}{\pi}}\frac{3z^2-r^2}{r^2}$$

となり，それぞれ，関数の形から $d_{xy}, d_{yz}, d_{xz}, d_{x^2-y^2}, d_{z^2}$ 軌道とよばれる．

s 軌道の $Y_{lm}(\theta, \phi)$ には実際には θ も ϕ も含まれていないので，球対称の関数になっている．波動関数の動径部分を原子核からの距離 r に対してプロットすると図 1・6 のようになる．これでわかるように，s 軌道はいずれも原点，すなわち原子核の位置にも電子がある確率で存在する．それに対して，p, d 軌道などは原子核の位置に電子が存在する確率はゼロである．波動関数が 0 になるところは電子の存在確率が 0 になるところで，**節**（node）とよばれる．1s 軌道には節は存在しないが，2s

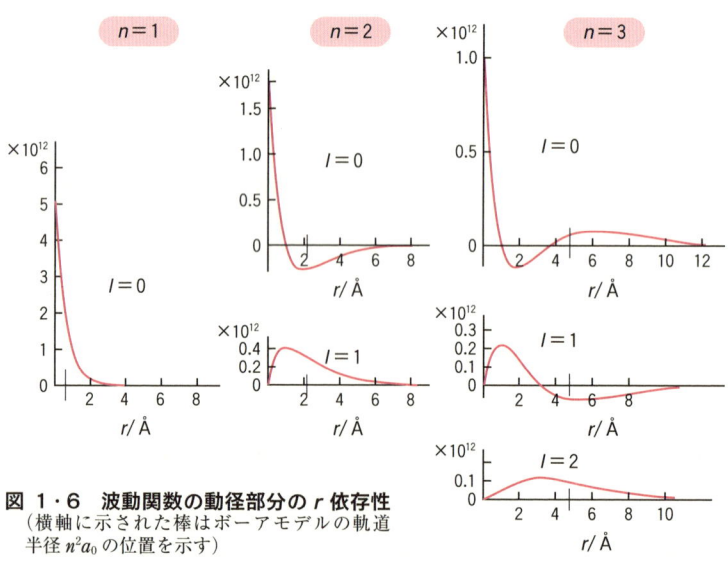

図 1・6 波動関数の動径部分の r 依存性
（横軸に示された棒はボーアモデルの軌道半径 $n^2 a_0$ の位置を示す）

軌道では半径 $2a_0$ の球面が**節面**になる．節面の数は主量子数の増加とともに一つずつ増加していく．

極座標図で表した，s, p, d 軌道の角度依存性は図 1・7 のようになる．p 軌道，d 軌道は角度依存性の部分でそれぞれ，1, 2 個の節面をもち，動径部分では $n-2, n-3$ の節面をそれぞれもつため，方位量子数によらず，軌道の節面の数は $n-1$ になる．

電子の存在確率を点の密度で表示すると図 1・8 のように境界のはっきりしない図で示される．これを**電子雲**（electron cloud）とよぶ．

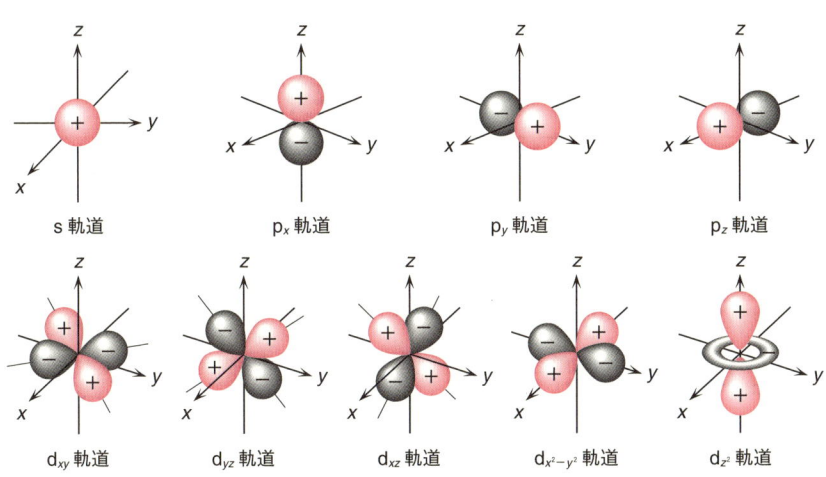

図 1・7 s, p, d 軌道の角度依存性

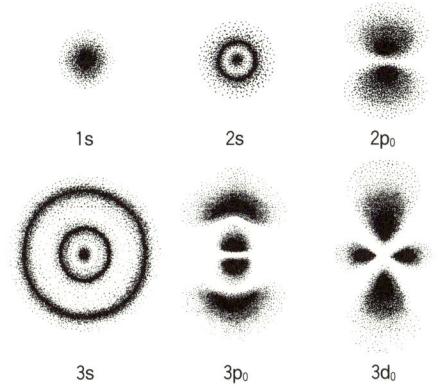

図 1・8 原子軌道の電子密度（電子雲）［p 軌道，d 軌道の下付文字 0 は磁気量子数 m を示している］

s 軌道は原子核にも存在確率をもつが，原子核から r の距離に存在する電子の存在確率は半径 r の球の表面積のファクターを考慮しなくてはならないので，$r^2\Psi^2$ に比例することになる．これを**動径分布関数**（radial distribution function）という．図 1・9 は横軸をボーア半径 a_0 を単位として示した 1s, 2s, 2p 軌道の動径分布関数である．s 軌道でも原点での動径分布関数は 0 となる．また 1s 軌道の動径分布関数の極大はボーア半径に一致する．ただし，2s, 3s 軌道では極大位置はボーアモデルの場合の $4a_0, 9a_0$ とは一致しないことにも注意する必要がある．

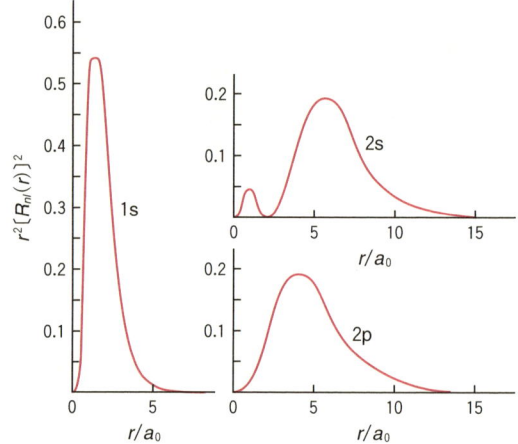

図 1・9　1s, 2s, 2p 軌道の動径分布関数（節面に注意）

1・7　多電子原子の電子配置

ヘリウム以降の原子では電子の数が複数になる．シュレーディンガー方程式をたてることはできるが，多体問題となり，水素のように波動関数やそのエネルギーを厳密に求めることはできない．しかし，水素の原子軌道をもとに近似的な解を求めることができる．電子の軌道は水素の場合と同じく三つの量子数で表され，軌道の形は水素の軌道の形とほぼ同じである．ただし，原子核の電荷が大きくなるため，電子はより強く原子核に引きつけられるので，同じ量子数の軌道の広がりは水素の場合よりも小さくなる．エネルギーも水素の場合よりも低くなってくる．その様子を調べるために，まず，ヘリウムとヘリウムイオンについて調べてみよう．

ヘリウムイオン He^+ は原子核の電荷は $+2e$ で電子は水素と同じく 1 個である．このように電子が 1 個のイオンを**水素様イオン**（hydrogen-like ion）とよぶ．Li^{2+}, Be^{3+} なども水素様イオンである．水素様イオンのエネルギーは厳密に求めることができ，

1・7 多電子原子の電子配置

主量子数 n の軌道のエネルギーは

$$-\frac{m_e e^4}{8h^2\varepsilon_0^2} \times \frac{Z^2}{n^2}$$

になる．He^+ の場合，$Z=2$ に相当するので，1s 軌道のエネルギーは水素原子の 1s 軌道の 4 倍 $-54.4\,\mathrm{eV}$ と求められる．実際に He^+ イオンから電子を奪って He^{2+} イオンにするために必要なエネルギーは $54.4\,\mathrm{eV}$ に一致している．ところが，あとで議論するように He 原子の場合，二つの電子はいずれも 1s 軌道に入ることになるが，一つの電子を取除いて He^+ イオンにするのに必要なエネルギー（第一イオン化エネルギー）は $24.6\,\mathrm{eV}$ にすぎない．$54.4\,\mathrm{eV}$ との違いは，電子どうしの反発による相互作用によるためである．

この相互作用は別のモデル化をすることができる．一つの電子に注目したとき，原子核とその電子の間にもう一つの電子がくる場合があり，その場合に最初の電子が感じる He 原子核の電荷は $2e$ 以下になってしまう．すなわち，電子が感じる核電荷は互いに他の電子により遮蔽され，Ze 以下になるというモデルを用いて相互作用を表すというものである．これは**遮蔽効果**（shielding effect）とよばれる．軌道内

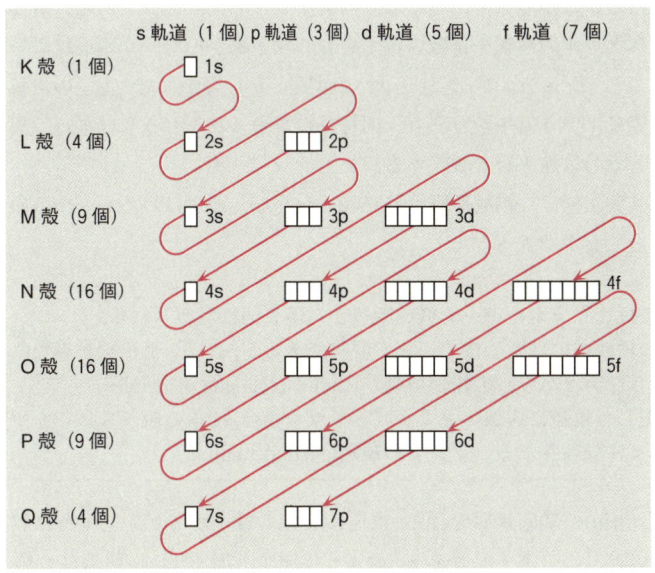

図 1・10　軌道に電子が詰まっていく順番（殻については p.25 参照）

での電子の分布により，遮蔽効果の大きさは異なる．水素原子の場合，主量子数 n が同じ軌道は等しいエネルギーをもったが，多電子原子の場合，遮蔽効果により，主量子数 n が同じであっても，方位量子数 l によってエネルギーが違ってくる．これを**縮重が解ける**という．2s 軌道は 2p 軌道より内側に電子が存在する確率が高いために，2s 軌道の方が，2p 軌道より安定になる．一般に主量子数が同じ場合，遮蔽効果により，軌道のエネルギーは s＜p＜d＜f となる．水素では主量子数が大きいものが必ずエネルギーが高くなるが，多電子原子では方位量子数も関係してくるため，主量子数が大きい軌道が小さいものよりエネルギーが低くなる場合がある．多電子原子の軌道の安定性は一般に以下のようになる．

1s＜2s＜2p＜3s＜3p＜4s~3d＜4p＜5s~4d＜5p＜6s＜4f＜5d＜6p＜7s＜5f＜6d＜7p…

この軌道エネルギーの順番は図 1・10 のように示すとわかりやすい．

多原子に電子がどのように詰まるかは**電子配置**（electronic configuration）とよばれ，最も安定な電子配置は**基底状態**，そうでないものは**励起状態**とよばれる．基底状態の電子配置は 1 種類であるが，励起状態は無数に存在する．基底状態の電子配置を記述するのには，シュレーディンガー方程式からは出てこなかったもう一つの量子数，**スピン量子数**（spin quantum number）が必要になる．この量子数はこれまで出てきた量子数が整数であったのとは異なり，半整数 $\pm\frac{1}{2}$ である．スピン量子数は原子スペクトルの解釈や奇数の電子をもつ原子線が不均一な磁場によって二つに分かれること（シュテルン-ゲルラッハの実験）から導かれた．電子の自転に伴うスピン角運動量に伴う量子数であり，同符号の電子スピンどうしは平行，異符号の電子スピンどうしは逆平行と表現する．

原子の基底状態は，**構成原理**（Aufbau principle）とよばれる，三つの条件に従って組立てることができる．

❶ 電子はよりエネルギーの低い軌道から優先的に収容される．
❷ 一つに軌道には電子は二つまで収容できるが，スピン量子数が異ならなくてはならない（**パウリの排他原理**: Pauli's exclusion principle）．
❸ 縮退した軌道に複数の電子が収容される場合，できる限りスピンを平行にして別々に収容される（**フントの規則**: Hund's rule）．

たとえば，$_2$He の基底状態では 1s 軌道に 2 個の電子がスピン逆平行に収容される（占有される）．この電子配置を $1s^2$ のように記す．$_3$Li では 1s 軌道に 2 個，2s 軌道に 1 個収容され（$1s^2 2s^1$），$_4$Be ではさらに 2s 軌道に 1 個電子が加わり，$1s^2 2s^2$ とな

る．そのあとは p 軌道に電子が詰まっていき，$_5$B, $_6$C, $_7$N, $_8$O, $_9$F, $_{10}$Ne ではそれぞれ $1s^22s^22p^1$, $1s^22s^22p^2$, $1s^22s^22p^3$, $1s^22s^22p^4$, $1s^22s^22p^5$, $1s^22s^22p^6$, となる．このとき，1s 軌道，2s 軌道の電子はそれぞれ互いに逆平行であるが，B から N までは異なる 2p 軌道に，一つずつ，スピンを平行にして入っていく．$_8$O ($1s^22s^22p^4$) の 2p 軌道の 4 電子は，一つの 2p 軌道に二つがスピン逆平行で収容され，残りの二つの 2p 軌道にはスピン平行で一つずつ収容されることになる（図 1・11）．図のエネルギー準位は相対的なものであり，絶対的なエネルギーの高さを示していないことに注意する必要がある．

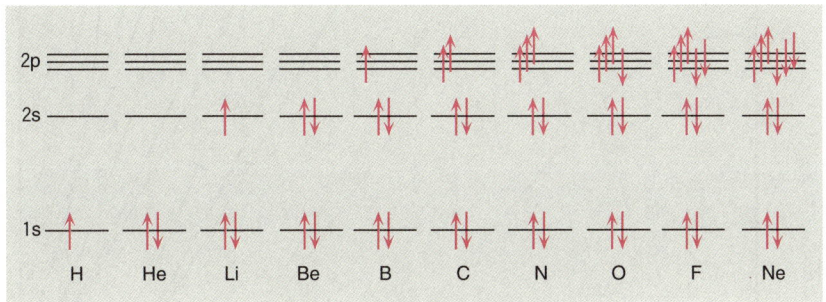

図 1・11 軽原子の電子配置

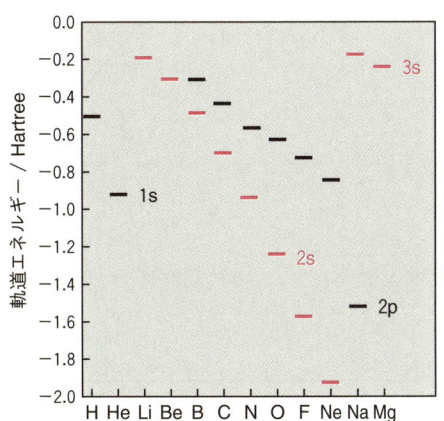

図 1・12 軌道のエネルギーの原子番号による変化
（縦軸の単位の 1 Hartree＝27.2 eV は水素 1s 軌道のエネルギーの 2 倍に相当する）

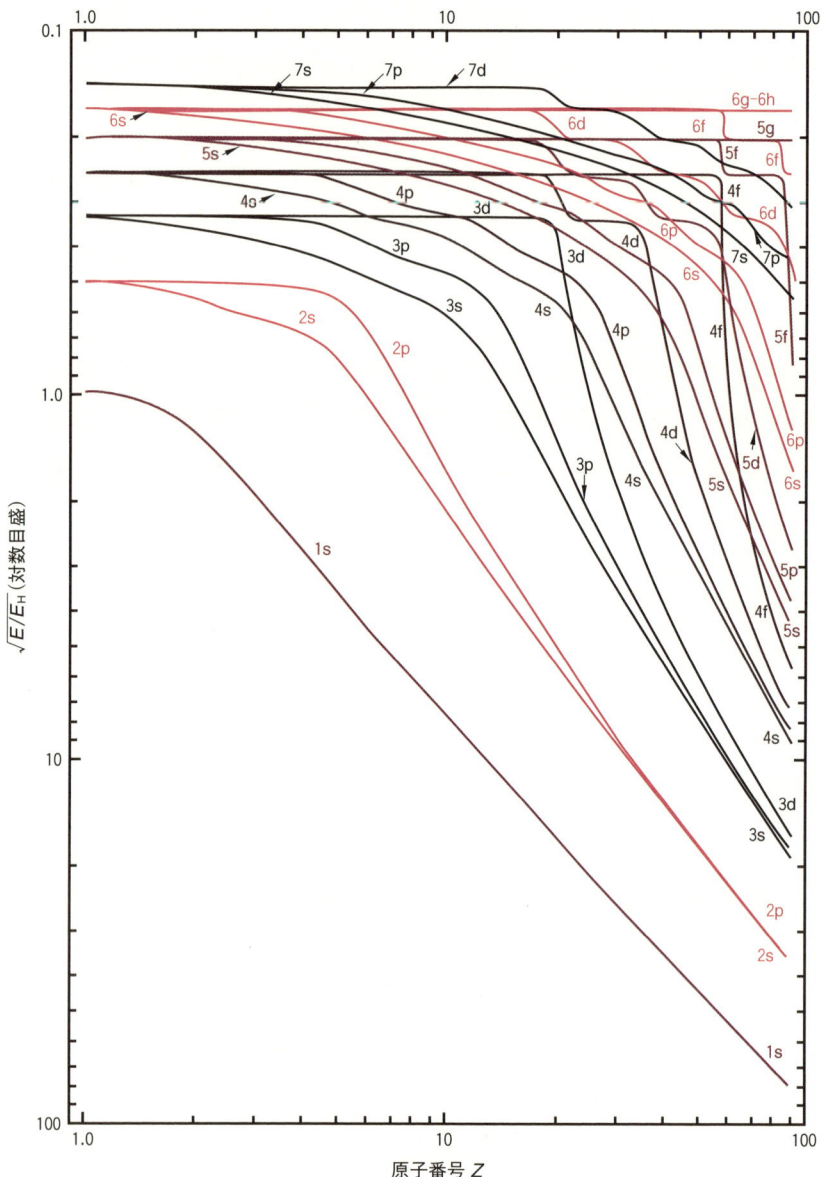

図 1・13 軌道のエネルギー (E) の原子番号による変化 （縦軸は水素の 1s 軌道の エネルギー E_H を単位とし，その平方根の常用対数，横軸は原子番号の常用対数）

1・7 多電子原子の電子配置

同じ種類の軌道でも元素によっては異なるエネルギーをもち,原子番号が大きくなるに従い,軌道のエネルギーは低下していく.図1・12 は軌道のエネルギーを原子番号に対してプロットしたものである.内殻の軌道はほぼ Z の二乗に比例して非常に大きな負の値になるため,グラフからスケールアウトしてしまう.エネルギーの値を対数軸に目盛ると図 1・13 のようになる.

He, Ne, Ar などの希ガスは最外殻の電子配置が ns^2np^6 になっているが,その電子配置を [He], [Ne], [Ar] などのように表し,他の原子の電子配置を略記するときに用いられる.たとえば $_{11}$Na の電子配置は $1s^22s^22p^63s^1$ であるが,[Ne]$3s^1$ のように記してもよい.

一つの軌道に二つ収容された電子は**電子対**(electron pair)とよばれ,一つだけ収容された電子は**不対電子**(unpaired electron)とよばれる.原子の電子配置は基本的には上に述べた構成原理に従って組立てられるが,d 軌道に 5 個または 10 個の電子が収容される状態(球対称の電子配置)が 4 個または 9 個収容される状態より安定になる,などの影響により,一部,単純な構成原理からだけでは予測できない部分もでてくる.

基底状態の原子の電子配置は表 1・3 に示されている.

図 1・14 はカリウム原子の電子密度が原子核からの距離 r によってどのように変化するかを示したものである.主量子数 n が大きくなるに従い,原子核から遠くに存在するが,同じ主量子数の電子はある程度同一の距離にまとまって**殻**(shell)のように存在することがわかる.主量子数 1, 2, 3, … に対して,K 殻, L 殻, M 殻, … の名称が使われる.K, L, M などの名称は§1・8 で述べる元素の特性 X 線の名称に由来している.

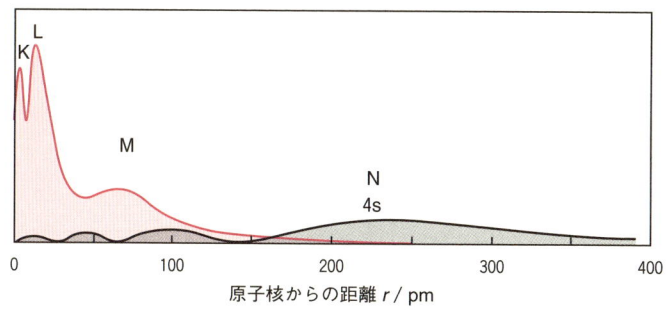

図 1・14 カリウム原子の電子密度

表 1・3 基底状態の

周期	元素	K	L		M			N				O				P					Q
		1s	2s	2p	3s	3p	3d	4s	4p	4d	4f	5s	5p	5d	5f	6s	6p	6d	6f	6g	7s
1	1 H	1																			
	2 He	2																			
2	3 Li	[He]	1																		
	4 Be		2																		
	5 B		2	1																	
	6 C		2	2																	
	7 N		2	3																	
	8 O		2	4																	
	9 F		2	5																	
	10 Ne		2	6																	
3	11 Na	[Ne]			1																
	12 Mg				2																
	13 Al				2	1															
	14 Si				2	2															
	15 P				2	3															
	16 S				2	4															
	17 Cl				2	5															
	18 Ar				2	6															
4	19 K	[Ar]						1													
	20 Ca							2													
	21 Sc						1	2													
	22 Ti						2	2													
	23 V						3	2													
	24 Cr						5	1													
	25 Mn						5	2													
	26 Fe						6	2													
	27 Co						7	2													
	28 Ni						8	2													
	29 Cu						10	1													
	30 Zn						10	2													
	31 Ga						10	2	1												
	32 Ge						10	2	2												
	33 As						10	2	3												
	34 Se						10	2	4												
	35 Br						10	2	5												
	36 Kr						10	2	6												
5	37 Rb	[Kr]										1									
	38 Sr											2									
	39 Y									1		2									
	40 Zr									2		2									
	41 Nb									4		1									
	42 Mo									5		1									
	43 Tc									5		2									
	44 Ru									7		1									
	45 Rh									8		1									
	46 Pd									10											
	47 Ag									10		1									
	48 Cd									10		2									
	49 In									10		2	1								
	50 Sn									10		2	2								
	51 Sb									10		2	3								
	52 Te									10		2	4								
	53 I									10		2	5								
	54 Xe									10		2	6								

原子の電子配置

周期	元素	K	L		M			N				O				P					Q
		1s	2s	2p	3s	3p	3d	4s	4p	4d	4f	5s	5p	5d	5f	6s	6p	6d	6f	6g	7s
6	55 Cs					[Xe]							[Xe]			1					
	56 Ba															2					
	57 La													1		2					
	58 Ce										2					2					
	59 Pr										3					2					
	60 Nd										4					2					
	61 Pm										5					2					
	62 Sm										6					2					
	63 Eu										7					2					
	64 Gd										7			1		2					
	65 Tb										9					2					
	66 Dy										10					2					
	67 Ho										11					2					
	68 Er										12					2					
	69 Tm										13					2					
	70 Yb										14					2					
	71 Lu										14			1		2					
	72 Hf										14			2		2					
	73 Ta										14			3		2					
	74 W										14			4		2					
	75 Re										14			5		2					
	76 Os										14			6		2					
	77 Ir										14			7		2					
	78 Pt										14			9		1					
	79 Au										14			10		1					
	80 Hg										14			10		2					
	81 Tl										14			10		2	1				
	82 Pb										14			10		2	2				
	83 Bi										14			10		2	3				
	84 Po										14			10		2	4				
	85 At										14			10		2	5				
	86 Rn										14			10		2	6				
7	87 Fr																				1
	88 Ra					[Rn]										[Rn]					2
	89 Ac																	1			2
	90 Th																	2			2
	91 Pa														2			1			2
	92 U														3			1			2
	93 Np														4			1			2
	94 Pu														6						2
	95 Am														7						2
	96 Cm														7			1			2
	97 Bk														9						2
	98 Cf														10						2
	99 Es														11						2
	100 Fm														12						2
	101 Md														13						2
	102 No														14						2
	103 Lr														14			1			2

内殻に電子がつまる様子（遷移元素）は赤字で示している

1・8 イオンの電子配置

中性原子から一部の電子が除かれると,陽イオンが生じる.除かれた電子の数をイオンの**価数**とよび,価数が 1, 2, … のものをそれぞれ,1 価,2 価,… という.必要とするエネルギーが最も小さいイオン化の過程は,軌道のエネルギーの最も高いものから抜ける場合であり,そうしてできるイオンも最も安定なイオンとなる.この過程に必要なエネルギーを**第一イオン化エネルギー** (ionization energy) とよぶ.

たとえば K は [Ar]4s^1 の電子配置が基底状態であるが,4s 軌道の電子が抜けて Ar と同じ電子配置の K$^+$ イオンになる.

$$\text{K} \longrightarrow \text{K}^+ + \text{e}^- \quad \Delta H = +4.341\,\text{eV} = +418.8\,\text{kJ mol}^{-1}$$

この過程は吸熱過程であり,エンタルピー変化量がそのまま第一イオン化エネルギーになる (+4.341 eV; +418.8 kJ mol^{-1}).

K$^+$ イオンからさらに電子を取出して K^{2+} イオンにするために必要なエネルギーは第二イオン化エネルギーとよばれる.

$$\text{K}^+ \longrightarrow \text{K}^{2+} + \text{e}^- \quad \Delta H = +31.625\,\text{eV} = +3051.4\,\text{kJ mol}^{-1}$$

この過程では,外殻のエネルギーより著しく低い内殻の 3p 軌道から電子を取出さなくてはならないため,第一イオン化エネルギーに比べると桁違いに大きな値になる.

Ca の場合には第一,第二,第三イオン化エネルギーはそれぞれ,6.113 eV, 11.871 eV, 50.908 eV で,第三イオン化エネルギーが第二イオン化エネルギーに比べて非常に大きくなっている.一般に希ガスの電子配置になるまでのイオン化エネルギーに比べると,希ガスの電子配置になったイオンから電子を取出すときのイオン化エネルギーは桁違いに大きくなる.

遷移元素のイオン化は 4s に電子が入ったあとに 3d に電子が入る過程から予想されるものとは異なり,4s の電子が優先的に抜け,3d 軌道の電子が残る.たとえば Fe, Fe^{2+}, Fe^{3+} の電子配置はそれぞれ [Ar]4s^{2}3d^6, [Ar]3d^6, [Ar]3d^5 となる.

エネルギーの大きな電子線を原子に衝突させると,K 殻や L 殻のような内殻の電子がたたき出されることがある.そのようにしてできるイオンは,励起状態のイオンであり,きわめて不安定であるため,M 殻,L 殻のようなエネルギーのより高い軌道から電子がたたき出された内殻の軌道に落ちてきて,そのエネルギーに相当する電磁波を放出する.この電磁波のエネルギーは,エネルギー間隔が大きいため,振動数が大きく,波長の短い **X 線**の領域に相当する.ボーアの振動数条件に従い軌

道のエネルギー間隔に対応して一定の波長となり，元素の種類によって異なる波長になるため，**特性X線**（characteristic X-ray）とよばれ，元素分析に利用することができる．原子番号は**モーズリー**により特性X線の波長の解析から導入された．

中性の原子が電子を獲得すると陰イオンになる．その際に放出されるエネルギーを**電子親和力**（electron affinity）とよぶ．これは陰イオンから電子を引き離して中性の原子にするのに必要とするエネルギーに等しい．陰イオンになるプロセスでは空の軌道に電子が入るため，発熱過程になる場合が多いが，アルカリ土類金属や希ガスでは吸熱過程になる．一般に電子親和力の測定はイオン化エネルギーの測定に比べると困難である．

希ガスの電子配置をとるイオンは安定であるといわれるが，イオン化エネルギーはすべて正の値で，イオン化は吸熱過程になり，希ガスの電子配置をもつイオンの方が中性原子より不安定であることに注意する必要がある．このパラドクスについては，イオン結晶の格子エネルギー（§3・2・2参照）で議論する．

1・9 周期律

元素を原子番号の順に並べると周期的に似た性質のものが現れる．たとえば，9, 17, 35, 53 番元素はいずれも1価の陰イオンになりやすいが，それより2番後ろの11, 19, 37, 55 番元素はいずれも1価の陽イオンになりやすい．間に位置する10, 18, 36, 54 番元素は陰イオンにも陽イオンにもなりにくいという性質をもっている．このように元素の性質が，原子番号により周期的に変化することを**周期律**（periodic law）とよぶ．周期律を表にまとめたものが**周期表**（periodic table）である．周期律は1869年に**メンデレーエフ**によって確立された．彼は原子量で元素を並べることにより，周期律を発見した．メンデレーエフ以前にも周期律に気付いた化学者はいたが，彼の場合は，周期表の中に未知の元素も位置づけ，その元素の性質を前後，左右の元素の性質から予測した．実際に Ga, Ge のような元素があとで発見されて，予測がきわめて的確であったことが判明し，**メンデレーエフの周期表**は高く評価された．

元素の性質は外殻の電子配置によるところが大きいため，その原子のもつ電子の数が周期律を生み出している．原子の電子数は原子核の陽子数，すなわち，原子番号と一致するため，周期律は原子番号で規定されることになる．同位体組成により，原子番号と原子量との大小関係が逆転する箇所もあるので，原子量で元素を並べて

いくと，一部おかしなところも出てくるはずであるが，メンデレーエフはそのような箇所では元素の性質を優先して並べ，結果的に正しい順番に並べた表を提出した．原子番号自体はラザフォードによる原子核の発見（1911），モーズリーの特性 X 線スペクトルの研究（1913）を待たなくてはならず，それらの結果をもとに，原子番号で元素を並べるようになった．

元素の性質は，**価電子**（valence electron）とよばれる最外殻の電子に大きく依存するが，前節で学んだ電子配置を調べると，同族の元素は最外殻の電子配置が一致することがわかる．すなわち，希ガス電子配置を [X] と記すと，1 族元素（アルカリ金属）はいずれも [X]ns^1 の電子配置をもち，17 族元素（ハロゲン）はいずれも [X]ns^2np^5 の電子配置をもっている．

周期表はいろいろなパターンのものが開発されているが，裏見返しに掲載されているものは**長周期表**とよばれ，現在，最も普通に用いられている．周期表中で縦に並んだ元素はそれぞれ似た性質をもち，**族**（group）とよばれ，1 族から 18 族に分類される．横の列は**周期**（period）とよばれ，上から，第 1，第 2 周期などと称する．米国では H, He を周期に入れずに，Li から Ne を第 1 周期とよんでいる教科書もあるので，注意する必要がある．

1 族，2 族，17 族，18 族はそれぞれ，**アルカリ金属**(alkali metal)，**アルカリ土類金属**(alkali earth metal；厳密には Ca 以下)，**ハロゲン**(halogen)，**希ガス**(noble gas, rare gas)などの特別な名称でよばれることが多い．それ以外の族は一番上の元素の名称を用いて，**ホウ素族**，**炭素族**などとよばれることもある．また，16 族は**カルコゲン**(chalcogen；鉱石を生み出すという意味)**元素**とよばれることもある．1, 2, 12～18 族元素は**典型元素**(typical element)とよばれ，族ごとの性質の違いが際立っている．この違いは最外殻の ns, np 軌道の電子配置の違いに基づく．

一方，3～11 族の元素では，基本的には，内殻に相当する d 軌道または f 軌道の電子配置が異なるだけであるため，電子配置の違いが化学的性質に大きな違いをもたらさない．したがって，相互の性質はかなり似ており，2 族と 12 族の間で，徐々に性質が変わっていくため，**遷移元素**(transition element)とよばれる．遷移元素の厳密な定義は，中性の原子または普通に存在しうるイオンの電子配置で，d 軌道または f 軌道が完全には満たされていないものである．たとえば 11 族の $_{29}$Cu では原子の電子配置は [Ar]$3d^{10}4s^1$ であるが，普通に見られる Cu^{2+} が [Ar]$3d^9$ となるため，遷移元素の条件を満たしている．一方，12 族の $_{30}$Zn では原子の電子配置が [Ar]$3d^{10}4s^2$ であり，普通に存在する Zn^{2+} イオンの電子配置は [Ar]$3d^{10}$ となり，d 軌道

が閉殻であるため，典型元素に分類される．内殻の軌道が完全に満たされていないことから，遷移金属の化合物の特徴ある色や磁性が生じてくるため，d 軌道が閉殻の 12 族元素は遷移元素から区別されるが，遷移元素と一緒に議論する方が便利な場合もあり，教科書によっては 12 族を遷移元素に含める場合もある．

遷移元素の中で $_{57}$La から $_{71}$Lu を**ランタノイド**（lanthanoide）（または**ランタニド**（lanthanide）），$_{89}$Ac から $_{103}$Lr を**アクチノイド**（actinoide）（または**アクチニド**（actinide））とよぶ．本来ランタノイド，アクチノイドという名称はそれぞれ，Ce 以降，Th 以降をさす名称であったが，IUPAC で一時その定義を変えたため，現在はどちらを使ってもよいことになっている．

電子が詰まっていく軌道の名称に基づいて，1 ～ 2 族を **s ブロック元素**（s-block elements），13 ～ 18 族を **p ブロック元素**（p-block elements），3 ～ 12 族を **d ブロック元素**（d-block elements），ランタノイド，アクチノイドを **f ブロック元素**（f-block elements）とよぶことも多い．

電子配置の類似性に着目すると，長周期表は合理的な表といえるが，化学的性質に着目した場合，遷移元素と典型元素の分離を明確にしないで，I から VIII および 0 族の 9 族に分類する**短周期表**も，メンデレーフの提唱以来長い間使われてきた．たとえば，4 族の遷移元素は酸化物やハロゲン化物の組成や性質が 14 族の典型元素と似ているところもあり，短周期表も捨てがたい魅力をもっている（図 1・15）．

族 / 周期	I a	I b	II a	II b	III a	III b	IV a	IV b	V a	V b	VI a	VI b	VII a	VII b	VIII			0
1	H																	He
2	Li		Be		B		C		N		O		F					Ne
3	Na		Mg		Al		Si		P		S		Cl					Ar
4	K	Cu	Ca	Zn	Sc	Ga	Ti	Ge	V	As	Cr	Se	Mn	Br	Fe	Co	Ni	Kr
5	Rb	Ag	Sr	Cd	Y	In	Zr	Sn	Nb	Sb	Mo	Te	Tc	I	Ru	Rh	Pd	Xe
6	Cs	Au	Ba	Hg	ランタノイド系列	Tl	Hf	Pb	Ta	Bi	W	Po	Re	At	Os	Ir	Pt	Rn
7	Fr		Ra		アクチノイド系列													
ランタノイド系列	La	Ce	Pr	Nd	Pm	Sm	Eu	Gd	Tb	Dy	Ho	Er	Tm	Yb	Lu			
アクチノイド系列	Ac	Th	Pa	U	Np	Pu	Am	Cm	Bk	Cf	Es	Fm	Md	No	Lr			

図 1・15 短周期表

周期律は水素化物や酸化物，ハロゲン化物などの組成など元素の化学的性質がその電子配置より大きく影響を受けることに依存して生まれてくるが，イオン化エネルギー，電子親和力などの性質も周期律で説明できる．

図 1・16 は原子番号を横軸にとり元素の第一イオン化エネルギーをプロットしたものであるが，1 族で極小になり，族番号が大きくなるに従い大きくなり，18 族で極大となり，また 1 族で一気に小さくなる．このパターンが周期ごとに繰返されている．遷移金属ではその変化は典型元素に比べて小さい．また同一族内ではしだいにイオン化エネルギーは小さくなっている．Be→B, Mg→Al のように 2 族から 3 族に移行する際にはイオン化エネルギーが小さくなるのは，図 1・11 の s 軌道が閉殻になったあとに入る p 軌道のエネルギーの深さを見ると容易に理解ができる．一方 N→O, P→S のように 15 族から 16 族に変わるときに小さくなる点は図 1・11 からは単純に理解できない．15 族原子の最外殻の電子配置は ns^2np^3 であり，フントの規則により p 軌道の電子はすべて異なる軌道に属しているが，16 族原子のそれは ns^2np^4 で，一つの p 軌道には 2 電子が占めることになる．その分不安定化が起こる．電子を一つ放出することによりその不安定化が除かれるため，エネルギー準位の高さからのみ予想される順番とは異なる結果になる．

1 価陽イオンの各軌道のエネルギー準位は中性原子より低くなるため，第二イオン化エネルギーは第一イオン化エネルギーに比べてずっと大きくなる．またその電子配置は原子番号が一つ小さいものと同じになる．したがって，第二イオン化エネ

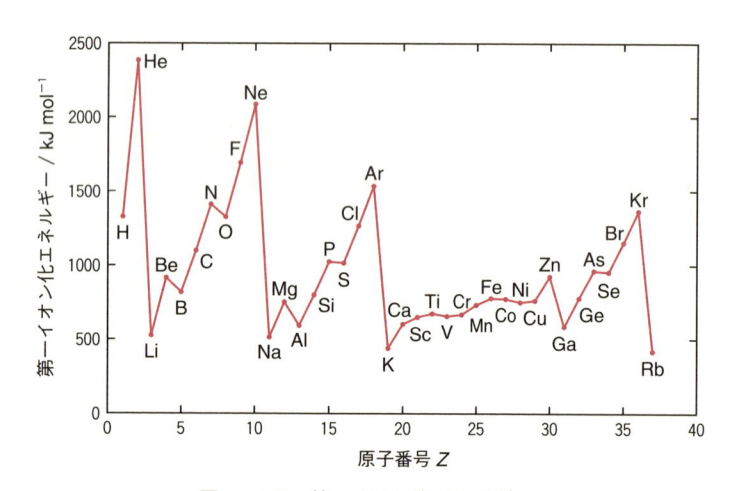

図 1・16　第一イオン化エネルギー

ルギーの値を原子番号に対してプロットすると第一イオン化エネルギーと類似のパターンが原子番号が一つ大きい方にずれ，上方に平行移動した形になる．

電子親和力は，第二イオン化エネルギーから第一イオン化エネルギーへとさかのぼる変化をさらに進めることに相当するため，その周期性は，イオン化エネルギーのパターンが原子番号が小さい方に一つずれ，値が小さくなる方向に平行移動した形になる．

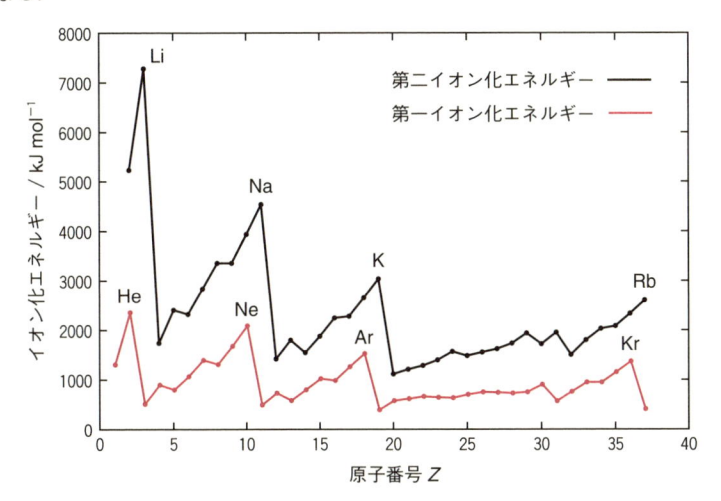

図 1・17　第一および第二イオン化エネルギー

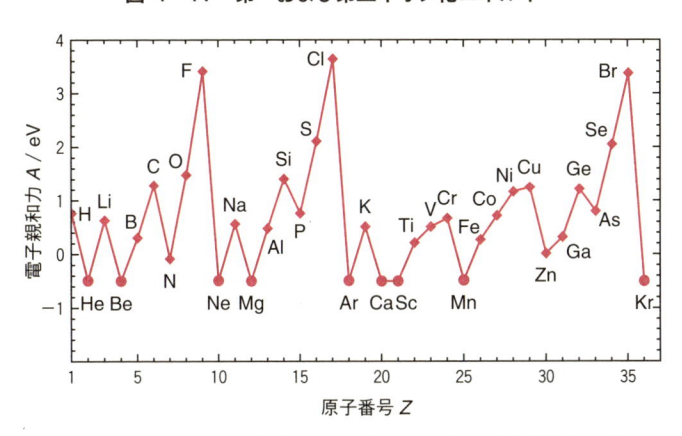

図 1・18　元素の電子親和力（●で示した元素の電子親和力はすべて $-0.5\,\mathrm{eV}$ でプロットしている．これらの元素は $A<0$ であることはわかっているが観測値は確定していない．）

2

分子の構造と結合

　有機化合物は基本的に分子性の共有結合化合物であり，結晶状態でもその結合は分子の結合が保たれている場合がほとんどである．それに対して，無機物質の場合には有機化合物と同様，分子性のものもあるが，結晶状態で独立した分子が存在しないものも多い．元素単体を見ただけでも，金属結晶，共有結合結晶，分子結晶と変化に富み，また化合物になるとイオン結晶も重要になってくるが，本章では共有結合性の無機分子の構造と結合について考察する．

　§2・1では分子構造を議論するうえで必要な対称点群について論じる．

　共有結合の量子力学的記述法としては原子価結合法と分子軌道法がある．原子価結合法は，電子対として共有結合を取扱うルイスの考え方に近い方法であり，結合を2原子間に局在させて考えていく方法である．それに対して，分子軌道法では分子全体にわたる1電子近似の分子軌道を考えるため，原子と原子の間の結合という考え方からはかけ離れている．励起状態も含めて分子の挙動を考察するうえでは分子軌道法の方がすぐれているため，スペクトルの解析などには分子軌道法が欠かせないが，基底状態の分子構造を記述するには，原子価結合法の方がわかりやすい．§2・2では原子価結合法を中心に共有結合を解説し，必要に応じて分子軌道法についても解説する．

　§2・3では金属錯体の配位結合について結晶場理論を中心に記述する．配位結合は基本的に共有結合であり，分子軌道法的な取扱いを含む配位子場理論の方が優れているが，簡単に触れるにとどめておく．

　§2・4では電気陰性度について記述し，共有結合におけるイオン結合性の寄与の見積もり方を記す．

2・1 分子の対称性

　N個の原子からなる分子の構造を記述するためには$3N-6$ないし$3N-5$のパラメーターを必要とする．3次元空間にN個の原子を固定するには各原子についてx, y, zの三つの座標が必要であるが，分子構造を記述する場合には，分子の重心を示す

三つの座標は不要であるし，分子がどのような向きに存在するか，回転に関する三つの軸が不要になるため，一般には $3N-6$ 個のパラメーターでよい．直線の分子では分子軸のまわりの回転は記述の必要がなくなるため，回転の自由度が 2 になり，分子の記述には $3N-5$ 個のパラメーターが必要になる．たとえば，三原子分子である次亜塩素酸 H-O-Cl は折れ曲がった分子であるが，この分子の構造を記述するには，二つの原子間距離（O-H および O-Cl）と一つの角度（∠H-O-Cl），すなわち 3 個（3×3-6）のパラメーターが必要になる．しかし同じく折れ曲がった三原子分子である水分子 H-O-H の構造を記述するには，一つの原子間距離（O-H）と一つの角度（∠H-O-H），すなわち二つのパラメーターで十分である．これは水分子が次亜塩素酸にはない対称性をもつためである．四塩化炭素 CCl_4 は非直線の 5 原子であり，9 個のパラメーターが必要であるが，実際には一つの C-Cl 原子間距離を指定し，あとは正四面体であることを示せば，分子構造が完全に記述できることになる．これは正四面体の対称性によって多くのパラメーターが不要になることによる．

分子の対称性は分子構造のパラメーター数を倹約できるだけでなく，分子の極性や鏡像異性体（光学異性体）の有無の判定に欠かせない．また分子軌道法で化学結合を考察する際にも，分子の対称性により計算がおおいに軽減されるなど分子のことを学ぶ上で対称性は欠かせない．

2・1・1 対称性と対称操作，対称要素

ここでは**対称性**（symmetry）の定義としてつぎのような操作的定義を用いる．

"物体（分子）にある対称操作を施したとき，その物体（分子）がそれ以前と区別できないとき，その物体（分子）は"対称性をもつ"という．

ここで**対称操作**（symmetry operation）として，以下の五つを考える．各操作は添えてある記号で示すことができる．

❶ **回転**（rotation）**操作** C_n　 n 回回転軸まわりでの $360°/n$ の回転操作
❷ **鏡映**（reflection）**操作** σ　 鏡面での鏡映操作
❸ **反転**（inversion）**操作** i　 対称心での反転操作
❹ **回映**（rotation-reflection）**操作** S_n　 回映軸まわりでの $360°/n$ の回転と回映軸に垂直な鏡面での鏡映操作
❺ **恒等**（identity）**操作** E　 何もしない操作あるいは C_1 操作（すなわち $360°$ の回転）

以上の操作は独立した分子の対称性を考察するうえで必要な対称操作である．結晶のように無限に続くものでは，並進操作を伴う他の対称操作が必要になる．また，**回転軸**(rotation axis)，**鏡面**(mirror plane)，**対称心**(inversion center)，**回映軸**（rotation-reflection axis）など，対称操作に関連する点，直線，面などは**対称要素**(symmetry element)という．一般に対称要素を見つけることができれば，その分子の対称性を見つけたことになる．しかし，対称性を理論的に考察していく場合，数学の**群論**が必要となる．その場合には，対称要素ではなく，対称操作の方が重要になる．恒等操作は一般に対称性をもたないと考えられる分子でも当てはまる操作であり，一見無意味な操作であるが，この操作を導入することにより，対称性を群論で取扱うことができる．

具体的に水 H_2O，三フッ化ホウ素 BF_3，六フッ化ウラン（フッ化ウラン(VI)）UF_6，二酸化炭素 CO_2 を例にとって分子の対称性を考察していこう．

● **水: H_2O**

図 2・1 に示すように水分子には，2 回回転軸 1 本とその軸を含む二つの鏡面をもっている．このように分子がもつ対称性は一つだけではなく，複数の対称性を含む場合が多い．水分子に適用できる対称操作は一つの 2 回回転操作（C_2），および二つの鏡映操作（σ_v, σ_v'），および恒等操作の四つである．回転軸が複数ある場合，n が最大のものを**主軸**（principal axis）という．水分子では回転軸は C_2 のみであるので，これが主軸になる．一般に主軸は z 軸として垂直に立てる．二つの鏡面は回転軸を含んでいるため，主軸を垂直に立てるとこの鏡面も垂直に立つため，vertical の v を添え字にして σ_v という名称をつける．この四つの操作のどれか二つを続けて施すと，ある対称操作を 1 回施したのと同じ結果が得られる．それをまとめると表 2・

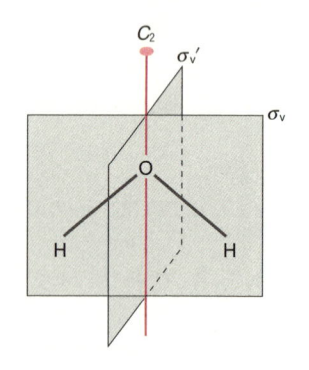

図 2・1　水分子の対称性

2・1 分子の対称性

表 2・1　水分子の対称操作の掛け算表

C_{2v}	E	C_2	σ_v	σ_v'
E	E	C_2	σ_v	σ_v'
C_2	C_2	E	σ_v'	σ_v
σ_v	σ_v	σ_v'	E	C_2
σ_v'	σ_v'	σ_v	C_2	E

1ができあがる．このような表を対称操作の掛け算表とよぶ．

　最上段に並んでいる対称操作を最初に施したあと，左に並んでいる対称操作を施したときに，どのような対称操作を1回施したことと等価になるかが，表のそれぞれの欄に記入している．このような表ができることが，数学の群論を適用できる条件になる．

　群論における**群**は元（要素）の集合で，元がつぎの四つの条件を満たさなくてはならない．

> ❶ 群内の二つの元(A, B)の積および各元の平方も群の元でなくてはならない．
> 　一般には $AB \neq BA$ であるが $AB = BA$ のときは**可換**（commutative）であるという．
> ❷ 他のすべての元と可換であり，かつそれらを変化させない元が一つ存在すること．
> 　すなわち $EX = XE = X$ であるような E が存在すること．
> ❸ 掛け算の結合則が成立しなくてはならない．
> 　すなわち　　　$A(BC) = (AB)C$
> ❹ すべての元は逆元をもたなくてはならない．
> 　すなわち　　　$RS = SR = E$

　表2・1は対称操作の集合が上記の条件を満たしていることがわかる．すなわち，この対称操作の集合は群を形成することになり，群論が適用できることになる．恒等操作という一見無意味な操作も群を形成するために必要であることがわかる．また，つぎの BF_3 の例でわかるように対称要素では群が形成されず，対称操作を元として採用することにより初めて群が形成される．すべての分子の対称操作は群を形成する．対称要素は分子の少なくともある一点（水分子では回転軸上の点すべて）を通過するため，分子の対称性は**点群**（point group）とよばれる．水分子のような対称要素（操作）を含む群は C_{2v} 点群とよばれる．

● **三フッ化ホウ素: BF₃**

BF$_3$ 分子は平面三角形の分子であり，図 2・2 のような対称要素をもつ．回転軸は C_3 が 1 本，C_3 に垂直な C_2 が 3 本あり，C_3 が主軸になる．主軸を含む σ_v が三つ，主軸に垂直な鏡面 σ_h が一つ存在する．主軸に垂直な 2 回軸を二等分する σ_v はとくに σ_d とよばれ（d は dihedral），この分子の σ_v はそれに相当する．また分子平面は主軸を垂直に立てると水平になるため σ_h とよばれる（h は horizontal）．C_3 と一致して 3 回回映軸 S_3 も存在する．回映操作に伴う鏡面はこの分子では σ_h と一致するが，回映軸が回転軸と一致しない場合もあるし，鏡面も存在しない場合もある．表 2・2 に BF$_3$ の対称操作に対する掛け算表を示す．

ここで C_3^2 は C_3 操作を 2 回すなわち，240° の回転操作を示す．S_3^2 は C_3^2 と一致する．S_3 を 5 回繰返した S_3^5 が独立な対称操作になる．この表も BF$_3$ の対称操作の集

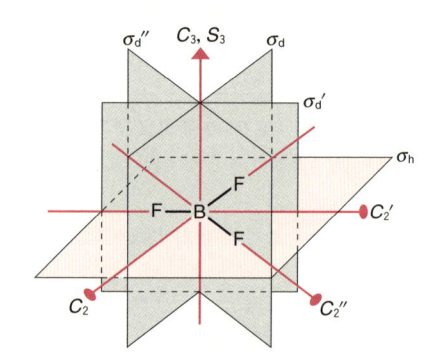

図 2・2 BF₃ 分子とその対称性

表 2・2 BF₃ の対称操作に対する掛け算表

D_{3h}	E	C_3	C_3^2	C_2	C_2'	C_2''	σ_d	σ_d'	σ_d''	σ_h	S_3	S_3^5
E	E	C_3	C_3^2	C_2	C_2'	C_2''	σ_d	σ_d'	σ_d''	σ_h	S_3	S_3^5
C_3	C_3	C_3^2	E	C_2'	C_2''	C_2	σ_d'	σ_d''	σ_d	S_3	S_3^5	σ_h
C_3^2	C_3^2	E	C_3	C_2''	C_2	C_2'	σ_d''	σ_d	σ_d'	S_3^5	σ_h	S_3
C_2	C_2	C_2''	C_2'	E	C_3^2	C_3	σ_h	S_3^5	S_3	σ_d	σ_d''	σ_d'
C_2'	C_2'	C_2	C_2''	C_3	E	C_3^2	S_3	σ_h	S_3^5	σ_d'	σ_d	σ_d''
C_2''	C_2''	C_2'	C_2	C_3^2	C_3	E	S_3^5	S_3	σ_h	σ_d''	σ_d'	σ_d
σ_d	σ_d	σ_d''	σ_d'	σ_h	S_3^5	S_3	E	C_3^2	C_3	C_2	C_2''	C_2'
σ_d'	σ_d'	σ_d	σ_d''	S_3	σ_h	S_3^5	C_3	E	C_3^2	C_2'	C_2	C_2''
σ_d''	σ_d''	σ_d'	σ_d	S_3^5	S_3	σ_h	C_3^2	C_3	E	C_2''	C_2'	C_2
σ_h	σ_h	S_3	S_3^5	σ_d	σ_d'	σ_d''	C_2	C_2'	C_2''	E	C_3	C_3^2
S_3	S_3	S_3^5	σ_h	σ_d'	σ_d''	σ_d	C_2'	C_2''	C_2	C_3	C_3^2	E
S_3^5	S_3^5	σ_h	S_3	σ_d''	σ_d	σ_d'	C_2''	C_2	C_2'	C_3^2	E	C_3

合が群の要請を満たしていることを示している．BF$_3$の点群はD_{3h}と記される．

● **六フッ化ウラン(フッ化ウラン(VI))：UF$_6$**

六フッ化ウラン〔フッ化ウラン(VI)〕は正八面体の構造をもつ．正八面体は正三角形8面で構成される立体で，6個の頂点，12個の稜，8個の面から構成されている．5種類あるプラトンの正多面体（正四面体，正六面体（立方体），正八面体，正十二面体，正二十面体）の一つであり，きわめて多数の対称要素をもっている．3本のC_4軸，C_4軸と一致するC_2軸（C_4^2），4本のC_3軸，6本のC_2軸，4本のS_6軸（C_3軸と一致する），3本のS_4軸（C_2軸と一致する），6枚のσ_d，3枚のσ_h，さらに対称心iをもつ．一つの対称要素が複数の対称操作に対応するため，対称操作の数は恒等操作を含め48にのぼる．主軸はC_4軸になるが，3本存在している．UF$_6$の点群はO_hで記される．

● **二酸化炭素：CO$_2$**

二酸化炭素は直線分子で，対称心をもっている．分子軸はどんな角度の回転でも元の形を変えないので，C_∞軸とよばれ，これが主軸である．対称心を通りC_∞軸に垂直なC_2軸が∞本存在し，また主軸を含む鏡面σ_vが無限個存在する．またC_∞軸に垂直な鏡面σ_hが存在する．この点群は$D_{\infty h}$とよばれる．

2・1・2　回映操作と反転操作，鏡映操作

回転操作（C_n）は実際にわれわれが物体に施すことができる操作であるのに対して，回映操作（S_n），反転操作（i），鏡映操作（σ）は実際に施すことができない操作であることに注意しなくてはならない．しかもS_1は360°回転してその軸に垂直に鏡映するので，鏡映操作と異ならない．またS_2は180°回転して鏡映に相当するが，これは対称心における反転と全く同一である．したがって，恒等操作以外の対称操作は回転操作と回映操作のみにまとめることができる．ただし，反転操作，鏡映操作はきわめて重要な操作であるので，そのまま回映操作と区別して記されるのが通常である．

反転操作，鏡映操作を含む回映操作は**光学活性**の判別に重要である．光学活性は鏡に映した分子がもとの分子と重ね合わせることができないときに生じるが，回映軸をもつ分子は分子内に鏡映操作に対応する対称性をもつため，光学不活性になる．逆に光学活性の分子は回映軸をもたない分子である．回転軸の有無は光学活性とは無関係である．

2・1・3 点群の種類

前節で示したように,一つの分子は複数の対称要素をもつことが多い.体表的な点群の種類を分類しながら示していく.

❶ C_2 以上の回転軸をもたない点群のグループ　C_1, C_s, C_i

C_1 点群: 恒等操作しかない,すなわち,特別な対称要素をもたない点群.

C_s 点群: 鏡面のみを有する点群.

C_i 点群: 対称心のみを有する点群.

❷ C_n, C_{nh}, C_{nv} グループ

C_n 点群: C_n 操作の繰返しのみをもつもの.

C_{nh} 点群: C_n と σ_h を含むもので,n が偶数のときは反転操作と S_n を含む.n が奇数のときは S_n を含むが反転操作は含まれない.

C_{nv} 点群: C_n と σ_v のみを含むもの.

❸ D_n, D_{nh}, D_{nd} グループ

D は Dihedral に関係する名称である.

D_n 点群: C_n 操作とそれに垂直な C_2 軸を n 本もつ点群.

D_{nh} 点群: D_n 点群に σ_h が加わった点群.

D_{nd} 点群: D_n 点群に σ_d が加わった点群.

❹ S_n グループ

S_n 軸のみをもつもの.この点群は対称心も鏡面ももたないが S_n 軸があるので光学異性体をもたない.

❺ 直線分子の点群　$C_{\infty v},\ D_{\infty h}$

$C_{\infty v}$ 点群: C_2 軸をもたず,対称心をもたない直線分子の点群.

$D_{\infty h}$ 点群: 対称心をもつ直線分子の点群.

❻ 正多面体の点群　$T_d, T_h, T, O_h, O, I_h, I$

プラトンの正多面体とよばれる,正四面体,正六面体(立方体),正八面体,正十二面体,正二十面体に関係する点群である.正多面体は1種類の正多角形から成り立ち,すべての頂点で交わる多角形の数は同一である.

正多面体の多角形,面の数 F,頂点の数 V,稜の数 E,頂点で交わる面の数,点群を表 2・3 に示す.多面体のオイラーの定理から,F, V, E には $F+V=E+2$ の関係が成立している.

T_d は正四面体(terahedron)の点群で,対称要素としては主軸の C_3 軸が 4 本,C_2 軸が 3 本,S_4 軸が 3 本,鏡面が 6 枚が存在し,対称操作は 24 存在する.

2·1 分子の対称性

表 2·3 正多面体の特徴と点群

正多面体	面の多角形	面の数 F	頂点の数 V	稜の数 E	頂点で交わる面の数	点群
正四面体	正三角形	4	4	6	3	T_d
正六面体	正方形	6	8	12	3	O_h
正八面体	正三角形	8	6	12	4	O_h
正十二面体	正五角形	12	20	30	3	I_h
正二十面体	正三角形	20	12	30	5	I_h

O_h は正八面体 (octahedron) の点群で，その対称要素と操作は UF_6 の対称性で説明した通り．正六面体もこの点群に属する．

I_h は正十二面体 (icosahedron) の点群で，対称要素としては主軸の C_5 軸が6本，C_3 軸が10本，C_2 軸が15本，S_{10} 軸が6本，S_6 軸が10本，σ 面が15枚，対称心が一つが存在し，対称操作数は120になる．正十二面体もこの点群に属する．

T_h は T_d と関係するが主軸の C_3 軸が4本，C_2 軸が3本が共通で，S_6 が4本，σ_h が3枚，対称心をもつ点が，T_d と異なる．T_d の鏡面は C_3 軸を通るのに対して，T_h では C_3 軸を通らない点が異なる．

T も T_d と関係するが，主軸の C_3 軸が4本，C_2 軸が3本のみで，鏡面は存在しない．

O は O_h と関係するが，共通するのは主軸の C_4 軸が3本，C_4 軸に一致する C_2 軸が3本，C_3 軸が4本，C_2 軸が6本だけで，他の対象要素は含まれない．

表 2·4 分子で普通に現れる点群の例

点群	例	点群	例
C_1	CHBrClF, SOClF, PBrClF	D_{5h}	$[Fe(C_5H_5)_2]$ (重なり形配座)
C_s	ONCl, HOCl, SOCl$_2$, NH$_2$F, BBrClF	D_{6h}	$[Cr(C_6H_6)_2]$
C_2	H$_2$O$_2$, cis-$[CoCl_2(en)_2]$	D_{2d}	B$_2$Cl$_4$, H$_2$C=C=CH$_2$ (アレン)
C_3	fac-$[Co(NH_2CH_2CO_2)_3]$	D_{3d}	C$_2$H$_6$ (ねじれ形配座), $[Co_2(CO)_8]$
C_{2h}	trans-H$_2$C=CH-CH=CH$_2$	D_{4d}	$[Mn_2(CO)_{10}]$
C_{3h}	B(OH)$_3$	D_{5d}	$[Fe(C_5H_5)_2]$ (ねじれ形配座)
C_{2v}	H$_2$O, CH$_2$Cl$_2$, SO$_2$F$_2$, B$_{10}$H$_{14}$	$D_{\infty h}$	H$_2$, N$_2$, CO$_2$, N$_3^-$, C$_3$O$_2$
C_{3v}	NH$_3$, CHCl$_3$, PF$_3$	$C_{\infty v}$	HCl, CO, NO, N$_2$O, OCS
C_{4v}	XeOF$_4$, SF$_5$Cl	T_d	CH$_4$, SiCl$_4$, NH$_4^+$, ClO$_4^-$, SO$_4^{2-}$, B$_4$Cl$_4$
D_3	$[Co(en)_3]^{3+}$	T_h	$[Fe(py)_6]^{2+}$, $[Zr(CO_3)_4]^{4-}$
D_{2h}	N$_2$O$_4$, B$_2$H$_6$, C$_2$H$_4$	O_h	SF$_6$, UF$_6$, PF$_6^-$, $[CoCl_6]^{3-}$
D_{3h}	BCl$_3$, PF$_5$, SO$_3$, CO$_3^{2-}$, NO$_3^-$	I_h	C$_{60}$, B$_{12}$H$_{12}^{2-}$, C$_{20}$H$_{20}$
D_{4h}	XeF$_4$, $[PtCl_4]^{2-}$, trans-SF$_4$Cl$_2$		

I は I_h と関係するが，共通するのは主軸の C_5 軸が 6 本，C_3 軸が 10 本，C_2 軸が 15 本で，他の対象要素は含まれない．

表 2・4 には，多くの分子で普通に見られる点群と，具体的な分子の例を示す．

なおここで用いた C_{2v}，D_{2h} などの点群の表記法はシェーンフリース記号 (Schönflies symbol) とよばれる．この表記法は分子の対称点群を示すのには便利であり，分光学などでよく使われるが，結晶の対称性を表すのには不十分であるため，§3・1・2 で述べるように別の表記法が使われる．

2・1・4 点群決定の検索表

代表的な点群を一通り見てきたが，ある分子の点群を決定するために，上に掲げた対称要素をすべて見つけ出す必要はない．一部の対称要素の存在で，他の対称要素が自動的に出てくるものが多い．点群を判定する上で，必要な対称要素をもとに

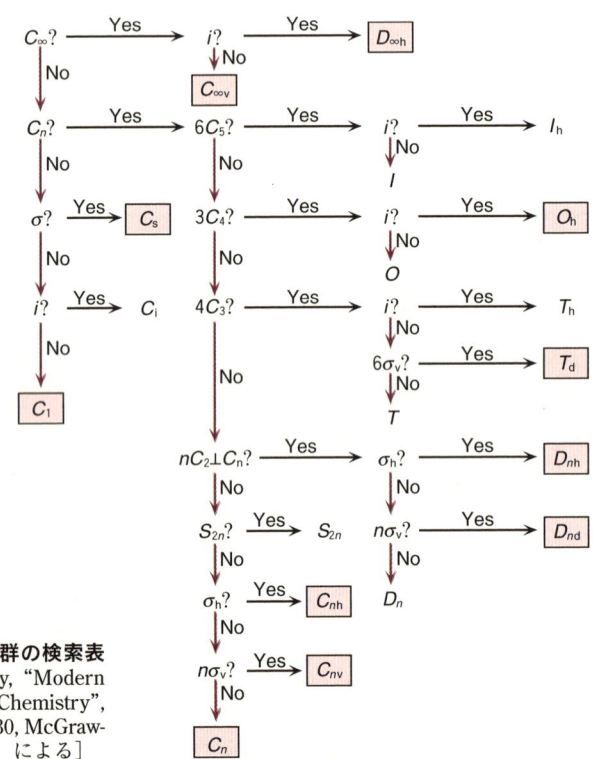

図 2・3 点群の検索表
[W. L. Jolly, "Modern Inorganic Chemistry", 2nd Ed., p.30, McGraw-Hill (1991) による]

二分割法に基づく検索表がいろいろ工夫されている.図2・3は回転軸を中心に点群の判定をする方法の一例である.

分岐点に示されている対象要素が含まれているか否かによって,矢印をたどっていくと,分子の点群を正確に規定することができる.$6C_5$? と示されている場合,C_5 軸が6本あるかという判定基準を示している.また $nC_2\perp C_n$? は主軸 C_n に垂直な C_2 軸が n 本あるかという判定基準を示している.結晶の場合には回転軸としては n が 2, 3, 4, 6 に限定されるが,孤立した分子では原理的にはどんな整数でもかまわない.実際に C_5, C_7, C_8 などの回転軸が知られている.☐内の点群は実際の分子でよく現れるものである.

2・2 共有結合

第3章で説明するようなイオン結晶では陽イオンと陰イオンが静電的に引き合うことで,結合を容易に説明できるが,H_2, Cl_2 分子のように等価な原子が結合して分子を形成するときには,構成する原子はどちらも中性であり,静電的な相互作用で結合の存在を説明することができない.**ルイス**(G.N. Lewis)は1916年に,このような分子では二つの原子がそれぞれ電子を一つずつ互いに出し合い,電子対を共有することにより,**共有結合**(covalent bond)ができると考えた.電子の共有により,H_2 では各 H 原子は2個の電子すなわち希ガス He と同じ個数の電子を受けもち,Cl_2 では各 Cl 原子は希ガス Ar と同じ電子配置になる.また,O_2 や N_2 分子では互いに2個および3個ずつ電子を出しあって共有し,二重結合,三重結合を形成することにより,構成原子はそれぞれ希ガス Ne と同じ電子配置になる.HCl のように非等価な原子が結合してできた分子,水 H_2O,メタン CH_4 のような多原子分子に対しても共有結合を考えることにより,各原子が希ガスの電子配置になることにより安定化するとして,多数の分子を合理的に説明してきた.この規則は**オクテット説**(octet theory)とよばれる.

量子力学で原子の構造が明らかになると,当然,分子についても量子力学的な説明が期待される.量子力学による分子の取扱いについては,**原子価結合法**(**VB 法**: valence bond method)と**分子軌道法**(**MO 法**: molecular orbital method)という大きく違う方法が使われる.前者は2原子間で結合電子を共有するという考え方に基づく方法であり,化学者がルイスの電子対以来利用してきた方法に則した扱いである.それに対して,後者は,原子核の配置によってできる一電子近似の分子軌道を考え,そこに電子を配置していくという扱いで,古典的な化学結合の考え方からは

大きく異なっている．この節ではまず原子価結合法を取扱い，そのあと分子軌道法を紹介して，両者の長短を論じていく．

2・2・1 原子価結合法

最も簡単な共有結合分子は水素分子 H_2 であり，原子価結合法も 1927 年にハイトラーとロンドンがこの分子に量子力学を適用することから始まった．水素原子核二つと電子二つから成り立つ分子のシュレーディンガー方程式自体は正しく書き下せるが，多電子原子の系と同様，多体問題となり，水素原子のようには解，すなわち，波動関数やエネルギーを厳密に求めることができない．

二つの水素原子を A, B と表し，水素の 1s 波動関数を ϕ_A, ϕ_B で表す．二つの水素原子が遠くに離れていて，互いに相互作用をしないとすると，この系の波動関数は

$$\Psi = \phi_A(1)\phi_B(2)$$

で表される．ここで，二つの電子を電子 1，電子 2 として区別している．この関数が水素分子の波動関数の近似解として成り立つかどうかはつぎのようにして確めることができる．すなわち，原子間距離を変えて，この関数から得られるエネルギーを求め，それが水素分子の結合エネルギーの実測値とどれくらい一致するかで調べる．実際にこの関数は 0.90 Å でエネルギーが極小になるが，その値は -24 kJ mol^{-1} と求まり，実測値 -458 kJ mol^{-1}（距離は 0.741 Å）とはほど遠いものであった．ハイトラーとロンドンは電子 1 と電子 2 が区別できないはずであるから，電子の位置を取り替えて，次式が水素分子の波動関数であると考え，計算した．

$$\Psi = \phi_A(1)\phi_B(2) + \phi_A(2)\phi_B(1)$$

すると，0.869 Å で -303 kJ mol^{-1} という極小値を得，実測値に近づけることができた．すなわち共有結合を初めて量子力学的に説明した．さらに近似解として

$$\Psi = \phi_A(1)\phi_B(2) + \phi_A(2)\phi_B(1) + \lambda\phi_A(1)\phi_A(2) + \lambda\phi_B(1)\phi_B(2)$$

という波動関数を用いると，近似度は上がり，λ が 0.25 のとき，0.749 Å で -388 kJ mol^{-1} という値が求まり，実測値に大幅に近づく．この第 3 項，第 4 項は，電子 1, 2 がともに同一の原子に属している場合に相当し，水素分子が H$^-$H$^+$ あるいは H$^+$H$^-$ で表されるような状態に相当する．すなわち，水素分子の結合は以下の三つの極限構造式の**共鳴**（resonance）で表されると考えるべきである．両矢印 $\longleftrightarrow$ は共鳴を示す記号である．

H-H $\longleftrightarrow$ H$^-$H$^+$ $\longleftrightarrow$ H$^+$H$^-$
共有的　　　　イオン的

2・2 共有結合

ここで，このような共鳴構造では，水素分子はある瞬間は共有結合であり，別の瞬間はイオン的であると考えるべきではなく，あくまでも上のような波動関数の和で表される状態を記述していると考えなくてはならない．また，ここで，新たな項を加えることにより近似度が上がったが，**変分原理**（variation principle）という重要な原理があることを付け加えておきたい．この原理は，近似解は決して真のエネルギーを越えることがないというものである．したがって，新たな項を足していけば，どんどん真のエネルギーに近づくことになるが，新しい項を加えても，近似度があまり高くはならないならば，物理的に意味のある近似とはいえない．

フッ化水素分子 HF のような異核の二原子分子についても同様に ϕ_A として水素の 1s 軌道，ϕ_B としてフッ素の 2p 軌道を表せば，結合の波動関数は以下の式で近似できることになる．

$$\Psi = \phi_A(1)\phi_B(2) + \phi_A(2)\phi_B(1) + \lambda\phi_A(1)\phi_A(2) + \lambda'\phi_B(1)\phi_B(2)$$

H_2 の場合と異なり，H^-F^+ と H^+F^- の寄与は当然異なるため，第 3 項と第 4 項の係数 λ を変えている．HF では H 原子と F 原子の電気陰性度の違いが大きいため，イオン性が高く，λ' は大きいが，λ はほとんど 0 に近くなる．

水分子 H_2O や**アンモニア分子** NH_3 のような多原子分子ではどのように結合を説明できるだろうか．H_2O は O-H が 0.958 Å で，∠H-O-H が 104.5° の C_{2v} の対称性をもった折れ曲がり分子である．酸素原子の基底状態の電子配置は [He]$2s^2 2p^4$ で二つの 2p 軌道（$2p_x, 2p_y$）が不対電子をもつ．この p_x, p_y 軌道がそれぞれ水素の 1s 軌道と共有結合をつくるとするなら，二つの OH 結合は以下の式で近似できる．

$$\Psi_1 = \phi_{Op_x}(1)\phi_H(2) + \phi_{Op_x}(2)\phi_H(1)$$
$$\Psi_2 = \phi_{Op_y}(1)\phi_H(2) + \phi_{Op_y}(2)\phi_H(1)$$

ここで，簡単のためにイオン性の極限構造式の波動関数は無視するものとする．酸素の $2p_x$ 軌道と $2p_y$ 軌道は幾何学的に直角に交わっているため，水素原子と酸素原子

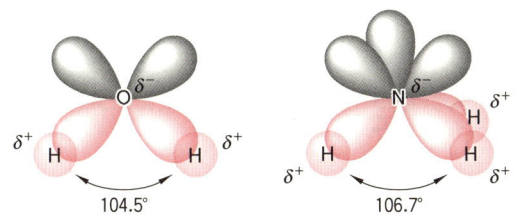

図 2・4 水分子（左）とアンモニア分子（右）の結合（水の酸素原子から出ているローブは $2p_x$ および $2p_y$ 軌道を示し，ローブ色の違いによって波動関数の位相（正負）を示している．アンモニアの窒素原子から出ているローブは三つの 2p 軌道である）

の軌道の重なりを大きくするためには当然∠H-O-Hは90°になるはずである．実測値は上述したように90°より大分大きい．これは，酸素と水素の電気陰性度の違いによりイオン結合性が強く，$O^{\delta-}-H^{\delta+}$のように分極しており，二つの水素の正の電荷どうしの反発により，∠H-O-Hが90°より大きくなるとして説明できる．

アンモニアNH_3はN-Hが1.012Å，∠H-N-Hが106.7°のC_{3v}対称の三角ピラミッド形の分子である．窒素の電子配置は[He]$2s^22p^3$であり，三つの不対電子が$2p_x$, $2p_y$, $2p_z$に存在するため，三つの水素の1s軌道とそれぞれ，共有結合をつくる．この場合も軌道の重なりを考えると，∠H-N-Hが90°になるべきであるが，$N^{\delta-}-H^{\delta+}$の分極によりH…H間の反発が生じ，90°より大きくなると説明できる．

● **混成軌道**

H_2OやNH_3の共有結合を原子価結合法で説明する場合，上記のように，構成する原子の電子配置を考え，不対電子どうしの重なりによる波動関数を考えればよい．ところが，正四面体の**メタン**CH_4のような分子ではそれほど単純ではない．炭素の基底状態の電子配置は[He]$2s^22p^2$であって，不対電子は$2p_x$と$2p_y$の二つだけである．したがって，水素と結合する場合，CH_2になるはずである．実際にこのような分子（カルベン）はきわめて不安定なものである．また**三フッ化ホウ素**BF_3のような平面三角形の分子もホウ素の基底状態の電子配置[He]$2s^22p$からでは説明できない．そのような分子の構造と結合を原子価結合法で説明するために，**ポーリング**（L. Pauling）は**混成軌道**（hybrid orbital）の考え方を導入した．たとえば正四面体のメタンでは2s軌道と三つの2p軌道の線形結合により，つぎの四つの軌道をつくると正四面体の構造をうまく説明できることを提案した．

$$\psi_1(sp^3) = \frac{1}{2}\{\phi(2s) + \phi(2p_x) + \phi(2p_y) + \phi(2p_z)\}$$

$$\psi_2(sp^3) = \frac{1}{2}\{\phi(2s) + \phi(2p_x) - \phi(2p_y) - \phi(2p_z)\}$$

$$\psi_3(sp^3) = \frac{1}{2}\{\phi(2s) - \phi(2p_x) + \phi(2p_y) - \phi(2p_z)\}$$

$$\psi_4(sp^3) = \frac{1}{2}\{\phi(2s) - \phi(2p_x) - \phi(2p_y) + \phi(2p_z)\}$$

ここで各式の前についている係数$\frac{1}{2}$は波動関数が規格化されるために必要な定数である．この混成軌道は，その一つの2s軌道と三つの2p軌道が混じり合ってでき

ていることから **sp³ 混成軌道**とよばれる．このような混成軌道はシュレーディンガー方程式の解の線形結合もやはりシュレーディンガー方程式の解になるという性質を利用して組立てられる．またシュレーディンガー方程式の解は，互いに直交し，規格化されていなくてはならないという条件を満足しなくてはならないがその条件も満たしている．ここで関数の規格直交というのは幾何学的に直角に交わるというのではなく，二つの関数，ψ_n, ψ_m の積を全空間で積分すると 0 になることを意味する．すなわち，

$$\int \psi_n \psi_m \, d\tau = 1 \quad n = m \text{ のとき}$$

$$\int \psi_n \psi_m \, d\tau = 0 \quad n \neq m \text{ のとき}$$

この関係は第 1 章で言及しなかったが，原子のすべての軌道について成立し，またここで与えた四つの sp³ 混成軌道どうし，あるいは他の軌道と直交することは容易に証明できる．

また，直交座標の原点に立方体の中心をおき，三つの 2p 軌道をベクトルで考えると，混成軌道が立方体の一つおきの頂点に向かうベクトルとなり，互いに 109°28′（約 109.5°）の角度になり，まさに正四面体の方向に伸びている軌道になることがわかる．炭素中の電子はこの四つの混成軌道に一つずつ配置され，それぞれが一つの水素の 1s 軌道と結合することにより，結合の安定化が得られ，メタンが生成する．混成軌道のエネルギーは 2s 軌道と 2p 軌道のエネルギーの加重平均になるため，各混成軌道へ 1 電子ずつ占有される電子配置は炭素の基底状態より不安定であるが，"励起"するとはよばず，"昇位"するという用語が用いられる．これは混成軌道の電子配置は励起状態とは異なり，仮想的なものであることによる．

BF_3 のような結合角が 120° の場合は，s 軌道と二つの p 軌道の線形結合で **sp² 混成軌道**を用いて説明できる．

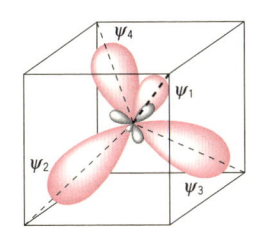

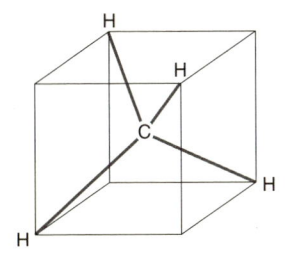

図 2・5　sp³ 混成軌道の図とメタンの図

$$\psi_1(\mathrm{sp}^2) = \sqrt{\frac{1}{3}}\,\phi(2\mathrm{s}) + \sqrt{\frac{2}{3}}\,\phi(2\mathrm{p}_x)$$

$$\psi_2(\mathrm{sp}^2) = \sqrt{\frac{1}{3}}\,\phi(2\mathrm{s}) - \sqrt{\frac{1}{6}}\,\phi(2\mathrm{p}_x) + \sqrt{\frac{1}{2}}\,\phi(2\mathrm{p}_y)$$

$$\psi_3(\mathrm{sp}^2) = \sqrt{\frac{1}{3}}\,\phi(2\mathrm{s}) - \sqrt{\frac{1}{6}}\,\phi(2\mathrm{p}_x) - \sqrt{\frac{1}{2}}\,\phi(2\mathrm{p}_y)$$

この三つの軌道に電子が一つずつ配置され（昇位），それぞれがフッ素の電子対を形成していない 2p 軌道と結合をつくることにより BF_3 の平面三角形が説明できる．

また**ホルムアルデヒド** CH_2O も同様に平面三角形の構造をもっている．この場合，炭素は $(\mathrm{sp}^2)^3(2\mathrm{p}_z)^1$ という電子配置への昇位を考え，三つの sp^2 混成軌道のうち二つが水素の 1s 軌道の電子と結合を形成する．酸素は $2\mathrm{s}^2 2\mathrm{p}^4$ の電子配置をもち，不対電子が二つの 2p 軌道に存在する．そのうち一つが炭素の sp^2 混成軌道と結合をつくり，残る一つが炭素の $2\mathrm{p}_z$ 軌道の電子と対をつくることにより C=O 二重結合ができる．この二重結合のうち，最初の結合は C-O 結合軸について軸対称をもつのに対して，後者は結合軸に節面をもつ対称性をもっている．前者を **σ 結合**，後者を **π 結合** と区別する．二つの結合を結合軸に平行に投影すると，それぞれ，s 軌道，p 軌道の形になるため，s, p に対応するギリシャ文字でその結合を表している．

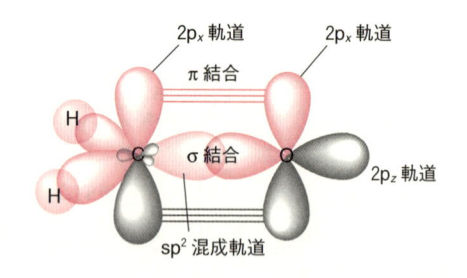

図 2・6 ホルムアルデヒドの結合図（O 原子の 2s 軌道と $2\mathrm{p}_y$ 軌道は省いている）

炭酸イオン CO_3^{2-} もホルムアルデヒド同様平面三角形であり，形式的に C 原子と一つの O 原子二つの O^- イオンからできていると考えると，ホルムアルデヒドの水素原子の代わりに，O^- イオンの 2p 軌道上の不対電子が結合に関与すると考えればよい．ただし，炭素と酸素の結合は三つ等価であることがわかっているので，図 2・7 のような共鳴式を考えなければならない．

図 2・7 CO_3^{2-} の共鳴構造

二酸化炭素 CO_2 のような直線分子の場合には 2s 軌道と一つの 2p 軌道の混成, sp 混成軌道を利用して説明できる. すなわち,

$$\psi_1(\text{sp}) = \sqrt{\frac{1}{2}}\{\phi(2s) + \phi(2p_z)\}$$

$$\psi_2(\text{sp}) = \sqrt{\frac{1}{2}}\{\phi(2s) - \phi(2p_z)\}$$

という二つの混成軌道は互いに 180°の向きに伸びた軌道になる. 炭素は $(\text{sp})^2 2p^2$ に昇位した状態を考え, 一つの酸素原子の二つの 2p 軌道と炭素の sp 混成軌道, $2p_x$ 軌道との間で, それぞれ σ 軌道と π 軌道をつくる. もう一方の酸素とは, 別の sp 混成軌道と $2p_y$ 軌道を用いて結合をつくることになる.

s 軌道と三つの p 軌道, 二つの d 軌道の線形結合でできる d^2sp^3 混成軌道を考えると, 六つの軌道は互いに直角方向に伸びた軌道になり, 六フッ化硫黄 SF_6 のような正八面体分子の構造も説明することができる.

2・2・2 VSEPR

以上に述べたように混成軌道を用いることにより, 原子価結合法でいろいろな分子の構造, 結合を説明することに成功した. ただし, 一つ大きな問題がある. 分子の構造がわかれば, どの混成軌道を用いたらよいか, あるいは混成軌道を使わなくてもよいのかが判断できるが, 混成軌道の考え方だけから分子の構造を予測することはできない. 分子の構造を予測するには, 内殻の軌道が関与する遷移金属錯体の場合を除けば, ルイスの電子対から考察して, 電子対の反発だけで容易に予測することができる. この理論は 1957 年にギレスピーが提唱し **VSEPR**（valence-shell electron-pair repulsion：**原子価殻電子対反発則**）とよばれる.

理論の骨子は非常に単純である.

❶ 中心原子のまわりにできる電子対の反発がなるべく小さくなるように電子対が配置される構造をとる. すなわち, 非共有電子対を含め, 電子対が 2 のときは直線, 3 のときは平面三角形, 4 のときは正四面体, 5 のときは三方両錐, 6 のときは正八面体に電子対が配置される.
❷ ルイスの電子対で 2 電子対, 3 電子対と数える二重結合, 三重結合は VSEPR では 1 電子対と見なす.
❸ 電子対どうしの反発には程度の差があり, 非共有電子対-非共有電子対＞非共有電子対-結合電子対＞結合電子対-結合電子対　の順になる.

2. 分子の構造と結合

たとえば，水 H_2O は二つの結合電子対と二つの非共有電子対をもつため，非共有電子対を含め正四面体の構造を考える．二つの O-H 結合の電子対どうしの反発は，非共有電子対どうしあるいは非共有電子対と O-H 結合電子対の反発より小さいため，H-O-H は正四面体角 109.5° より小さく（実際には 104.5°）なる．メタン CH_4 で

表 2・5 原子価殻電子対反発則（VSEPR）による AX_n 分子の構造予測[†]

結合電子対	非共有電子対 0	1	2	3
2	X—A—X 直線 CO_2			
3	平面三角形 SO_3 BF_3 CO_3^{2-}	折線 SO_2 O_3		
4	正四面体 CH_4 CF_4 SO_4^{2-}	三角ピラミッド NH_3 PF_3	折線 H_2O H_2S SF_2	
5	三方両錐 PF_5 PCl_5 AsF_5	シーソー形 SF_4	T字形 ClF_3 IF_3	直線 XeF_2 I_3^- IF_2^-
6	正八面体 SF_6 PF_6^- SiF_6^{2-}	四角錐 IF_5 BrF_5	平面四角形 XeF_4 IF_4^-	

[†] 図中の中心原子から張り出したローブは非共有電子対のローブであって図 2・4 などの p 軌道のローブとは異なることに注意せよ．

は四つの結合電子対があるため，正四面体になる．

　IF_3 は T 字型の珍しい形をもつ．ヨウ素原子のまわりには結合電子対が 3, 非共有電子対が 2 で計 5 であるため，非共有電子対を含め三方両錐構造をとることになる．この構造では，結合角が 90° と 120° の 2 種類が存在する．軸方向の電子対は三つの電子対と 90° の角度をもつことになるが，水平方向の電子対は二つの電子対と 90°, 二つの電子対と 120° の角度をもつ．120° の角度では反発はほとんどきかないと考えると，反発の大きい非共有電子対は水平方向に入る方が有利である．そうすると二つの F は軸方向に位置し，一つの F は水平方向に位置するため，T 字型になる．

　このように分子の構造は，表 2・5 に示すように結合電子対と非共有電子対の数によって容易に予測することができる．多重結合の電子対は，非共有電子対と同程度の反発を考えることにより構造が予測できる．ギレスピーはさらに電気陰性度の違いによる結合角の変化なども予測できるとしているが，あまり細かいことを議論する必要はない．中心原子のまわりにつく原子団が大きい場合や d 軌道などの内殻電子が関与する遷移金属錯体などの場合などは，VSEPR による予測からずれることがあるが，典型元素の分子構造についてはほとんど例外なく予測することができる．したがって，原子価結合法で構造のわからない分子の構造，結合を説明するには，分子構造を VSEPR で予測してから，どんな混成軌道を用いて構造を説明するか考えるという手順をたどればよい．

2・2・3　分子軌道法

　§2・2・1 で述べた原子価結合法では二つの原子の間に 2 電子を共有することを量子力学的に表現していく方法をとっていた．この考え方は，原子と原子の間に電子対が形成されて結合ができるというルイスの電子対による化学結合の考え方を量子力学的に直接的に表したもので，化学者の古典的な結合の概念に近いものであるが，分子軌道法はこれとは全く別な方法である．原子核を一定の構造で配置してから，その配置における 1 電子の分子軌道（波動関数）を求め，得られた分子軌道に，電子をエネルギーの低い準位から詰めていく手法をとる．その際に，多電子原子で用いた構成原理を適用する．

　最も簡単な系である H_2^+ イオンは，原子核 2 個と電子 1 個から成り立つため，原子価結合法の場合より粒子数は少ないが，やはり多体系となり，近似解を求めることになる．その際に，原子軌道の線形結合 LCAO (linear combination of atomic orbitals) で近似する．

二つの核 A, B に関与する 1s 軌道をそれぞれ ϕ_A, ϕ_B とし，二つの原子軌道は等価であることを考えると，つぎの二つの波動関数が近似解として考えられる．

$$\Psi_1 = \frac{1}{\sqrt{2}}(\phi_A + \phi_B) \qquad \Psi_2 = \frac{1}{\sqrt{2}}(\phi_A - \phi_B)$$

ここで $1/\sqrt{2}$ は規格化定数で，電子が全空間に見いだす確率が 1 となるように定められる．ここでは詳しくは述べないが，LCAO 分子軌道を一般に $\Psi = c_A \phi_A + c_B \phi_B$ とおき，45 ページで述べた変分原理を適用して，係数 c_A, c_B を変化させたときにエネルギーが極小になる条件を求めることにより，$c_A = \pm c_B$ が得られ，規格化により上の二つ波動関数を近似解として求めることができる．

二つの波動関数のエネルギーは核間距離 R の関数として求められる．水素の 1s 原子軌道のエネルギーを基準 0 にとると，図 2・8 に示すように Ψ_1 は R が約 110 pm (1.1 Å) で 0 よりも低い位置で極小をとり（すなわち最も安定になり），R がそれより小さくなると急速に増大する（原子どうしの反発が大きくなることに相当する）．Ψ_2 は極小を取らず，R 無限大では 0 に収束するが，どんな距離でも 0 より大きな値をとり，水素原子より不安定な状態になる．

図 2・9 のように水素の原子軌道のエネルギーに対して Ψ_1, Ψ_2 のエネルギーの関係を模式的に表した図は**エネルギー相関図**（energy correlation diagram）とよばれる．H_2^+ イオンでは 1 電子のみであるから，Ψ_1 軌道に電子が入ることにより安定な分子イオンができることになる．それに対して，Ψ_2 軌道に電子が入ると，水素原子

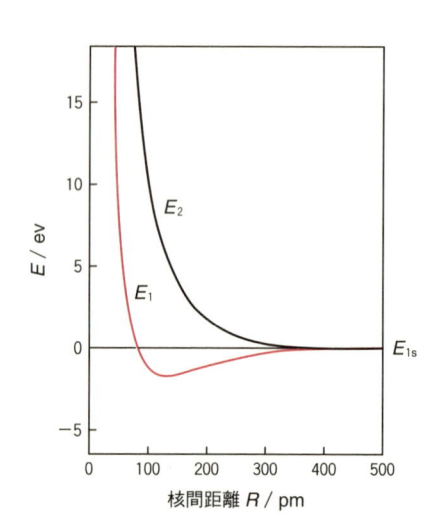

図 2・8 水素分子イオン H_2^+ のエネルギーの核間距離 R 依存性

の方が安定になるため，H_2^+ イオンは形成されない．したがって，Ψ_1 軌道のように元の原子軌道より安定な分子軌道を**結合性軌道**（bonding orbital），Ψ_2 軌道のように元の原子軌道より不安定な分子軌道を**反結合性軌道**（antibonding orbital）とよんで区別する．結合性軌道では原子間に節面が生じないが，反結合性軌道では原子間に新たな節面が生じている．

水素分子 H_2 では H_2^+ イオンで求めた Ψ_1 軌道，Ψ_2 軌道に 2 電子を詰めることになるが，構成原理に従い，Ψ_1 軌道にスピンを逆平行にして入ることになる（図 2・9）．二つの電子が結合性軌道に入るため，H_2^+ イオンより安定になり，原子間距離も H_2^+ イオンよりも短い距離で極小になる．

ヘリウムが二原子分子を形成しないことは，図 2・10 のエネルギー相関図を用いて容易に説明できる．He_2 が形成されるとすると，4 電子をもつことになるが，この相関図に構成原理を適用して，2 電子を結合性軌道に 2 電子を反結合性軌道にそれぞれスピンを逆平行にして占有させることになる．エネルギーの総和が He 原子のエネルギーより低くならないために He_2 分子は生成しない．

酸素分子 O_2 のような等核二原子分子も同じ原子軌道どうしの線形結合で分子軌道を組立てることができる．O 原子の基底状態の電子配置は $1s^2 2s^2 2p^4$ であるから，

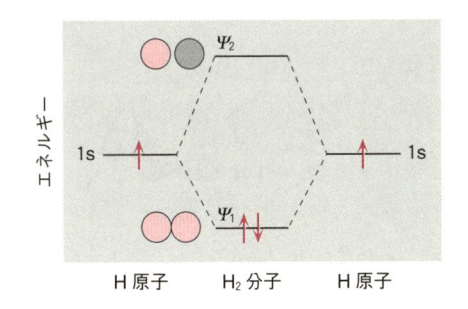

図 2・9 H_2 分子軌道のエネルギー相関図と電子配置

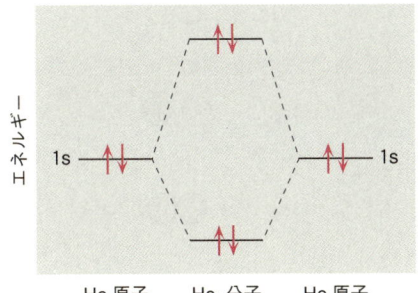

図 2・10 ヘリウム分子 He_2 のエネルギー相関図と電子配置

1s軌道どうし，2s軌道どうし，2p軌道どうしの線形結合で軌道を形成する．軌道のエネルギー相関図は図2・11のようになる．軌道には対称性により，$1\sigma_g, 1\sigma_u$ などの記号が記されている．σやπは§2・2で述べたように結合軸のまわりの回転の対称性の違いによる区別である．下付文字，g（gerade）は対称心に関して反転しても波動関数の正負が変わらないことを示し，u（ungerade）は対称心に関して反転すると正負が逆転することを示している．σ軌道ではgが結合性軌道，uが反結合性軌道であるのに対して，π軌道ではuが結合性軌道，gが反結合性軌道になる．同じ対称性の軌道では下から1, 2, 3などの番号をつけて区別している．

$3\sigma_g, 3\sigma_u$ は結合軸に平行に伸びた $2p_z$ 軌道どうしの線形結合でできる軌道である．$1\pi_u, 1\pi_g$ は結合軸に垂直に伸びる $2p_x$，または $2p_y$ 軌道どうしの線形結合でできる軌道であり，空間的には異なる位置を占めるが，エネルギーは同一，すなわち縮退した軌道になる．酸素分子 O_2 には16電子が含まれるので，構成原理に従い，電子を

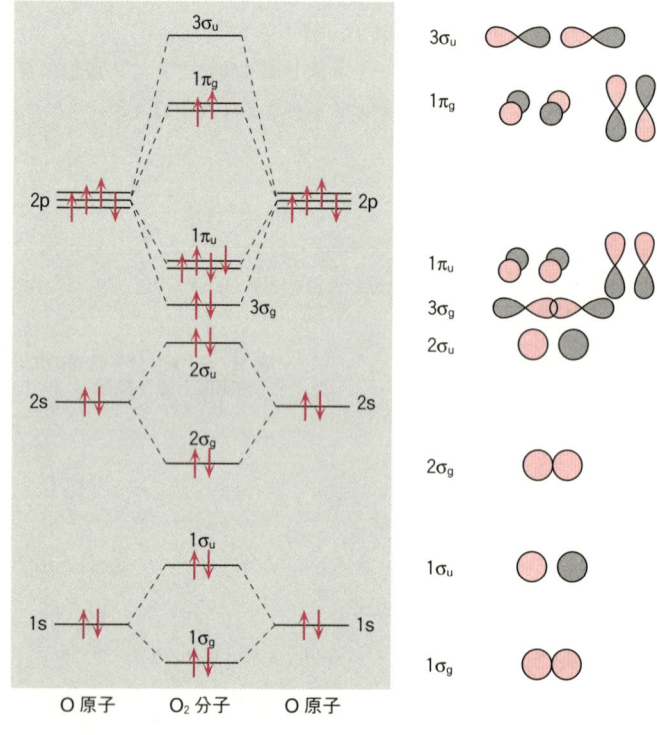

図 2・11　O_2 分子軌道のエネルギー相関図と電子配置

2・2 共有結合

詰めていくと，電子配置は $(1\sigma_g)^2(1\sigma_u)^2(2\sigma_g)^2(2\sigma_u)^2(3\sigma_g)^2(1\pi_u)^4(1\pi_g)^2$ になる．最後の二つは $1\pi_g$ に占有されることになるが，これは縮退した軌道であるため，フントの規則により，異なる $1\pi_g$ 軌道にスピンを平行にして入ることになる．酸素はこの二つの平行な電子スピンの存在により，磁石に弱く引き寄せられる**常磁性**（paramagnetism）という性質をもつ．

O_2 分子は二重結合をもつことがルイス電子対の考え方から示されるが，分子軌道法では結合次数 n として以下のように定義される．

$$n = \frac{(結合性軌道の電子数 - 反結合性軌道の電子数)}{2}$$

O_2 分子では以下のように結合次数は 2 と求められ，二重結合に対応する．

$$n = \frac{10-6}{2} = 2$$

H_2 や He_2 では結合次数が同様の計算でそれぞれ 1，0 になることは容易に確かめられる．

フッ化水素分子 HF のように異核二原子分子では，軌道のエネルギーの差によって，等核二原子分子のように同じ軌道どうしの線形結合ができなくなる．このような場合，同じ対称性の軌道どうしは相互作用して，結合性軌道と反結合性軌道を形成するが，異なる対称性の軌道どうしでは相互作用ができない．

HF 分子は結合軸のまわりでの回転対称をもつ分子（$C_{\infty v}$）である．H 原子の 1s 軌道，F 原子の 1s 軌道，2s 軌道，$2p_z$ 軌道（結合軸が主軸であるので z 軸になる）はいずれも回転軸と同じ対称性をもつが，F 原子の $2p_x, 2p_y$ 軌道は回転軸のまわりで 180° 回転すると符号が逆転するという異なる対称性をもつ．したがって，H の 1s 軌道と相互作用できる F 原子の軌道は 1s 軌道，2s 軌道，$2p_z$ 軌道である．また対称性が同じであっても，軌道のエネルギー差が大きい場合には相互作用できない．

図 1・12 で見たように，F 原子の 1s 軌道，2s 軌道は H 原子の 1s 軌道よりずっと安定であり，エネルギー差が大きく相互作用できない．$2p_z$ 軌道が H 原子の 1s 軌道と相互作用でき，図 2・12 に示すようなエネルギー相関図を与え，結合性軌道 3σ と反結合性軌道 4σ ができる．一般にエネルギーの異なる軌道が相互作用してできる結合性軌道はもとの原子軌道のうちのエネルギーの低い（安定な）軌道よりさらに安定になり，反結合性軌道はエネルギーの高い（不安定な）原子軌道より高くなる．両者はエネルギーの近い原子軌道の性格をより強くもつため，結合性軌道は安定な原子軌道の性格を強くもち，反結合性軌道は不安定な原子軌道の性格をより強くも

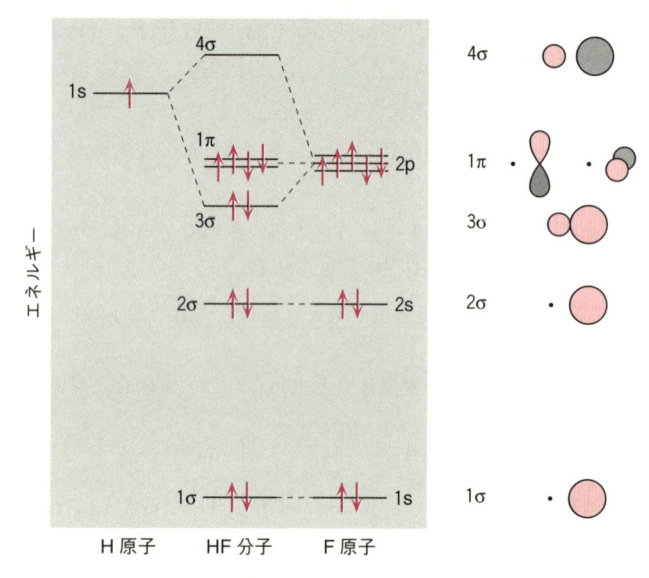

図 2・12　HF 分子の軌道のエネルギー相関図と電子配置

つ．また 1s, 2s, 1p のように相手の原子軌道と相互作用しないため，原子軌道と同じエネルギーをもつ軌道は**非結合性軌道**（nonbonding orbital）とよばれ，結合性，反結合性軌道と区別される．HF の電子数は $1+9=10$ 個であり，$(1\sigma)^2(2\sigma)^2(3\sigma)^2(1\pi)^4$ が HF の電子配置になる．HF の場合対称心をもたないため，等核二原子分子と異なり，g, u の区別をつけることはできない．このうち 3σ 軌道が HF の結合性軌道であるが，この軌道は F の原子軌道の性格を強くもっているため，HF 分子は $H^{\delta+}F^{\delta-}$ のように分極していることが説明できる．

　O_2 分子の分子軌道を組立てる際に，二つの O 原子の同じ軌道どうしの組合わせのみを考えたが，一方の原子の 2s 軌道と他方の原子の $2p_z$ 軌道とは結合軸に対して同じ対称性をもつため，相互作用が全くないわけではない．O 原子の場合には 2s 軌道と $2p_z$ 軌道のエネルギー差が大きいため，考慮しないで組立てることが可能である．しかし，図 1・12 で見たように周期表で O より前にくる，B, C, N では 2s 軌道と 2p 軌道のエネルギー差が大きくないため，2s 軌道と $2p_z$ 軌道の相互作用も考慮した軌道を組み立てなくてはならなくなり，その結果 $3\sigma_g$ が $1\pi_u$ よりエネルギーが高くなり，図 2・13 のようになる．このエネルギー相関図を用いると B_2 は常磁性，C_2, N_2 は反磁性になることが予想されるが，実験的事実と一致する．

2·2 共有結合

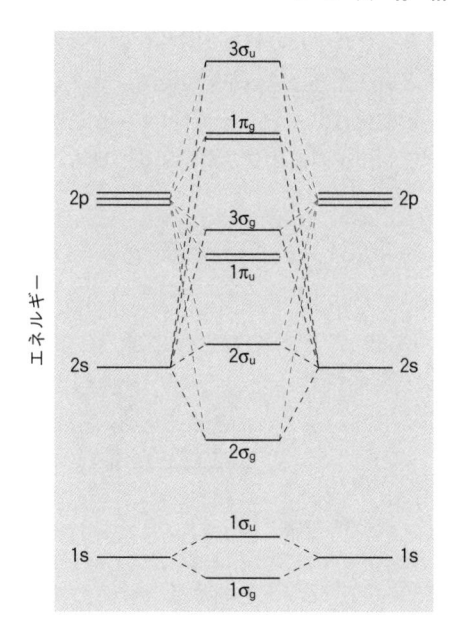

図 2·13 B_2, C_2, N_2 分子軌道のエネルギー相関図

3原子分子以上の多原子分子になると，分子の対称性を利用して分子軌道を組立てていく必要があり，その際には群論を利用すると便利である．その取扱いはここでは述べないが，**メタン**を例に結果だけを述べておく．炭素の軌道を $\phi(\text{C2s})$, $\phi(\text{C2p}_x), \phi(\text{C2p}_y), \phi(\text{C2p}_z)$，四つの水素原子の 1s 軌道を $\phi(\text{H}_a\text{1s}), \phi(\text{H}_b\text{1s}), \phi(\text{H}_c\text{1s})$, $\phi(\text{H}_d\text{1s})$ と表したとき，結合性軌道は以下の四つになる．

$$\Psi_1 = \phi(\text{C2s}) + \lambda\{\phi(\text{H}_a\text{1s}) + \phi(\text{H}_b\text{1s}) + \phi(\text{H}_c\text{1s}) + \phi(\text{H}_d\text{1s})\}$$
$$\Psi_2 = \phi(\text{C2p}_x) + \lambda\{\phi(\text{H}_a\text{1s}) - \phi(\text{H}_b\text{1s}) + \phi(\text{H}_c\text{1s}) - \phi(\text{H}_d\text{1s})\}$$
$$\Psi_3 = \phi(\text{C2p}_y) + \lambda\{\phi(\text{H}_a\text{1s}) - \phi(\text{H}_b\text{1s}) - \phi(\text{H}_c\text{1s}) + \phi(\text{H}_d\text{1s})\}$$
$$\Psi_4 = \phi(\text{C2p}_z) + \lambda\{\phi(\text{H}_a\text{1s}) + \phi(\text{H}_b\text{1s}) - \phi(\text{H}_c\text{1s}) - \phi(\text{H}_d\text{1s})\}$$

対応する反結合性軌道は λ の前の符号を負に替えたものになる．

図 2·14 にエネルギー準位図，図 2·15 にそれぞれの軌道の形状を示す．いずれの軌道も炭素の軌道と水素の軌道の間に節面ができない．また水素どうしの間での節面は炭素の p 軌道の節面と一致している．メタンの価電子 8 個が入る 4 個の分子軌道はいずれも結合性軌道であり，メタンが安定な原子であることを反映している．

原子価結合法でメタンの構造を説明する際には炭素の s 軌道と p 軌道の線形結合で混成軌道をつくり，それぞれを水素一つずつと結合させたが，分子軌道法では水

素の原子軌道の線形結合を最初につくり，それぞれの軌道と対称性の一致する炭素の軌道とから線形結合をつくっているという大きな違いがでてくる．メタンが正四面体からずれると，軌道のエネルギーが変化してきて，全エネルギーが正四面体の場合に比べると高くなることから，メタンが正四面体で安定と結論づけることができる．

図 2・14 メタンの分子軌道の
エネルギー相関図と電子配置

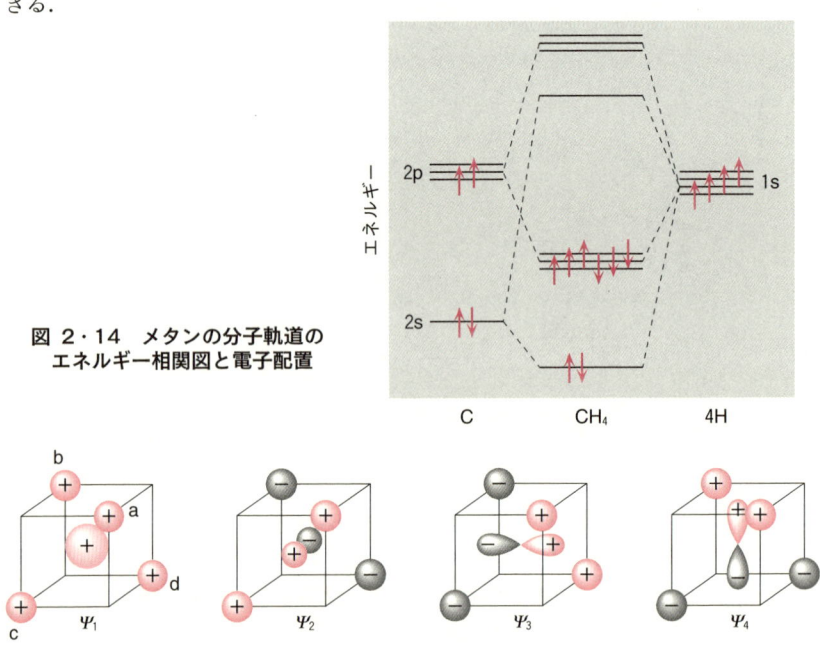

図 2・15 メタンの結合性分子軌道（水素原子の区別は Ψ_1 の図に添えた文字を参照）

2・2・4 原子価結合法と分子軌道法

§2・2・1で原子価結合法，§2・2・3で分子軌道法を用いて，分子の結合を量子化学的に説明できることを示した．ここで両者の長短について少し議論しておく．

本書で二つの方法で共通に扱った分子は H_2, HF および CH_4 のみである．

二原子分子では結合は原子間に局在しているので，原子価結合法でも分子軌道法でも一見それほど違わないように思えるかもしれない．O_2 の常磁性について分子軌道法での解釈を述べたが，原子価結合法では，結合電子対を形成して考えていくために，平行スピンが残ることを説明することは難しく，分子軌道法に軍配が上がる．しかし，水素分子の結合エネルギーに関していうなら，本書で扱った近似の程度で

2・2 共有結合

は原子価結合法の方が実測値との一致はすぐれている.

分子軌道法で2電子が結合性軌道 Ψ_1 を占有するということは，次式の波動関数を用いることになる. ここでは，規格化定数を省いて表現している.

$$\Psi = \{\phi_A(1) + \phi_B(1)\}\{\phi_A(2) + \phi_B(2)\}$$
$$= \phi_A(1)\phi_B(2) + \phi_A(2)\phi_B(1) + \phi_A(1)\phi_A(2) + \phi_B(1)\phi_B(2)$$

Ψ の第3,4項は原子価結合法でイオン的な結合の寄与を考慮する際に導入した項と同じ形をしている. 原子価結合法では $\lambda = 0.25$ としてエネルギー最小を求めたが，分子軌道法では $\lambda = 1.00$ を代入していることに相当する. すなわちイオン的な結合の寄与を重く見過ぎているるため，実測値とのずれが大きくなることになる.

原子価結合法は，ルイスの電子対の考え方をそのまま量子力学的に適用したものであり，原子と原子の間で結合をつくることにより分子が形成されるという，化学者が従来からもっていた概念に近い展開をすることができる. その際に，混成軌道と共鳴を導入することにより，基底状態にある分子の構造を説明するのに都合がよい理論になっている.

メタンの場合，混成軌道を用いた原子価結合法では，四つの C-H 結合は等価であるため，結合のエネルギーは1種類と期待される. 一方，混成軌道を用いない分子軌道法では2種類のエネルギー準位に結合電子が入っていた. 結合電子のエネルギーを求めることができる光電子スペクトルからは，2種類の結合エネルギーが求められ，分子軌道法から予測されるものに一致する.

分子軌道法は電子が分子全体に非局在化した分子軌道を用いて記述するために，原子間で結合をするという考え方からはほど遠く，初学者にはなかなか理解しにくい理論になっている. しかし，同じエネルギー準位図を用いて，電子配置をかえることにより，基底状態だけでなく，励起状態の記述ができるという利点をもつ. 原子価結合法は基底状態の分子構造を容易に説明できたが励起状態の記述には適さないという弱点をもつ. スペクトルは基底状態と励起状態のエネルギー差で説明できるために，分光学への適用は分子軌道法の方がすぐれている.

原子価結合法では，混成軌道などを用いて，結合を局所的に処理していくため，対称性の低い分子でも容易に分子の構造，結合を説明できるが，分子軌道法では，対称性の低い分子を計算機の助けなしで組立てることは難しい. 電子計算機による近似計算の発達によって分子軌道法が量子化学の主流になってきているが，目的によっては原子価結合法も捨てがたい利点をもっている. 専門家でも混成軌道を用いて分子構造を説明することはよく行われる.

2・3 配位結合

　無機化合物の中でも 3〜11 族の遷移元素を含む一群の化合物は典型元素の化合物と異なり，色と磁性において際だった特徴をもっている．典型元素の化合物は無色のものが多いが，遷移元素の化合物は有色のものが多い．また，典型元素の化合物は，まれに窒素の酸化物のように奇数個の電子をもつ場合に，**常磁性**という磁石に弱く引き寄せられる性質をもつものがあるが，ほとんどの化合物は偶数個の電子をもち，電子スピンが対になるため，磁石には引寄せられない**反磁性**（diamagnetism）の性質をもつ．酸素 O_2 は偶数個の電子をもっていても常磁性になるが，これはきわめて特殊な分子である．しかし，遷移元素を含む**配位化合物**（coordination compound）は奇数個の電子をもっている分子あるいはイオンも多数あり，それらは常磁性になるし，偶数個の電子をもつ場合でも，常磁性を示す物質が相当数ある．**配位結合**（coordinate bond）はルイス酸にルイス塩基から電子対が供給されることにより，生じる結合で，NH_4^+（$H^+ + NH_3$）や BH_3NH_3（$BH_3 + NH_3$）のような典型元素の化合物にも見られる．NH_4^+ でできた四つの N-H 結合はすべて等価であり，配位結合も基本的には共有結合である．

　遷移元素を含む配位化合物は**錯塩**（complex salt）や**錯体**（complex）とよばれ，その色と磁性，さらに多彩な構造により，古くから化学者の関心をひきつけてきた．ここでは錯体の配位結合について解説する．

　錯体の配位結合が認識されたのは，1893 年に提案された**ウェルナー**（Werner）の**配位説**からである．それまでに多数の錯体が合成されていたが，金属イオンの原子価（結合の手の数）は酸化数と同一と考えられていた．3 価コバルトの塩化物はアンモニアと $CoCl_3(NH_3)_6$ や $CoCl_3(NH_3)_5$，$CoCl_3(NH_3)_4$，$CoCl_3(NH_3)_3$ のようにいろいろな比率をもつ化合物を生成することが知られていた．さらに $CoCl_3(NH_3)_4$ や $CoCl_3(NH_3)_3$ ではそれぞれ全く色の異なる異性体が存在する．このような化合物は図 2・16 のようにコバルトから出る 3 本の結合手で結合したものと考えられていたが，ウェルナーは図 2・17 のようにコバルトが正八面体型に 6 個の**配位子**（ligand）とよばれる Cl や NH_3 によって囲まれた構造を考えることにより，異性体の存在を説明できることに気づき，配位説として提案した．その後，塩の電気伝導度測定や

図 2・16　ウェルナー以前のコバルト錯体の推定構造

(a) $CoCl_3(NH_3)_6$

(b) $CoCl_3(NH_3)_5$

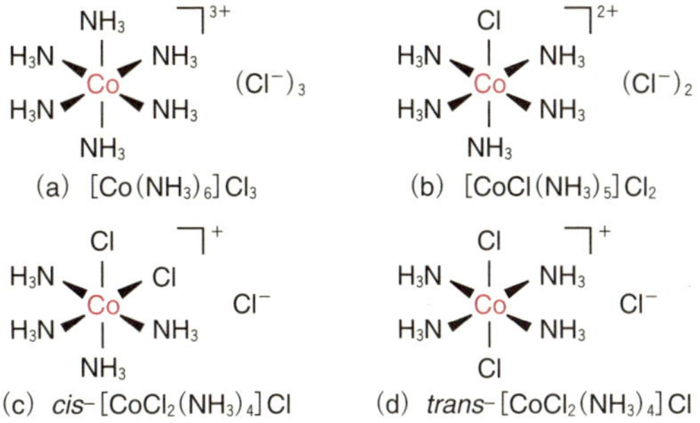

2・3 配 位 結 合

(a) $[Co(NH_3)_6]Cl_3$

(b) $[CoCl(NH_3)_5]Cl_2$

(c) cis-$[CoCl_2(NH_3)_4]Cl$

(d) trans-$[CoCl_2(NH_3)_4]Cl$

図 2・17 ウェルナーの配位説に基づくコバルト錯体の構造
((c) と (d) は異性体)

光学異性体の分離により,その説が正しいことを証明した.

その考えに基づくと $CoCl_3(NH_3)_6$ は陽イオン $[Co(NH_3)_6]^{3+}$ と三つの Cl^- イオンからなる $[Co(NH_3)_6]Cl_3$ であり,$CoCl_3(NH_3)_5$ は陽イオン $[CoCl(NH_3)_5]^{2+}$ と二つの Cl^- イオンからなる $[CoCl(NH_3)_5]Cl_2$ として示される.

このような錯体の結合については,原子価結合法,結晶場理論,配位子場理論,さらに分子軌道法などの結合理論により説明される.原子価結合法は正八面体分子の場合 d^2sp^3 混成軌道(互いに直角に交わる六つの軌道ができる)を用いて配位結合を説明するもので,分子の構造,磁性については説明できるが,色については説明できない.結晶場理論は,配位子によってできる静電場により,d 軌道のエネルギーの縮重が解けて分裂することに注目する理論で,磁性だけでなく,化合物の着色についても説明が可能である.また,配位子場理論は中心金属イオンと直接結合している配位原子のみに着目して分子軌道を考えていくもので,分子全体を考える分子軌道法を簡略化したものと考えてよい.

ここでは,結晶場理論に基づいて錯体の磁性,色を説明し,配位子場理論には軽く触れるにとどめておく.

結晶場理論 (crystal field theory) は,もともと NaCl のような結晶中で周囲の Cl^- イオンの負電荷により形成される電場により Na^+ イオンの 3p 軌道や 3d 軌道(いずれにも電子は入っていないが)の縮重がどのように解けるかを考察する理論として開発されたものである.

Na^+ イオンのまわりには Cl^- イオンが正八面体に位置しており,電場は球対称からずれることになる.三つの 3p 軌道はいずれも Cl^- イオンに向かって伸びているため,その縮重は解けないが,五つの 3d 軌道の場合はそうはならない.d_{xy}, d_{yz}, d_{xz} 軌道はいずれも Cl^- イオンの存在しない方向に伸びた軌道であるのに対して,$d_{x^2-y^2}$,

d_{z^2} 軌道は Cl⁻ イオンの存在する方向に伸びている．電子が d 軌道に入った場合，Cl⁻ イオンの負電荷と反発の仕方が異なるため，d_{xy}, d_{yz}, d_{xz} 軌道の方が $d_{x^2-y^2}, d_{z^2}$ 軌道より安定になり d 軌道の縮退が解け，図 2・18 に示すように分裂することになる．

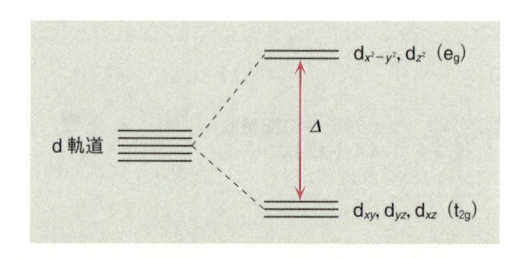

図 2・18　正八面体の結晶場でのd軌道の分裂

d_{xy}, d_{yz}, d_{xz} 軌道の三つは同じ形の軌道を 90° 回転しただけなので，相変わらず縮重していることは容易にわかるであろう．$d_{x^2-y^2}$ 軌道と d_{z^2} 軌道は形が全く異なるため，この二つの軌道の縮重が解けないことは直感的にはわかりにくいが，d_{z^2} は $d_{x^2-y^2}$ 軌道と同じ形でローブの方向が違う $d_{z^2-x^2}$ 軌道と $d_{z^2-y^2}$ 軌道の線形結合でつくることができる軌道であるため，まわりの六つの Cl⁻ イオンとの相互作用は $d_{x^2-y^2}$ の場合と同一になり，縮重は解けない．したがって d 軌道は図のようにより安定な三つとより不安定な二つに分裂することになる．ここで，この d_{xy}, d_{yz}, d_{xz} 軌道は t_{2g} 軌道とよばれる．$d_{x^2-y^2}$ 軌道と d_{z^2} 軌道は e_g 軌道とよんで区別される．t_{2g}, e_g の名称は対称性を議論する群論で使われる記号で，t, e はそれぞれ，三重縮重，二重縮重を意味し，g は対称心での反転で正負の符号が反転しないこと（gerade）を意味する．2 は複数ある t_g を区別する番号である．

遷移金属の正八面体錯体の場合，ハロゲンのような陰イオンの配位子ばかりでなく，配位子としてはアンモニア分子や水分子のような中性の配位子もあるが，その場合でも非共有電子対を中心金属に向けて配位するため，負電荷が八面体に配置されていると仮定すると，NaCl での結晶場理論がそのまま適用できることになる．配位子に囲まれた遷移金属イオンでは縮重が解けた d 軌道に d 電子が配置されることになる．

たとえば [Ar]3d¹ の電子配置をもつ Ti³⁺ が水に溶解して，正八面体のアクア錯体 [Ti(H₂O)₆]³⁺ を形成した場合，1 個の 3d 電子は安定な t_{2g} 軌道のいずれかに入るほうが，e_g 軌道に入るより安定になる．3d 軌道では t_{2g} 軌道と e_g 軌道の分裂の幅 Δ は 3 eV 以下の小さな幅になることが多い．可視光線は 1.5 から 3 eV のエネルギーをもつため，可視光線を吸収して t_{2g} 軌道にある電子は e_g 軌道に励起される．このよう

2・3 配位結合

な遷移は **d-d 遷移**とよばれる．[$Ti(H_2O)_6$]$^{3+}$では図 2・19 のように 500 nm に吸収極大をもつため，紫色に着色している．

d 軌道に 2 個以上の電子が入る場合，図 2・20 に示すような電子配置が生じる．完全に d 軌道が満たされている Zn^{2+}のように d^{10} の場合は d-d 遷移は不可能であり，錯体は無色である．12 族の Zn, Cd, Hg は安定な 2 価イオンは d^{10} になるため，普通，遷移元素に含めず，典型元素に含める．

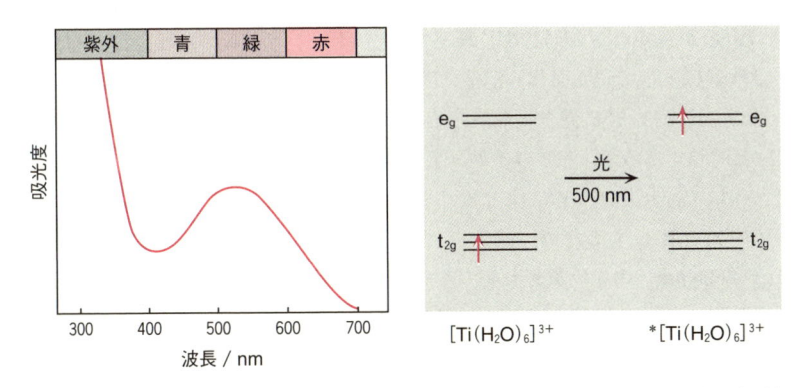

図 2・19 [$Ti(H_2O)_6$]$^{3+}$の水溶液吸収スペクトルと d-d 電子遷移（[$Ti(H_2O)_6$]$^{3+}$の溶液は緑色の光を吸収し，青と赤の光を透過するので赤紫色をしている）

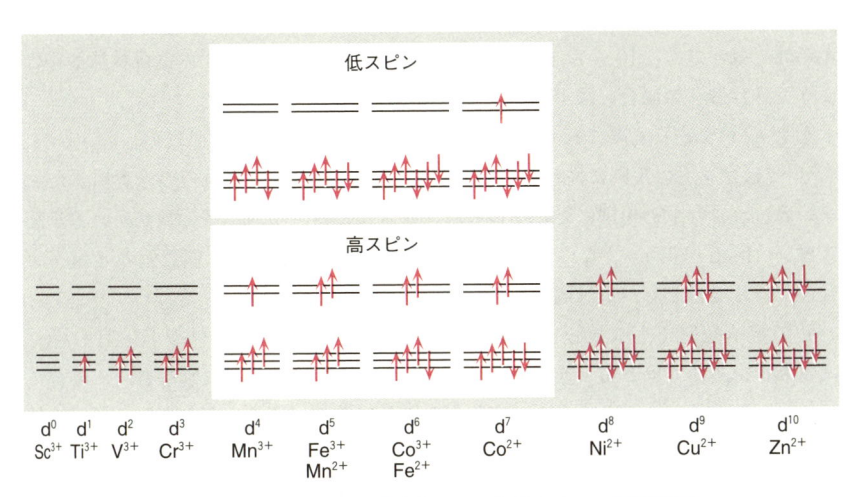

図 2・20　正八面体錯体中の 3d 金属イオンの電子配置
（下列の配置はフントの規則に従っているもの）

結晶場分裂 Δ は中心金属イオンの種類と配位子の種類による．配位子の種類による Δ の大きさの順番は中心原子によらず，一定の傾向があり，**分光化学系列**（spectrochemical series）とよばれ，つぎの順番でしだいに大きくなる．

$I^- < Br^- < Cl^- < F^- < OH^- < C_2O_4^{2-} \sim H_2O < NCS^- <$ ピリジン $\sim NH_3 <$ エチレンジアミン $< 1,10$-フェナントロリン $< NO_2^- < CN^-$

分光化学系列の順番は結晶場理論では説明できないが，一般に配位原子と金属イオンの距離が短くなると同じ配位原子でも Δ は大きくなる．たとえば Cr_2O_3 中の Cr^{3+} は酸素によって正八面体6配位に囲まれており，緑色である．α アルミナ Al_2O_3 の一部の Al^{3+} が Cr^{3+} に置き換わったものがルビーである．アルミナの結晶構造は Cr_2O_3 と同じであるが，Al^{3+} のイオン半径は Cr^{3+} よりわずかに短いため，ルビー中の Cr-O は Cr_2O_3 中の Cr-O より短くなり，Δ が大きくなり，Cr_2O_3 より短波長の 2.2 eV の光を吸収するため，緑色ではなく赤色になる．さらにルビーの場合は 1.79 eV（693 nm）の赤い蛍光も発するため，赤く輝く赤色の宝石となる．

d-d 遷移は gerade の軌道から gerade の軌道への遷移に相当する．本来，このような遷移は**ラポルテ禁制**（Laporté's forbidden transition）とよばれ，量子力学的には遷移が許されない禁制遷移であるが，錯体分子は絶えず振動しており，対称心がなくなる場合があり，その場合には，gerade ではなくなるため，禁制遷移の条件が除かれ，光の吸収が起こりうる．遷移金属錯体は，ラポルテ禁制のために，モル吸光係数 ε は小さく，10 から 100 程度になる．（有機色素や後述する電荷移動遷移のような許容遷移の場合 ε は 10 000 以上になる．）

図 2・20 の電子配置では d^1-d^3, d^8-d^{10} の場合はフントの規則に従っているが，d^4-d^7 ではフントの規則に従わない電子配置も示されている．d 軌道の分裂幅 Δ が大きい場合はフントの規則に従わない方が，安定になる．不対電子の数が多い方を**高スピン**（high spin），少ない方を**低スピン**（low spin）とよぶ．偶数個の d 電子をもっている場合でも，不対電子をもつ場合には磁性は常磁性になる．

d^5 の電子配置をもつ Mn^{2+} や Fe^{3+} のアクア錯体 $[Mn(H_2O)_6]^{2+}$ や $[Fe(H_2O)_6]^{3+}$ は高スピン錯体でほとんど無色である．t_{2g} 軌道の電子が e_g 軌道に励起される場合にはスピン量子数が 5/2 から 3/2 に変化することになる．このような遷移は**スピン禁制**（spin forbidden transition）とよばれ，本来遷移が起こらない遷移である．ラポルテ禁制に加えて，スピン禁制があるため，これらの錯体のモル吸収係数 ε は 1 以下になり，ほとんど無色である．実際には Fe^{3+} の水溶液は黄色く着色しているが，

2・3 配位結合

これは加水分解のため $[Fe(OH)(H_2O)_5]^{2+}$ のようなヒドロキソ錯体が生じ,後述する電荷移動吸収帯が可視部にかかるためである.

結晶場による d 軌道の分裂は正八面体以外では異なる分裂のパターンを示す.図 2・21 は正四面体,平面四角形の配位構造の場合の分裂のパターンを正八面体の場合と比較して示している.

正四面体の構造をもつ錯体でも d_{xy}, d_{yz}, d_{xz} 軌道と $d_{x^2-y^2}, d_{z^2}$ 軌道とに分裂するが,後者の方が安定になり,正八面体に比べ,分裂の幅も半分くらいに小さくなる.そのため,吸収スペクトルは長波長になる.また高スピンの錯体のみになる.正四面体では対称心がないため,d 軌道も gerade ではなくなり(それぞれ t_2 と e 軌道とよばれる),ラポルテ禁制の制限は受けないため,ε は正八面体の場合に比べるとずっと大きくなる.塩化コバルト $CoCl_2$ の水溶液に濃塩酸を加えると,薄いピンクから濃い青色に変色する.これは正八面体の $[Co(H_2O)_6]^{2+}$ から正四面体 $[CoCl_4]^{4+}$ に変化するため,吸収極大の波長が長波長にずれると同時に ε が大きくなったことによる.シリカゲルの水分量の違いによりピンク-青の色の変化も,含まれている Co^{2+} が水分量により正八面体と正四面体の構造変化をするためである.

Pt^{2+} や Ni^{2+} などの d^8 イオンでは平面四角形の構造をとりやすい.その場合,正八面体の z 軸方向の配位子がなくなったことになるため縮重がさらに解け,t_{2g} 軌道はより不安定な d_{xy} 軌道と,より安定な d_{yz}, d_{xz} 軌道に,e_g 軌道はより安定な d_{z^2} 軌道とより不安定な $d_{x^2-y^2}$ 軌道に分裂する.d^8 錯体では d_{xy} 以下の軌道に電子がつまり,$d_{x^2-y^2}$ のみが空になっている.

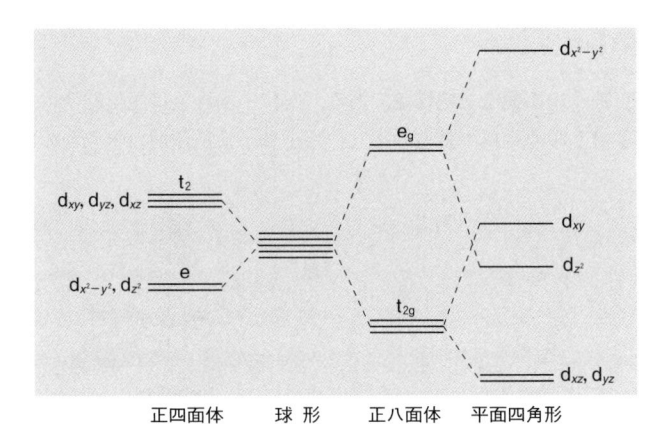

図 2・21 正四面体,平面四角形錯体の d 軌道の分裂の様子

過マンガン酸イオン MnO_4^- は非常に濃い赤紫色をしている．この場合 Mn は +7 価であり，d^0 であるため，d-d 遷移は起こりえない．赤紫色は酸素配位子上の電子が Mn^{7+} に移る遷移が可視部に起こるためである．このような遷移は電荷が配位子と中心原子の間で移動するため，**電荷移動吸収**（CT 吸収：charge-transfer absorption）とよばれる．電荷移動吸収ではラポルテ禁制の制限を受けないため，ε は 10 000 以上にもなり，きわめて濃い色に着色することになる．

前に述べた $[Fe(OH)(H_2O)_5]^{2+}$ の黄色い色も，OH^- から Fe^{3+} への電荷移動が起こっていることによる．$[Fe(phen)_3]^{2+}$ （図 2・22）も 510 nm 付近に ε が 12 000 程度の吸収をもつため，温泉水などの水溶液中の微量の鉄イオンを分光光度法で定量するのに用いられるが，これも 1,10-フェナントロリンから Fe^{2+} への電荷移動吸収帯を用いている．電荷移動吸収帯は可視部に d-d 遷移をもつ多くの錯体でも存在するが，たいてい，エネルギーの大きな紫外部に相当するため，錯体の色とは無関係な場合が多い．

図 2・22　$[Fe(phen)_3]^{2+}$ 錯体

結晶場理論では配位子は負の静電気により中心金属とイオン結合をしていると見なすようなモデルになり，配位結合の本質である共有結合からはほど遠いものとなっている．

その欠点を補うのが**配位子場理論**である．配位子場理論は配位結合に直接関与する非共有電子対と中心金属の軌道の相互作用を分子軌道法的に扱うもので，分子全

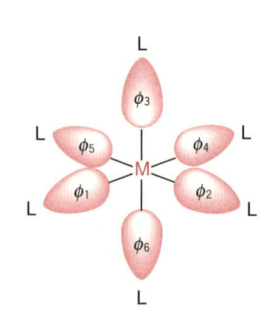

図 2・23　配位子 L の非共有電子対の軌道 $\phi_1 \sim \phi_6$

体にわたる分子軌道法ではないが，配位結合が共有結合であることが反映される．正八面体錯体を例にとって簡単に説明する．六つの配位子Lの非共有電子対の軌道を図2・23のように $\phi_1, \phi_2, \phi_3, \phi_4, \phi_5, \phi_6$ とする．

正八面体の対称性に適合する線形結合としてつぎの六つの軌道ができる（数学の群論を利用することによってこのような軌道の組合わせをつくることができる）．

$$a_{1g}: \frac{1}{\sqrt{6}}(\phi_1+\phi_2+\phi_3+\phi_4+\phi_5+\phi_6)$$

$$t_{1u}(1): \frac{1}{\sqrt{2}}(\phi_1-\phi_4)$$

$$t_{1u}(2): \frac{1}{\sqrt{2}}(\phi_2-\phi_5)$$

$$t_{1u}(3): \frac{1}{\sqrt{2}}(\phi_3-\phi_6)$$

$$e_g(1): \frac{1}{\sqrt{12}}(2\phi_3+2\phi_6-\phi_1-\phi_2-\phi_4-\phi_5)$$

$$e_g(2): \frac{1}{2}(\phi_1+\phi_4-\phi_2-\phi_5)$$

a_{1g} 軌道は中心金属の 4s 軌道，三つの t_{1u} 軌道は中心金属の $4p_x, 4p_y, 4p_z$ 軌道，二つの e_g 軌道は中心金属の $3d_{z^2}, 3d_{x^2-y^2}$ 軌道の対称性と合うため，それぞれ，結合性軌道

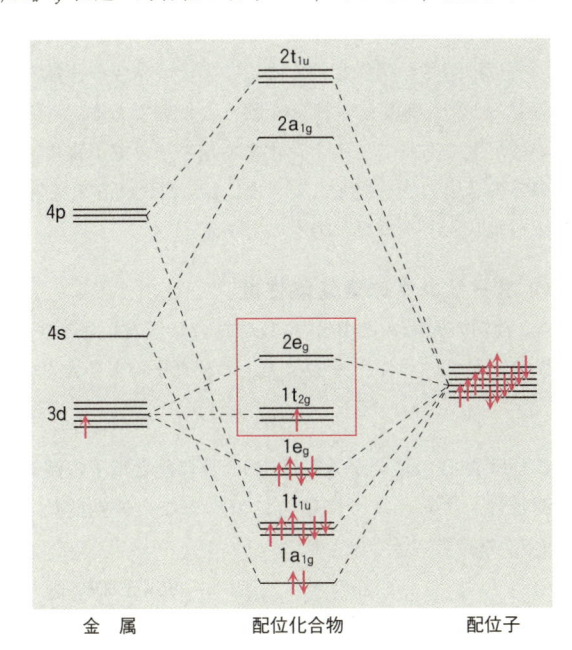

図2・24 配位場理論における軌道のエネルギー相関図と $[Ti(H_2O)_6]^{3+}$ の電子配置（赤枠で囲んだ部分は結晶場理論と同じになることに注意）

金属　　　　配位化合物　　　　配位子

と反結合性軌道を形成する．中心金属の t_{2g} 軌道すなわち d_{xy}, d_{yz}, d_{xz} 軌道は配位子の軌道とは対称性が合わないため，非結合性軌道としてそのままのエネルギーになる．図2・24には正八面体の錯体の軌道のエネルギー相関図に $[Ti(H_2O)_6]^{3+}$ の場合の電子配置を例として示した．Ti^{3+} は $3d^1$ の電子配置をもち，配位結合に関与する電子は合計13個になるので，構成原理に従い電子を下から詰めていくと，結合性の a_{1g} 軌道，t_{1u} 軌道，e_g 軌道が完全に満たされ，非結合性の t_{2g} 軌道に一つだけ電子が入る．t_{2g} 軌道とその上に位置する反結合性の e_g 軌道に注目すると，結晶場理論に図2・19と全く同じエネルギー順位と電子配置ができてくる．すなわち，錯体の色や磁性に関して結晶場理論と全く同じに理解することができることになる．ここでは配位子場理論についてはこれ以上説明を加えないが，配位子との π 性の軌道を考慮することにより，図2・24の軌道がどのように変化するかがわかり，64ページで述べた分光化学系列についても説明できるようになることだけ触れておく．

2・4 電気陰性度

これまで共有結合でできた分子の構造と結合について概観してきた．等価な2原子が結合した分子の場合には共有結合の電気的偏り（極性）はないが，異なる原子の間での共有結合ではかならず電気的偏りが生じる．HFの場合にそれぞれの原子の軌道の深さが関係してくることでその結合の極性の起源を論じた．電気的偏りを論じる上で，電気陰性度 χ を使うと便利である．電気陰性度は結合の極性を知るための尺度であって，イオン化エネルギーや電子親和力と異なり，多くの化学者がその値の算出方法を提案してきた．よく使われる電気陰性度はポーリング，マリケン，オールレッド－ロコーのものである．

● ポーリングの電気陰性度

2種類の元素AとBがA-Bの結合を形成したときの結合エネルギー D_{AB} はA-A, B-Bの結合エネルギー D_{AA}, D_{BB} の相乗平均より大きい．

$$\Delta_{AB} = D_{AB} - \sqrt{D_{AA}D_{BB}} > 0$$

これはA-Bの結合が $A^{\delta+}$-$B^{\delta-}$ のように結合電子の偏りがある場合，A-B結合の波動関数は，次式のように結合に偏りのない波動関数 Ψ_{AB} とイオン結合の波動関数 $\Psi_{A^+B^-}$ の線形結合で表される．

$$\Psi = \Psi_{AB} + \lambda \Psi_{A^+B^-}$$

Ψ_{AB} のエネルギーが D_{AA}, D_{BB} の相乗平均であると期待できるが，$\Psi_{A^+B^-}$ の寄与がある

2·4 電気陰性度

と§2·2で述べた変分原理により，結合が安定化し，D_{AB} が D_{AA}, D_{BB} の相乗平均より大きくなるためである考えることができる．ポーリング (Pauling) は，Δ_{AB} が大きいほどイオン結合の寄与が大きくなると考え，A と B の電気陰性度 χ_A, χ_B に対して次式が成立するとした．

$$\Delta_{AB} = k(\chi_B - \chi_A)^2$$

この式では χ_A と χ_B の絶対値は決められないため，水素の電気陰性度 χ_H を 2.1 (後に 2.2 に改めた) とし，結合エネルギーが $kJ mol^{-1}$ のときに $k=96.5$ として算出した．電気陰性度の最大値はフッ素のもので 4.0 である．

● マリケンの電気陰性度

第一イオン化エネルギー I 〔単位: eV〕は原子が電子を引き止めている目安となり，電子親和力 A 〔単位: eV〕は原子の電子の受け入れやすさを示している．I と A が大きいほど，原子の電子親和性が高いといえるだろうと考え，**マリケン** (Mulliken) は電気陰性度 χ を次式で定義した．

$$\chi = \frac{1}{2}(I + A)$$

この考え方はきわめて明快であるが，電子親和力測定の実験は難しく，限られた元素にしか得られていないため，すべての元素の電気陰性度が求められるわけではない．異なる考えに基づいて算出されたマリケンの電気陰性度はポーリングの電気陰性度とよく比例する．

● オールレッド-ロコーの電気陰性度

原子の共有結合半径 r で電子が感じる引力を電気陰性度の目安にしようと考えたのが**オールレッド** (Allred)-**ロコー** (Rochow) の電気陰性度である．有効核電荷 Z_{eff} とするとその引力は

$$F = \frac{Z_{eff} e^2}{4\pi \varepsilon_0 r^2}$$

となる．ポーリングの電気陰性度の値と近くなるように係数を決め，次式で電気陰性度を定義した．ここで r は Å 単位で求めた共有結合半径を用いる．

$$\chi = \frac{0.3590 Z_{eff}}{r^2} + 0.744$$

本書では，5,6 章の各元素のデータではポーリングの電気陰性度を引用している．オールレッド-ロコーの電気陰性度も多くの元素で決められていて，よく使われるので，表 2·6 に示す．

表 2・6　おもな元素の電気陰性度（オールレッド・ロコー）

H 2.20								
Li 0.97	Be 1.47			B 2.01	C 2.50	N 3.07	O 3.50	F 4.10
Na 1.01	Mg 1.23			Al 1.47	Si 1.74	P 2.06	S 2.44	Cl 2.83
K 0.91	Ca 1.04	Sc〜Mn 1.20〜1.60	Fe〜Zn 1.64〜1.66	Ga 1.82	Ge 2.02	As 2.20	Se 2.48	Br 2.74
Rb 0.89	Sr 0.99	Y〜Tc 1.11〜1.36	Ru〜Cd 1.42〜1.46	In 1.49	Sn 1.72	Sb 1.82	Te 2.01	I 2.21
Cs 0.86	Ba 0.97	La〜Re 1.03〜1.46	Os〜Hg 1.52〜1.44	Tl 1.44	Pb 1.55	Bi 1.67	Po 1.76	At 1.96

● 電気陰性度と結合のイオン性

結合のイオン性の割合についてはポーリングがつぎの式を提案している．

$$1 - \exp\left(-\frac{(\chi_B - \chi_A)^2}{4}\right)$$

電気陰性度の差 $\Delta\chi = |\chi_B - \chi_A|$ に対して結合のイオン性の割合をプロットすると図 2・25 のようになる．ポーリングの電気陰性度を用いると，HF, HCl, HBr, HCl の水素とハロゲンの電気陰性度の差はそれぞれ 1.78, 0.96, 0.76, 0.46（オールレッド・ロコーの電気陰性度から求めた値と少し異なる）であり，イオン性の割合は 55%, 21%, 13%, 5% と求められる．この値は双極子モーメントから求められるイオン性の値とよく一致する．

図 2・25　電気陰性度の差 $\Delta\chi$ と結合のイオン性の割合

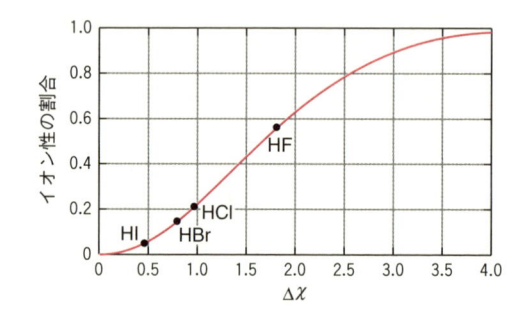

3

無機物質の結晶構造と結合

　無機物質の構造と結合を考える上で，結晶はきわめて重要である．第2章で扱った分子が結晶化した，いわゆる分子結晶では分子間にはたらく力はきわめて小さく，多くの場合，分子の性質は自由分子とほとんど変わらない．しかし，イオン結晶や金属結晶，ダイヤモンドのような共有結合結晶では，結晶の性質とその構成粒子である原子やイオンの性質とは大きく異なる．

　§3・1では，結晶の構造について考察する．最初に単一の原子から成り立つ結晶，さらにイオン結晶でよく見られる2種類の原子から成り立つ二元化合物の構造について学んでいく．§3・2でイオン結晶の結合，§3・3で金属結合について学ぶ．

3・1 結 晶 構 造
3・1・1 格子点と単位胞

　結晶は0Kにおいてほとんどの物質がとりうる最も安定な構造である．結晶の特徴は，古くは，結晶面どうしの交わる角度が常に一定である（面角一定則）とか，へき開性などで規定されたが，X線回折による構造解析が可能になってからは，内部における原子の並び方で規定される．すなわち，三次元的に規則正しく並んだ原子の集合が結晶であるということができる．結晶の内部に，任意のある点を選ぶと，それと全く同一の環境にある点が無数に存在する．それらの点を直線で結ぶことにより，三次元の**格子** (lattice) が形成される．格子の交点を**格子点** (lattice point) とよぶ．金属結晶のような単純な結晶では格子点は原子の位置に一致させるのが一般であるが，格子点は同一の環境にある点の集合であるから，そこに原子がある必然性はない．結晶が対称心をもつ場合などは，たとえ，そこに原子が存在しない場合でも，その対称心に格子点を重ねて，結晶格子を規定する場合が多い．

　結晶格子の最も小さい単位は平行六面体で，これを**単位胞**あるいは**単位格子** (unit cell) とよぶ．単位胞は頂点の一つを含む3本の稜 a, b, c と稜のなす三つの角度 α, β, γ で規定される（図3・1）．

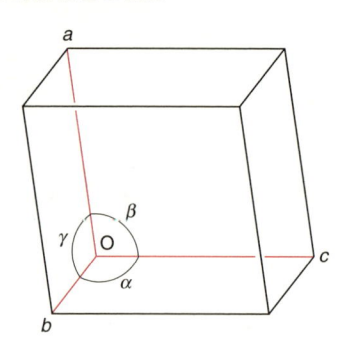

図 3・1 単位胞の軸と角度
〔原点 O のまわりに右手の親指，人さし指，中指が a, b, c に対応するように軸を決める（右手系）〕

3・1・2 結晶系とブラヴェ格子

結晶の構造は結晶格子の形，対称性によって表 3・1 に示される 7 種類の結晶系に分類される．

結晶の対称性を議論するときには分子の対称性で利用した**シェーンフリース記号**（Schönflies symbol）でなく，**ヘルマン–モーガン記号**（Hermann–Mauguin symbol）が用いられることが多い．ヘルマン–モーガン系では C_n 回転軸を数字 n のみで表し，鏡面 σ を m で表す．回映軸 S_n を用いないで，回転軸 C_n と反転 i を組合わせた回反軸 $\bar{n}$ を用いる．対称心 i は $\bar{1}$ に対応する．$\bar{2}$ は鏡面 m に対応し，$\bar{3}$ は S_6 と同じではないが近い対称操作になる．結晶ではらせん軸など分子では出てこない対称性が出てくるが，ヘルマン–モーガン系ではそのような対称性も取込むことができる．なお，表 3・1 に出てくる $2/m$ という表記は 2 回軸とそれに垂直な鏡面が存在することを意味する．また mmm は a, b, c 軸に垂直な三つの鏡面があることを示している．

表 3・1 種類の結晶系

結晶系	格子パラメーター	格子の対称性
三斜晶系 triclinic system	$a \neq b \neq c$; $\alpha \neq \beta \neq \gamma$	$\bar{1}$ （i）
単斜晶系 monoclinic system	$a \neq b \neq c$; $\alpha = \gamma = 90°$, $\beta \neq 90°$	$2/m$ （C_2, σ）
斜方晶系（直方晶系）orthorhombic system	$a \neq b \neq c$; $\alpha = \beta = \gamma = 90°$	mmm （$\sigma \times 3$）
正方晶系 tetragonal system	$a = b \neq c$; $\alpha = \beta = \gamma = 90°$	$4/mmm$ （C_4/σ; $\sigma \times 2$）
三方晶系 trigonal system（菱面体晶系 rhombohedral system）	$a = b = c$; $\alpha = \beta = \gamma \neq 90°$	$3m$ （C_3, σ）
六方晶系 hexagonal system	$a = b \neq c$; $\alpha = \beta = 90°$, $\gamma = 120°$	$6/mmm$ （C_6/σ; $\sigma \times 2$）
等軸晶系 isometric system（立方晶系 cubic system）	$a = b = c$; $\alpha = \beta = \gamma = 90°$	$m3m$ （σ, C_3, σ）

3・1 結 晶 構 造   73

表3・1には，ヘルマン-モーガン記号とともに，対応するシェーンフリース記号を（ ）内に示した．

単位胞は格子点が一つずつ含まれるものであるが，複数の格子点を含む大きな単位胞を考えることにより，結晶の対称性を明確に提示できる場合もある．このような格子を**複合格子**とよぶ．それに対して，格子点を一つしか含まない格子を**単純格子**（primitive lattice）とよぶ．複合格子を考慮すると結晶系は14の**ブラヴェ格子**

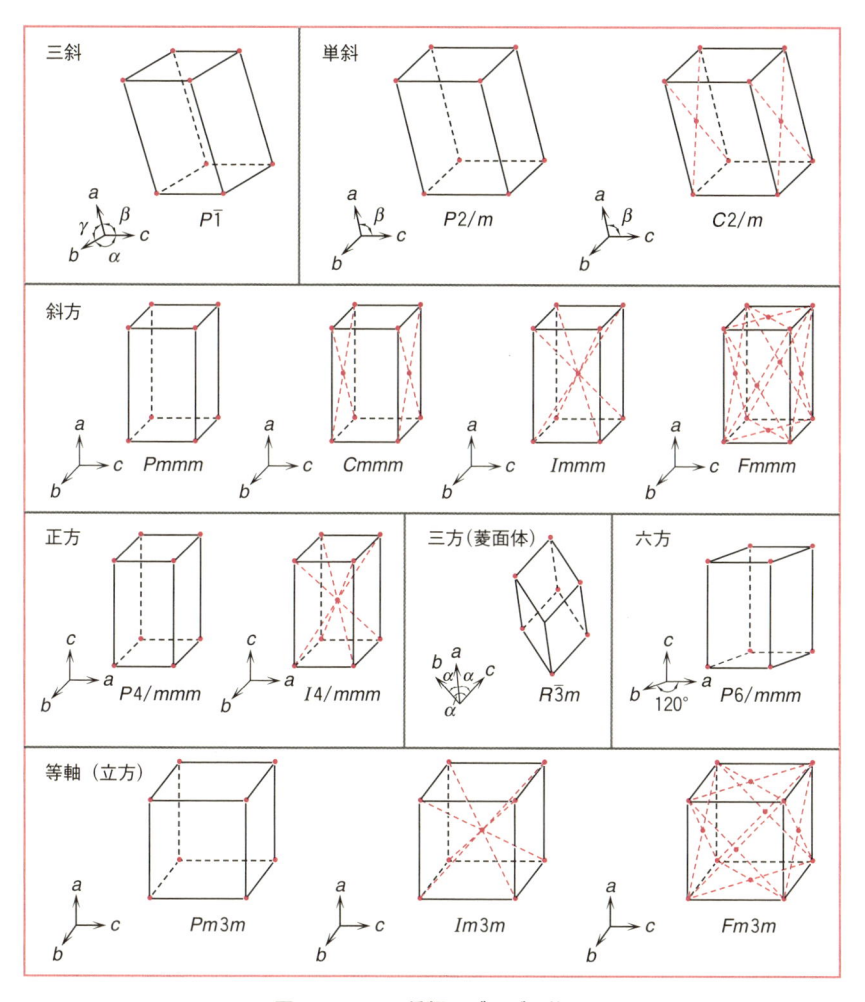

図 3・2　14種類のブラヴェ格子

(Bravais lattice）に分類できる．図 3・2 にそれを示す．このうち，**体心格子**（body-centered lattice）は単位胞の中心にもう一つの格子点が含まれるもので，記号 I で表示される．体心格子の単位胞中の格子点は二つになる．また，**面心格子**（face-centered lattice）は各面の中心に格子点が存在するもので，記号 F で表示され，格子点は四つ含まれる．**底心格子**（base-centered lattice）は 3 種類の面の内の一つの面の中心に格子点が存在するもので，単位胞に含まれる格子点は二つになる．面の種類を A, B, C で表し，底心の位置により A などのように表示する．単純格子は記号 P で表す．**三方晶系**は六方晶系と同じ二つの角度が 90°，一つの角度が 120° の単位胞であるが，六つの等しい菱形の面で囲まれた菱面体を単位胞にとることができ，特別な記号 R が与えられている．

構成する原子の種類が 1 種類または 2 種類程度の単純な結晶では，**等軸晶系**（**立方晶系**），**正方晶系**，**六方晶系**，**三方晶系**などの対称性の高いものが多い．

3・1・3 球の最密充填と体心立方格子

金属などの結晶中の原子は球形で近似できるので，球の充填で金属の結晶格子を考察するとわかりやすい．

金属の結晶でよく現れるのは，**最密充填**（closest packing）**構造**と**体心立方**（bcc: body-centered cubic）**格子**である．最密充填構造はさらに立方最密充填構造（面心立

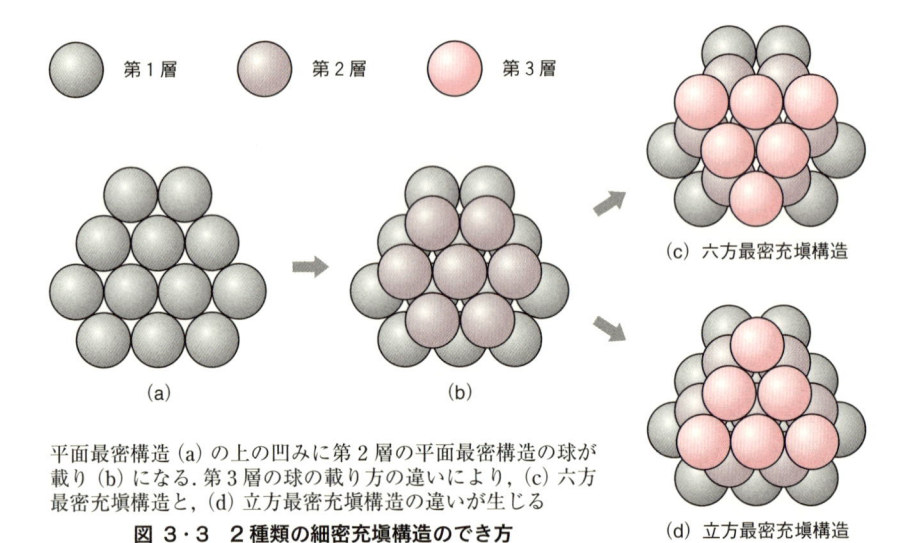

平面最密構造 (a) の上の凹みに第 2 層の平面最密構造の球が載り (b) になる．第 3 層の球の載り方の違いにより，(c) 六方最密充填構造と，(d) 立方最密充填構造の違いが生じる

図 3・3　2 種類の細密充填構造のでき方

方格子）と六方最密充塡構造に分類できる．

　最密充塡構造は図 3・3 のように球の平面最密構造の重ね合わせで考えることができる．平面に球を密に並べる方法は，一つの球のまわりに 6 個の球を配置する並べ方になる．球が 3 個接触する位置には上下にへこみができる．このへこみの上に平面充塡した球が重なるようにすることより，密な充塡ができあがる．へこみの数は球の数の 2 倍となり，一つおきのへこみの上に上の層の球がのることになる．第 2 層のへこみに第 3 層の球がのるようにしていくと，3 次元的な最密構造ができあがる．第 1 層の原子の並びの位置を A，第 2 層の原子の並びの位置を B で表したとき，第 2 層のへこみは A と一致するものと，A, B のどれにも該当しない，C がある．ABCABC… のように層が重なる場合，単位胞を切り出すと，**面心立方**(fcc：face-center cubic)**格子**になり，**立方最密充塡**(ccp：cubic closest packing)構造ともよばれる．それに対して，ABABAB… のように層が重なる場合には単位胞は六方晶系になり，**六方最密充塡**(hcp：hexagonal closest packing)構造とよぶ．そのときの単位胞は図 3・4 に示されている．球の最密充塡を考えたとき，六方最密充塡では $a:c=1:\sqrt{8/3}$ になるはずであるが，多くの六方最密充塡構造はこの値から少しずれる．ABABCABABC… のような配列も六方最密充塡の一種となり，希土類金属の結晶構造でしばしば現れる．

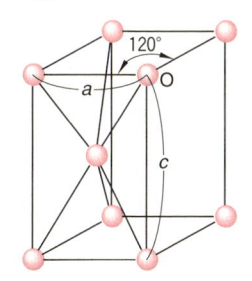

図 3・4　六方最密充塡の単位胞

　ある原子に注目して，その原子に最近接で接触する原子の数を**配位数**（coordination number）とよぶ．最密充塡の場合，その原子は平面充塡の面内で 6 個の原子と接触し，上下の層のそれぞれ 3 個の原子と接触しているため，配位数は 12 になる．立方最密充塡と六方最密充塡では上下の 3 個ずつの原子の配置が異なっている．すなわち，立方最密充塡ではねじれ配座となっているのに対して，六方最密充塡では重なり形配座になっている．全空間に占める球の体積の割合を**空間充塡率**というが，どちらも 0.7405 になる．Ne や Ar のような希ガスの結晶も面心立方格子をとる．

体心立方格子も空間充塡率は高い充塡になる．配位数は 8 であるが，最近接の原子間距離の $2/\sqrt{3}$ (1.155 倍) の位置に 6 個の原子が配置されている．アルカリ金属や鉄など多くの金属でこの構造をとっている．

鉄は常温で体心立方格子であるが，温度を上昇させて 910℃ にすると相転移を起こし面心立方格子に変化する．さらに温度を 1400℃ にすると再び体心立方格子になり，1540℃ で融解する．体心立方格子と面心立方格子は，一見，全く異なる構造であるが，体心立方格子の一つの正方形の面の対角線を用いた正方形で格子を考えると，3 辺の長さの比が $\sqrt{2}:\sqrt{2}:1$ の面心（正方）格子となり，原子がお互いの位置を入れ替えることなく，格子の長さが変化するだけで，体心立方と面心立方格子の間で相互に相転移が可能である．

ポロニウム Po は単純立方格子をとるきわめて珍しい例である．単純立方格子の空間充塡率は 0.5236 であり，配位数は 6 になる．水銀の結晶は立方体を対角線方向に少し伸ばした菱面体構造をとっている．

表 3・2 に単一原子の充塡方法についてまとめた．

表 3・2　単一原子の充塡

充塡構造	空間充塡率	配位数	具体例
立方最密充塡（面心立方）	0.7405	12	Co, Ni, Cu, Ag, Au, Pb, Ne, Ar
六方最密充塡	0.7405	12	Be, Mg, Sc, Y, Ti, Zr, Zn, Cd
体心立方	0.6802	8	Li, Na, K, V, Cr, Mo, W, Fe
単純立方	0.5236	6	Po, P（黒色リンの一形態）

3・1・4　二元化合物の構造

2 種類以上の原子（あるいはイオン）から構成される結晶の構造は複雑になるが，異なる元素の組合わせでも同じ型の構造をとることが多く，典型的な鉱物あるいは化合物の型によって分類，記述される．また元素の組成によって AB, AB_2 型のように表示する．このように 2 種類の元素から成り立つ化合物は**二元化合物**（binary compound）とよばれる．

多くのハロゲン化アルカリの結晶は NaCl の結晶と同じ型の構造をとり（図 3・5 (a) 左），これを**岩塩型構造**（rock salt structure）あるいは **NaCl 型構造**（NaCl structure）とよぶ．NaCl 型構造は面心立方格子である．すなわち，NaCl 結晶の Cl 原子に着目すると面心立方格子を形成しており，一方 Na 原子に注目して，Na 原子を格子の原点にもっていくと，やはり面心立方格子を形成していることがわかる．

3・1 結晶構造

Na原子とCl原子は一つの格子軸方向に2分の1ずれている構造である．Na原子は6個のCl原子に正八面体に配位され，Cl原子も6個のNa原子に正八面体型に配位されている．

AB型で面心立方格子型をとる重要な構造に**閃亜鉛鉱(ZnS)型構造**(zinc blende structure)(図3・5(b))がある．この構造ではZn, Sの原子の位置は単位胞の三方向に4分の1ずつずれている．Zn原子もS原子も互いに正四面体型4配位されている．

イオン半径(§3・2・3参照)を元に，NaClおよびZnSの構造を示したものが図3・5(a)右，(b)右である．陰イオンは陽イオンより大きく，Cl^-イオン，S^{2-}イオン

(a) 岩塩型構造

(b) 閃亜鉛鉱型構造

(c) ウルツ鉱型構造

(d) 塩化セシウム型構造

(e) 蛍石型構造

(f) ルチル(金紅石)型構造

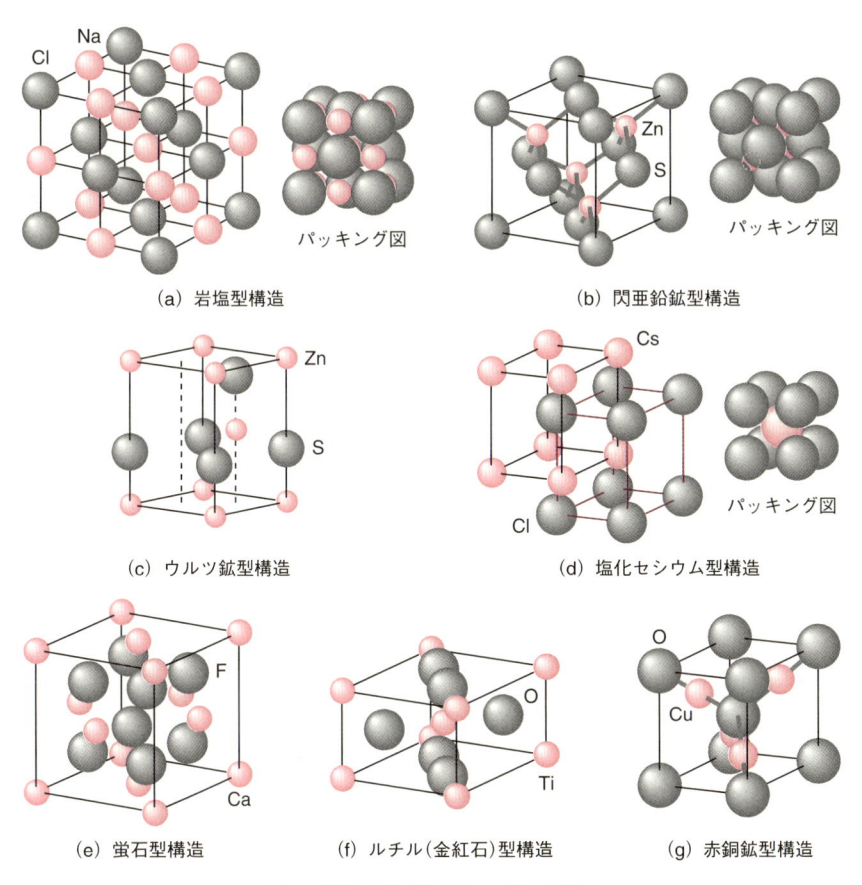

(g) 赤銅鉱型構造

図3・5 二元化合物の結晶構造

は互いにほぼ接触している．最密充塡した原子のすき間には，6個の原子に正八面体型に囲まれた穴と，4個の原子に正四面体型に囲まれた穴が存在する．前者の穴すべてに陽イオンが入った構造がNaCl型構造である．正四面体の穴は原子数の2倍存在するが，その穴の一つおきに陽イオンが入った構造として，閃亜鉛鉱型結晶を記述することができる．

ZnSには閃亜鉛鉱型とは異なり**ウルツ鉱型構造**（wurtzite structure）とよばれる別の構造が存在する．このように，同一の組成で異なる構造をもつものは多形とよばれる．ウルツ鉱では図3・5(c)に示されるように，S原子が六方最密充塡構造で配置され，その正四面体の穴の半分に亜鉛が入っている．閃亜鉛鉱同様ZnもSも正四面体4配位構造をとっている．

ハロゲン化アルカリの中でも陽イオンが大きいCsClなどでは，**塩化セシウム(CsCl)型構造**とよばれる，岩塩型とは異なる構造をとる（図3・5(d)）．Clが立方体の頂点に存在し，Csは立方体の中心に存在する．一見，体心立方格子のように思えるが，体心の位置にある原子は，格子点にある原子と種類が異なるので，単純立方格子である．Csを格子の原点におくと，Clが格子の中心に存在することになる．Csは8個のClに立方体型で配位され，Clも8個のCsにより立方体型に配位されている．

蛍石(CaF$_2$)型構造（fluorite structure）は閃亜鉛鉱型構造と関連づけられる（図3・5(e)）．すなわち面心立方に配置されたCa原子の正四面体の穴すべてにF原子が配置されたものとして記述できる．F原子は8個のCa原子により，正四面体型に配位されており，Ca原子は8個のF原子に立方体型に配位されている．

ルチル(TiO$_2$, 金紅石)型構造（rutile structure）は図3・5(f)に示されるような，正方晶系の結晶で，Ti原子はO原子により正八面体型6配位され，O原子は3個のTi原子により，平面三角形型に配位される．

表 3・3　AB$_n$結晶の構造

n	結晶構造	Aの配位	Bの配位	具体例
1	CsCl型	立方体8配位	立方体8配位	CsCl, CsBr, CsI, NH$_4$Cl, TlCl, TlBr
1	岩塩型	八面体6配位	八面体6配位	LiF, NaCl, KI, AgCl, NaH, MgO, CaS
1	閃亜鉛鉱型	四面体4配位	四面体4配位	ZnS, BeS, HgS, AgI, CuBr
1	ウルツ鉱型	四面体4配位	四面体4配位	ZnS, CdS, AlN
2	蛍石型	立方体8配位	四面体4配位	CaF$_2$, K$_2$O, Na$_2$O, K$_2$S, Na$_2$S
2	ルチル型	八面体6配位	三角形3配位	TiO$_2$, SnO$_2$, CoF$_2$, MgF$_2$
2	赤銅鉱型	四面体4配位	直線形2配位	Cu$_2$O, Ag$_2$O, Pb$_2$O

赤銅鉱(Cu_2O)型構造（cuprite structure）は図3・5（g）に示されるように，O原子はCu原子により四面体型に配位され，Cu原子は酸素により直線2配位で囲まれる．

以上の例からわかるようにAB_n型構造の結晶でAおよびBの配位数をそれぞれa, bとすると，一般に$a:b=n:1$の関係がある．

3・2 イオン結合

塩化ナトリウムNaClのような結晶では，ナトリウムと塩素の電気陰性度の差がきわめて大きいため，ナトリウム陽イオンNa^+と塩化物イオンCl^-がクーロン力により互いに引き合い3次元の結晶を構成している．このようにイオン間の静電エネルギーで結合が構成されている場合，その結合を**イオン結合**（ionic bond）とよびイオン結合でできた結晶を**イオン結晶**（ionic crystal）とよぶ．本当にイオン間の静電エネルギーで結晶が構成されていることは，結晶の**格子エネルギー**（lattice energy, U）の理論値が実測値と一致することから証明される．格子エネルギーは結晶を構成するイオンが気体状態から結晶状態になるときのエンタルピー変化をさす．イオン結晶の格子エネルギーは点電荷が結晶中のイオンの位置に並んでいるとして計算することができる．ここではNaClの結晶を例にとって考察してみよう．

3・2・1 格子エネルギーの理論値

距離r離れた異符号の二つのイオン間のクーロンエネルギーは

$$E = \frac{1}{4\pi\varepsilon_0} \frac{Z^+ Z^- e^2}{r}$$

で算出できる．ここでε_0は真空中の誘電率，eは電気素量，Zはイオンの電荷数を示す．NaClではZ^+, Z^-はそれぞれ+1, -1になる．クーロンエネルギーは互いに引き合う陽イオンと陰イオンの間では負になり，互いに反発し合う陽イオンどうしあるいは陰イオンどうしでは正になる．

結晶中のあるNa^+イオンに着目すると，6個のCl^-イオンに正八面体に囲まれている．この原子間距離をdとするとそのクーロンエネルギーは次式で求められる．

$$E = -\frac{1}{4\pi\varepsilon_0} \frac{e^2}{d} \times 6$$

$\sqrt{2}d$だけ離れたところには12個のNa^+イオンが存在するので，それらとの間のクーロンエネルギーは

$$E = \frac{1}{4\pi\varepsilon_0} \frac{e^2}{\sqrt{2}\,d} \times 12$$

となる．

以下，$\sqrt{3}\,d, \sqrt{4}\,d, \sqrt{5}\,d, \sqrt{6}\,d, \cdots$ の距離に $Cl^-, Na^+, Cl^-, Na^+, \cdots$ がそれぞれ，8個，6個，24個，24個，… が並んでいるため，静電エネルギーの総和は次式のようにして求められる．

$$E = -\frac{1}{4\pi\varepsilon_0}\left(\frac{6e^2}{\sqrt{1}\,d} - \frac{12e^2}{\sqrt{2}\,d} + \frac{8e^2}{\sqrt{3}\,d} - \frac{6e^2}{\sqrt{4}\,d} + \frac{24e^2}{\sqrt{5}\,d} \cdots\right)$$

$$= -\frac{e^2}{4\pi\varepsilon_0 d}\left(\frac{6}{\sqrt{1}} - \frac{12}{\sqrt{2}} + \frac{8}{\sqrt{3}} - \frac{6}{\sqrt{4}} + \frac{24}{\sqrt{5}} \cdots\right) = -\frac{e^2}{4\pi\varepsilon_0 d} M$$

( ) 内の級数はきわめて収束の悪い級数であるが，ていねいに計算すると $M=1.74756$ に収束することがわかる．この定数 M は**マーデルング定数**とよばれる．マーデルング定数は結晶構造によって異なる定数であり，代表的な値は表3・4に示されている．

1モルのNaCl結晶をとると結晶のクーロンエネルギー E_c はアボガドロ定数 N_A を用いて，

$$E_c = -N_A M_{NaCl} \frac{e^2}{4\pi\varepsilon_0 d} \tag{3・1}$$

この式は，イオン間の距離に反比例することを意味するので，イオン間の距離が短くなればなるほど結晶のクーロンエネルギーの絶対値は大きくなり，安定化することを意味している．しかし，イオンどうしが近づいてくると，電子雲どうし，原子核どうしの反発が大きくなってくるため，斥力がはたらくようになる．斥力によるポテンシャルエネルギー（反発エネルギー）を U_{rep} と表すと，格子エネルギー U はイオン間距離が r のとき次式で表される．

表 3・4　代表的なイオン結晶の構造とマーデルング定数

結晶構造	陽イオンと陰イオンの配位数	マーデルング定数
塩化セシウム(CsCl)型	8：8	1.76267
岩塩(NaCl)型	6：6	1.74756
閃亜鉛鉱(ZnS)型	4：4	1.63806
ウルツ鉱(ZnS)型	4：4	1.63132
蛍石(CaF$_2$)型	8：4	2.51939
ルチル(TiO$_2$)型	6：3	2.408

3・2 イオン結合

$$U = E_c + U_{rep}$$
$$= -N_A M_{NaCl}\left(\frac{e^2}{4\pi\varepsilon_0 r}\right) + \frac{N_A B}{r^n} \quad (3・2)$$

ここで B は定数，n の値はイオン電子配置によって異なるが，5から12程度の大きな値になる．格子定数の圧力依存性から求められる圧縮率より実験的に求められた NaCl の n は9.1である．

格子エネルギーは $r=d$ のときに極小になるはずであるから，

$$\left(\frac{dU}{dr}\right)_{r=d} = \left(\frac{N_A M_{NaCl} e^2}{4\pi\varepsilon_0 r^2}\right) - \frac{nN_A B}{r^{n+1}} = 0 \quad (3・3)$$

したがって，

$$B = \frac{M_{NaCl} e^2}{4\pi\varepsilon_0 n} d^{n-1} \quad (3・4)$$

この値を (3・2) 式に代入して，定数を入れると，

$$U = \frac{N_A M_{NaCl} e^2}{4\pi\varepsilon_0 d}\left(1 - \frac{1}{n}\right)$$
$$= -1389 \frac{M_{NaCl}}{d}\left(1 - \frac{1}{n}\right) \quad (3・5)$$

と格子エネルギーが求められる．ただし d として Å 単位を使うように数値をあわせている．このときの距離と格子エネルギーの関係は図3・6で示される．また，Na-Cl 原子間距離 2.82Å (0.282 nm)，マーデルング定数を代入すると，格子エネルギーの理論値が求められる．

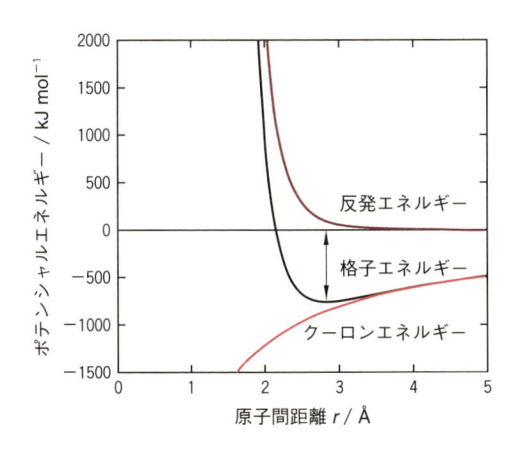

図3・6 格子エネルギー U の原子間距離依存性

$$U = -1389\frac{1.747}{2.82}\left(1-\frac{1}{9.1}\right)$$
$$= -860+95 = -765 \text{ kJ mol}^{-1} \tag{3・6}$$

この場合，格子エネルギーに占める静電エネルギーは90％になることに注目してほしい．

3・2・2　格子エネルギーの実測値

格子エネルギーの実測値は直接求めることができないが，NaCl の生成エンタルピー ΔH_f，Na の原子化エンタルピー ΔH_{aNa}，Na のイオン化エネルギー I_{Na}，Cl の原子化エンタルピー（Cl_2 の解離エンタルピーの 1/2）ΔH_{aCl}，Cl の電子親和力 A_{Cl} などの実測値を用いて，ヘスの法則により算出することができる．その算出方法は**ボルン-ハーバーサイクル**（Born-Haber cycle）とよばれ，図3・7に示されている．

これから実測値に基づく格子エネルギーの計算値 U は -788 kJ mol^{-1} と求められ，理論値 -765 kJ mol^{-1} と良く一致する．理論値は補正を加えることにより計算値とより近い値になる．すなわち，NaCl は Na$^+$ イオンと Cl$^-$ イオンからなるイオン結合の結晶であることが，格子エネルギーの理論値と実測値から求められる計算値の比較から示されたことになる．

イオン結晶の議論で，Na$^+$ も Cl$^-$ も希ガスの電子配置で安定だから，NaCl はイオン結晶になると片づけてしまう場合が多いが，この議論は注意を要する．図3・7で

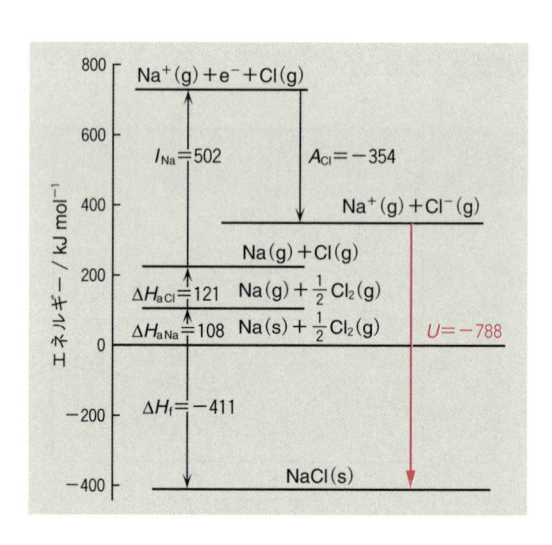

図 3・7　NaCl のボルン-ハーバーサイクル

$Na^+(g) + Cl^-(g)$ のエネルギーは $Na(g) + Cl(g)$ のエネルギーより高い,すなわち不安定であることに注意してほしい.希ガスの電子配置で安定であるというよりは,陽イオンと陰イオンの間のクーロンエネルギーによる格子エネルギーの獲得による安定化が重要であることがわかる.

一方,希ガスの電子配置でない,Na^{2+},Cl^{2-} のイオンから成り立っているとしたらどうなるだろうか.Na^{2+} は Na^+ より小さく,Cl^{2-} は Cl^- より大きくなるはずであるから,NaCl 原子間距離は大きくは変わらないとすると,格子エネルギーの理論値は 1 価の塩に比べ,4 倍程度($-3000\,kJ\,mol^{-1}$)になることが予測される.Na の第二イオン化エネルギー($Na^+ \to Na^{2+}$)は図 1・17 に示したとおり第一イオン化エネルギーに比べて桁違いに大きく,$4560\,kJ\,mol^{-1}$ にも達する.塩素の第二電子親和力の値は得られないがエンタルピーは正の値になるはずである.したがって,2 価イオンどうしの格子エネルギーでは $Na^{2+} + Cl^{2-}$ のエネルギー状態をカバーできるような大きさではなく,NaCl が Na^{2+},Cl^{2-} のイオンから成り立っているということは否定できる.そういうことまで配慮して NaCl の Na^+ と Cl^- は希ガスの電子配置で安定ということをいう必要がある.

一般にハロゲン化アルカリのように電気陰性度の差が大きい結晶では表 3・5 に示すように理論値と実測値から得られる計算値はよく一致する.一方,ハロゲン化銀では,その一致はよくない.これのように二つの値が大きくずれる場合は,イオン間に共有結合性が入ってくるためと考えられる.イオン結晶ではこのような共有結合の効果を**分極効果**(polarizability effect)という場合が多い.

表 3・5 1価金属のハロゲン化物および水素化物の格子エネルギー[†1,†2] 〔単位:$kJ\,mol^{-1}$〕

	Li	Na	K	Rb	Cs	Cu	Ag	Au
F	1030	910	808	774	744	—	953	—
	1036	923	821	785	740	—	967	—
Cl	834	769	701	680	657	921	864	1013
	853	786	715	689	659	996	915	1066
Br	788	732	671	651	632	879	830	1015
	807	747	682	660	631	979	904	1061
I	730	682	632	617	600	835	808	1015
	757	704	649	630	604	966	889	1070
H	859	782	699	674	648	—	941	1033
	920	808	714	685	644	1254	—	—

†1 理論値(上段)とボルン-ハーバーサイクルによる計算値(下段).
†2 "CRC Handbook of Chemistry and Physics", 74th Ed.(1993)のデータより作成.

NaClがイオン結晶であることはX線結晶解析でも証明することができる．X線の回折現象は結晶中の電子によってひき起こされるため，精確な回折データから電子密度の分布を算出することができる．図3・8はその結果である．Na原子とCl原子の間に電子密度0の領域が存在し，そこを両原子の境界と考え，その内部電子密度を積分することにより電子の数がそれぞれ10.05, 17.70個と求まる．実験誤差があるが，丸めた数値はNa^+, Cl^-イオンの電子数に等しい．

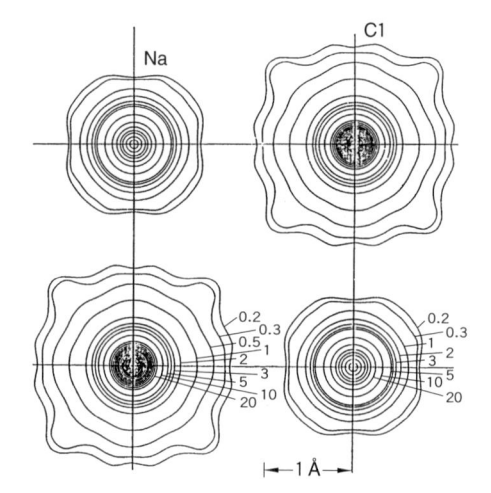

図 3・8 NaCl の結晶解析による電子密度図（等高線に示した数字は$1Å^3$あたりの電子数）[H. Witte, E. Wölfel, *Z. Phys. Chem., Neue Folge*, **3**, 194 (1955)による]

3・2・3 イオン半径

表3・6はハロゲン化アルカリの原子間距離をイオンの組合わせで示したものである．隣りあうイオンの間での原子間距離の差Δも合わせて示している．対イオンを一定にしてΔを比べると，ばらつきはあるものの比較的一致した値になっていることがわかる．これはそれぞれのイオンに特有の半径があり，その和でイオン間の距離が決まってくると考えてよいことを意味する．共有結合半径は原子間距離を二等分することにより求めることができるが，イオン半径の場合はそのように求めることができない．ポーリングは同じ希ガス電子配置（たとえばNa^+とF^-）の半径比は外殻の電子が感じる核電荷（有効核電荷Z^*）に逆比例すると仮定して，イオン半径を求めた．最外殻の遮へい定数σはNeの電子配置で4.15であり，有効核電荷Z^*は

$$Z^*(Na^+) = 11.00 - 4.15 = 6.85$$
$$Z^*(F^-) = 9.00 - 4.15 = 4.85$$

と求められるから，

表 3・6　ハロゲン化アルカリの原子間距離〔単位：Å〕

	Li	Δ	Na	Δ	K	Δ	Rb	Δ	Cs
F	2.01	0.30	2.31	0.35	2.66	0.16	2.82	0.18	3.00
Δ	0.56		0.50		0.48		0.45		0.56
Cl	2.57	0.24	2.81	0.33	3.14	0.13	3.27	0.29	3.56
Δ	0.18		0.17		0.15		0.16		0.15
Br	2.75	0.23	2.98	0.31	3.29	0.14	3.43	0.28	3.71
Δ	0.25		0.25		0.24		0.23		0.24
I	3.00	0.23	3.23	0.30	3.53	0.13	3.66	0.29	3.95

$$\frac{r_{Na^+}}{r_{F^-}} = \frac{4.85}{6.85} = 0.71 \qquad r_{Na^+} + r_{F^-} = 2.31\,\text{Å}$$

$$r_{Na^+} = 0.96\,\text{Å} \qquad r_{F^-} = 1.35\,\text{Å}$$

としてNa^+イオン，F^-イオンの半径が求まる．あとは種々のイオン結晶の原子間距離をもとに他のイオンの半径を求めことができる．

表3・7はこのようにして求めた代表的なイオンの半径を示している．

同一周期の陽イオンは等しい数の電子をもっているが，イオンの価数が大きくなるに従い，半径は小さくなる．これは原子核の陽電荷が大きくなることで説明できる．陰イオンでも同じ傾向が見られる．周期表の右に行くに従い，また同族の等しい価数のイオンでは周期表の下に行くに従い，半径が大きくなるが，イオンの半径から算出されるイオンの体積が電子の数に比例しているわけではない．

ポーリングだけでなく，ブラッグやゴールドシュミットらも似たような方法でO^{2-}のイオン半径を求め，それに基づき，多数のイオン半径を算出している．シャノンとプレウィットはF^-，O^{2-}のイオン半径をそれぞれ1.19, 1.26Åとして，配位数やスピン状態も含めたイオン半径の詳細なデータを提出している．この値はポーリングの値より陰イオンでは0.14Å程度小さく見積もられ，陽イオンでは0.14Å程度大きく見積もられている．イオン間の距離を見積もる際には，その違いは相殺され，従来の値と近い値が求められる．

表 3・7　代表的なイオンの半径（ポーリング）〔単位：Å〕

Li^+	0.60	Be^{2+}	0.31	B^{3+}	0.20	N^{3-}	1.71	O^{2-}	1.40	F^-	1.36
Na^+	0.95	Mg^{2+}	0.65	Al^{3+}	0.50	P^{3-}	1.21	S^{2-}	1.84	Cl^-	1.81
K^+	1.33	Ca^{2+}	0.99	Ga^{3+}	0.62	As^{3-}	2.22	Se^{2-}	1.98	Br^-	1.95
Rb^+	1.48	Sr^{2+}	1.13	In^{3+}	0.81	Sb^{3-}	2.45	Te^{2-}	2.21	I^-	2.16
Cs^+	1.69	Ba^{2+}	1.35	Tl^{3+}	0.95						

3・2・4 イオン結晶の構造とイオン半径比

§3・1・4で，イオン結晶は陽イオンと陰イオンの数が同じ比率であっても何種類かの構造を取りうることが示された．たとえば，陽イオンと陰イオンが1:1の組成で成り立つ結晶の代表的なものとして，塩化セシウム型，岩塩型，閃亜鉛鉱型が存在する．イオン半径を利用して結晶構造を整理してみると陽イオンと陰イオンの半径比が大きいものでは塩化セシウム型，小さいものでは閃亜鉛鉱型になる場合が多い．

このことは前節で議論したイオン結晶の格子エネルギーから予測することができる．格子エネルギーの理論値はクーロンエネルギーとイオンどうしの反発エネルギーで算出できるが，その内訳の大部分はクーロンエネルギーによって占められるので，格子エネルギーの第一近似としてクーロンエネルギーを用いることができる．

陰イオンの半径 r_- を一定にして，陽イオンの半径 r_+ をしだいに小さくしていくことを考える．$r_+/r_-=1$ のとき，三つの構造とも，陽イオンと陰イオンは接触しているが，陽イオンどうし，陰イオンどうしは接触していない．そのような場合，クーロンエネルギーの大きさは表3・4に示したマーデルング定数によって決まってくる．三つの構造の中では，マーデルング定数が一番大きい塩化セシウム型構造が最も安定になる．r_+ が小さくなっていくと，最近接イオン間の距離が短くなってきて，その距離に反比例して，クーロンエネルギーは大きくなり，さらに安定化してくる．ところが，あるところまで r_+ が小さくなると，陰イオンどうしがぶつかるようになり，それ以上陽イオンと陰イオンの原子間距離は短くなることができない．したがって，それ以上 r_+ が小さくなってもクーロンエネルギーは変化しなくなる．陰イオンがぶつかるときの r_+/r_- の値は配位数に依存する．塩化セシウム型の正六面体（立

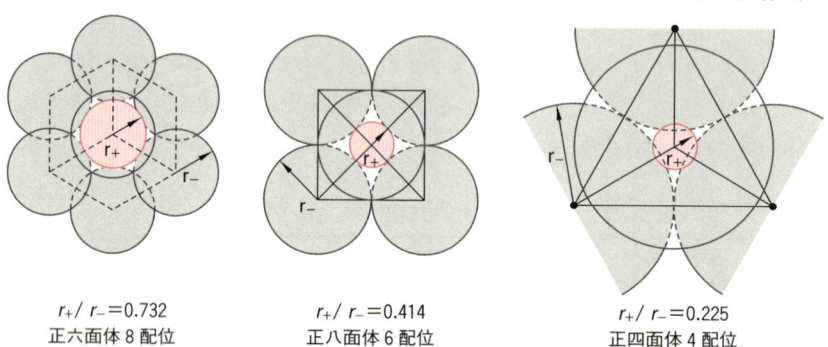

$r_+/r_-=0.732$
正六面体 8 配位

$r_+/r_-=0.414$
正八面体 6 配位

$r_+/r_-=0.225$
正四面体 4 配位

図 3・9　限界球の半径比（r_+/r_-）

方体) 8配位の場合, その値は $0.732(=\sqrt{3}-1)$ であり, 岩塩型の正八面体6配位の場合 $0.414(=\sqrt{2}-1)$, 閃亜鉛鉱の正四面体4配位の場合 $0.225(=\sqrt{6}/2-1)$ になる. このように2種類の球が互いに接触している状況を限界球という. その様子を図3・9に示している.

三つの構造のクーロンエネルギーの r_+/r_- 値に対する依存性は図3・10に示すような曲線を描くことになる. この図から, 陽イオンと陰イオンの半径比が大きい場合最も安定な構造は塩化セシウム型であり, 小さくなるにつれ, 岩塩型, 閃亜鉛鉱型が安定になっていくことがわかる.

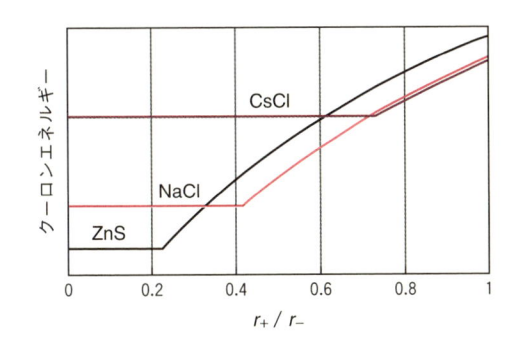

図3・10 クーロンエネルギーの r_+/r_- 依存性

3・3 金属結合

元素単体の約3分の2は金属であり, 大きな電気伝導性, 熱伝導性, 展延性をもつことがほかの結晶性物質と異なる. このような金属の結合を特に**金属結合**(metallic bond) とよんでいる. 金属結合は**自由電子模型**(free electron medel) で説明されることが多いが, 分子軌道法を発展させた**バンド理論**(band theory) は金属から半導体, 絶縁体までカバーする理論として適用範囲が広い.

H_2 分子を分子軸に沿って多数並べた状態から, 圧力を高くして分子間距離をしだいに縮めていく仮想的な実験を考えてみよう. 分子が互いに接触する状態まではそれぞれの分子の σ 軌道, σ^* 軌道は独立であるが, それ以降は隣の分子の軌道と重なり合うようになり, 相互作用が生じてくる. その様子は共役二重結合の π 軌道の相互作用と同じように扱うことができる. 共役二重結合の結合性 π 軌道と反結合性 π 軌道の数はそれぞれ炭素数の半分になるため, 共役二重結合が伸びるに従って, 軌道の数は増加していく. しかし, その軌道のエネルギー幅は, 一定の幅以上には広がらないため, エネルギー間隔は炭素数の増加とともにしだいに狭くなっていき,

しだいに連続的になってくる．すなわち，無限個の原子が互いに相互作用するような系では軌道のエネルギーはとびとびの値をもつのではなく，あるエネルギー幅の中に連続の値をもつ帯（バンド）状のものになってくる．

たとえばアルカリ金属では図3・11に模式的に示されるようなバンドが形成される．この図で縦軸はエネルギーで横軸はそのエネルギーの軌道の密度を示している．s軌道からなる帯とp軌道からなる帯は異なるエネルギー領域に形成されており，s帯の下半分に電子が入っている．電子の入っている最高のエネルギー準位を**フェルミ準位**（Fermi level）とよぶ．帯にいっぱいの電子が入っている状態では電場をかけても結晶中を電子が流れていかないが，図3・11のように帯の一部に電子が入っていない状態では電場をかけることにより，電子が流れ，導電体としてふるまう．アルカリ土類金属はアルカリ金属の2倍の電子を含むため，s帯に空きはなくなるが，図3・12右のように，s帯とp帯の間隔がなくなり両者が重なってしまうため，帯の一部が空になってしまい，やはり電気伝導性をもつことになる．

ダイヤモンドのような**絶縁体**（insulator）では，図3・13のように，帯構造は電子がいっぱいに詰まった**価電子帯**（valence band）と電子が全く詰まっていない**伝導帯**（conduction band）から構成されている．価電子帯と伝導帯の間のエネルギー間隔を**バンドギャップ**（**禁制帯**: band gap）とよぶ．

半導体ではこのバンドギャップが小さくなり，図3・14に示すように価電子帯の電子が熱や光によって一部伝導帯に励起されやすくなっている．そうすると価電子帯に空きができ，また，伝導帯も下の方一部に電子が詰まっているだけになるため，ある程度の電気伝導性をもつことになる．ゲルマニウム Ge，二酸化チタン TiO_2 な

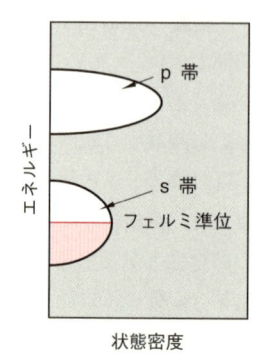

図 3・11　アルカリ金属の状態密度

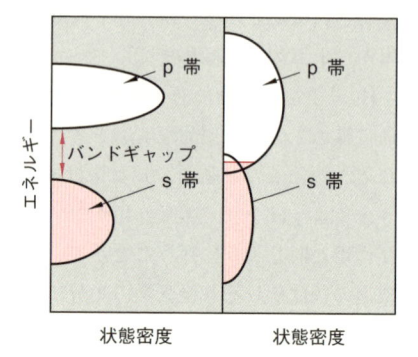

図 3・12　s帯とp帯のバンドギャップ

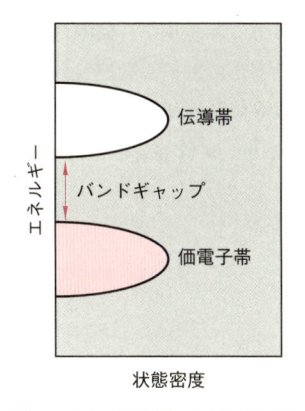

図 3・13　絶縁体のバンド構造

図 3・14　真性半導体と熱励起

どの半導体はこのような物質である．純物質で半導体の性質をもつものを**真性半導体**（intrinsic semiconductor）とよぶ．

それに対して，不純物を少量混ぜることにより，電気伝導性が増し，半導体として利用できるものを**不純物半導体**とよぶ．たとえば，ケイ素 Si にホウ素 B のように価電子数がケイ素より少ない原子を不純物として少量入れると，バンドギャップの中に空の不純物帯ができ，この帯に価電子帯から電子が容易に上がることができる．そうすると価電子帯に**正孔**（positive hole）ができるため，電気伝導性が増大する．このような半導体を **p 型半導体**（p-type semiconductor）とよぶ（図 3・15）．逆に価電子数がケイ素より多いヒ素 As をケイ素に少量入れると，バンドギャップ中に

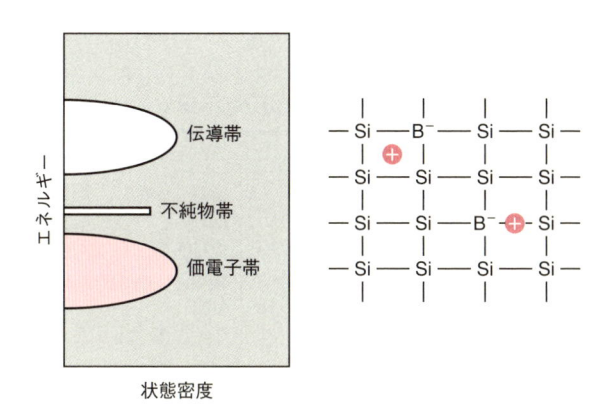

図 3・15　p 型半導体のバンド構造

電子の詰まった不純物帯ができる．この不純物帯と伝導帯のエネルギー間隔はケイ素のバンドギャップより小さく，不純物帯から容易に伝導帯に電子が励起されるため，電気伝導性が増大する．p型半導体と異なり，負の電荷をもつ電子が電気伝導のキャリヤーになるため **n型半導体**（n-type semiconductor：n は negative を表す）とよぶ（図3・16）．

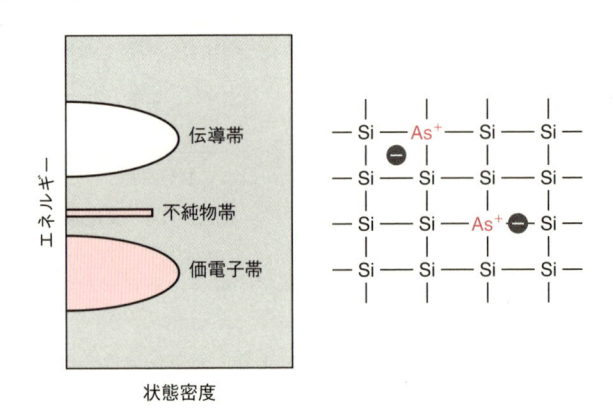

図 3・16　n型半導体のバンド構造

表3・8に代表的な純物質のバンドギャップを示す．可視光のエネルギーは 1.5 eV から 3 eV であるため，バンドギャップがこの間にあるものは可視光によって伝導性が増すことになる．CdS はその性質を利用して写真撮影の際に光量を測るために使われる露出計に用いられる．バンドギャップが 3 eV 以上の物質は，価電子帯の電子の励起には紫外光が必要になるので無色であり，電気伝導性が小さい．

表 3・8　0 K における純物質のバンドギャップ（E_g）

物質	E_g/eV	物質	E_g/eV	物質	E_g/eV
α-Sn	0.0	Si	1.1	GaO	2.88
InSb	0.2	InP	1.3	ZnO	3.4
PbTe	0.2	GaAs	1.5	SrTiO$_3$	3.4
Te	0.3	CdTe	1.6	ZnS	4.6
PbS	0.3	Se	1.8 (300 K)	AlN	4.6
InAs	0.4	Cu$_2$O	2.2	ダイヤモンド	5.4
ZnSb	0.6	InN	2.4	BP	6.0
Ge	0.7	CdS	2.4		
GaSb	0.8	ZnSe	2.6		

4
無機物質の反応

　無機物質は化合物の種類が元素単体からイオン結晶，分子性のものときわめて広範囲にわたっているため，その反応も非常に多様である．ここでは，無機反応の溶媒として重要な水の特性について議論し，水溶液中での反応で特に重要な酸・塩基の反応と酸化還元反応を中心に取扱う．その他の反応は第 5 章以下で物質そのものを取扱うときに順次取上げていく．

4・1　水と水素結合

　水（water）H_2O は物質の中でもきわめて特異な存在である．O と H の電気陰性度の大きな違いによって，O–H 結合が $O^{\delta-}$–$H^{\delta+}$ に大きく分極しており，∠H–O–H＝104.5°の曲がった構造をもつため，双極子モーメントが大きく，極性の高い分子である．1 気圧，室温付近では液体として存在し，多くの物質のよい溶媒である．0 ℃ 以下では固体，100 ℃ 以上では気体になる．

　図 4・1 には p ブロック元素の水素化合物の沸点を示している．一般に分子量が大きくなると，分子間にはたらくファンデルワールス力が大きくなるため，沸点が高くなるが，アンモニア NH_3，水，フッ化水素 HF は同族の元素の対応する水素化物より異常に高い沸点をもつ．これは水素に結合した原子 N, O, F の電気陰性度が水素のそれより大きく，液体中で，正に帯電した H 原子が隣の分子の N, O, F の非共有電子対との間で，静電的に強く引き合うため，分子間でファンデルワールス力よりずっと大きな引力がはたらくことによる．

　このように電気的に陽性の水素を介在する分子間の相互作用は**水素結合**（hydrogen bond）とよばれる．水分子間の水素結合は $22\,kJ\,mol^{-1}$ 程度で，水分子の O–H の共有結合エネルギー $459\,kJ\,mol^{-1}$ に比べてずっと弱い結合であるが，ファンデルワールス結合の 10 倍程度あるため，沸点などへの影響は大きい．第 3 周期以降の元素の電気陰性度は第 2 周期の元素の電気陰性度に比べるとずっと小さくなり，水素との結合の極性は小さくなるため，水素結合はきわめて小さくなる．

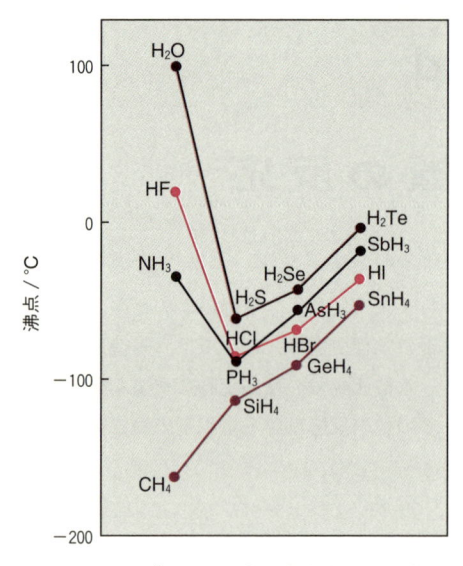

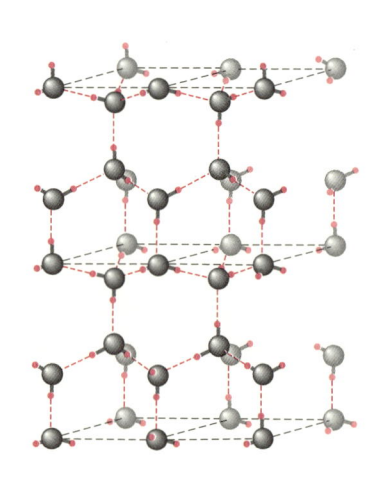

図 4・1 pブロック元素の水素化合物の沸点

図 4・2 氷の結晶構造

　図4・2は氷の結晶構造を示している．一つの水分子に着目すると，四つの水分子に正四面体に囲まれている．分子内の二つのO-H結合の先にはそれぞれ一つの水分子の酸素原子が存在し，別の二つの水分子のO-H結合が着目している水分子の酸素原子に向かって配置されている．O⋯O間距離は2.70Åで，O, H, Oの3原子は直線状に配置されるが，O-H共有結合は0.96Åであるから，H原子はO⋯Oの中心からかなりずれている．その様子はO-H⋯Oのように表記される．

　氷中の水素結合は酸素原子上の非共有電子対の方向にO-H結合が向いたものであるため，結晶中の水分子の間にはかなり大きな空隙が存在する．氷が融解して液体になるとき，融点付近では氷の結晶構造がかなり保たれており，水分子の間の空隙に自由になった水分子が入り込むため，体積が10％程度減少し，4℃で密度が最大になる．

　液体の水の中でも，水素結合のために多数の分子が集合して**クラスター**（cluster）とよばれる構造をとっている．このクラスターは固定したものではなく，絶えず，大きくなったり，小さくなったりする，動的なものである．水にNaClのような電解質が溶解する際には，Na^+イオンのまわりに水分子の酸素原子が配向し，Cl^-イオンのまわりにO-H⋯Clの水素結合ができるように配置される．このように水で囲ま

れたイオンを**アクアイオン**（aqua ion）とよび，$Na^+(aq)$ のように表示することがある．イオンが溶解することにより，水のクラスター構造は大きく変化することになる．

● 水の自己解離

氷の結晶中で水素は O⋯O の中心からずれた位置に存在することを述べた．水素結合をした二つの水分子で，水素原子が一方の水分子から他方の水分子に移動することができる．このとき，前者の水分子は**水酸化物イオン**（hydroxide ion）OH^- になり，後者の水分子は**オキソニウムイオン**（oxonium ion）H_3O^+ に変化する．

$$2H_2O(l) \rightleftarrows H_3O^+(aq) + OH^-(aq) \tag{4・1}$$

この反応は水の**自己解離**（self dissociation）あるいは**自己イオン化**（self ionization）とよばれる．この反応は平衡が成立し，次式が成り立つが，

$$K = \frac{[H_3O^+][OH^-]}{[H_2O]^2} \tag{4・2}$$

定数である分母を省略して，オキソニウムイオンを H^+ と表して，

$$K_w = [H_3O^+][OH^-] = [H^+][OH^-] \tag{4・3}$$

K_w は水の**自己解離定数**または水の**イオン積**（ion product）とよばれ，実験的に 298 K で $1.00 \times 10^{-14} \, mol^2 \, dm^{-6}$ と求められている（$1 \, dm^3 = 1 \, L$）．電荷のバランスから純水では次式がなりたつ．

$$[H^+] = [OH^-] = 1.00 \times 10^{-7} \, mol \, dm^{-3} \tag{4・4}$$

4・2 酸・塩基

酸（acid）と**アルカリ**（alkali: **塩基**（base）ともいう）は前者が青いリトマスを赤く変えるのに対して，後者は赤いリトマスを青く変えるというような実験的事実や，酸は酸っぱい味がするなどの性質で区別されてきた．**アレニウス**（Arrhenius）により 19 世紀後半に電解質の理論が確立されると，酸・塩基がその理論により定義され，さらにその概念が拡張されてくる．

4・2・1 アレニウス酸・塩基

酸・塩基の最初の定義は，アレニウスによってなされ，**酸は水に溶けて水素イオン H^+ を放出するものであり，塩基は水に溶けて水酸化物イオン OH^- を放出するもの**であるとされた．

酸：　　　HA $\rightleftarrows$ H$^+$ + A$^-$　　　　　　　(4・5)

塩基：　　MOH $\rightleftarrows$ M$^+$ + OH$^-$　　　　　　(4・6)

ここでH$^+$として表したイオンは実際には水和しており，**オキソニウムイオン**である．

自分がもっているHやOHを解離するだけでなく，ホウ酸B(OH)$_3$のように水からOH$^-$を奪うことにより酸としてはたらくものや，アンモニアNH$_3$のように水からH$^+$を奪うことにより塩基としてはたらくものもある．

$$B(OH)_3 + H_2O \rightleftarrows B(OH)_4^- + H^+ \quad (4・7)$$

$$NH_3 + H_2O \rightleftarrows NH_4^+ + OH^- \quad (4・8)$$

4・2・2　ブレンステッド酸・塩基

酸と塩基の**中和**(neutralization)**反応**は

$$HA + MOH \longrightarrow MA + H_2O \quad (4・9)$$

と表すことができる．MAは塩であり，中和反応はH$^+$とOH$^-$から水が生成する反応と見なされる．この反応のH$^+$に注目すると，**酸は塩基にH$^+$を供与し，塩基はH$^+$を受容している**と見なすことができる．

H$^+$の供与と受容の関係で酸・塩基を定義すると，水溶液の系以外にも酸・塩基を定義することができ，酸・塩基の概念を広げることができる．この定義は**ブレンステッド**（Brønsted）と**ローリー**（Lowry）によって独立になされたため，ブレンステッド-ローリーの酸・塩基とよばれることもあるが，一般には**ブレンステッド酸・塩基**という．

$$HA + B \rightleftarrows HB^+ + A^- \quad (4・10)$$

酸・塩基反応は一般に平衡反応であり，(4・10)式の反応の右向きを考えるとHAは酸であり，Bは塩基になるが，反応の左向きを考えるとHB$^+$が酸であり，A$^-$は塩基になる．酸HAと塩基A$^-$との関係を互いに"**共役**(conjugate)"しているという．すなわち，HAはA$^-$の**共役酸**（conjugate acid）であり，A$^-$はHAの**共役塩基**（conjugate base）であると表現する．同様に塩基Bと酸HB$^+$も互いに"共役"している．

酸HAが水に溶けたときオキソニウムイオンH$_3$O$^+$とA$^-$を生じる．

$$HA + H_2O \rightleftarrows H_3O^+ + A^- \quad (4・11)$$

この反応では，HAはA$^-$の共役酸であり，A$^-$はHAの共役塩基，H$_2$OはH$_3$O$^+$の共役塩基であり，H$_3$O$^+$はH$_2$Oの共役酸ということになる．

4・2・3 ブレンステッド酸・塩基の強さ

ブレンステッド酸を水に溶かすと

$$HA + H_2O \rightleftharpoons H_3O^+ + A^- \tag{4・12}$$

の平衡が成立する．この反応の平衡定数 K_a は**酸解離定数**（acid dissociation constant）とよばれる．

$$K_a = \frac{[H_3O^+][A^-]}{[HA]} \tag{4・13}$$

K_a の値は強酸以外では一般にきわめて小さい値であり，酸の種類によって非常に広範囲に渡るので，K_a の逆数の常用対数を用いて**酸解離指数 pK_a** で表すことが多い．

$$pK_a = -\log_{10} K_a = \log_{10} \frac{1}{K_a} \tag{4・14}$$

K_a の値は大きいほど強い酸であるが，pK_a では値が小さいほど強い酸ということになる．表 4・1 には代表的な酸の pK_a の値が示されている．

酸の中には供与しうる H を複数もっており，酸解離が多段階で起こるものも多数ある．たとえばリン酸 H_3PO_4 は次式に従って，段階的に酸解離平衡を考えることができる．

$$H_3PO_4 \rightleftharpoons H^+ + H_2PO_4^- \qquad K_{a1} \tag{4・15}$$

$$H_2PO_4^- \rightleftharpoons H^+ + HPO_4^{2-} \qquad K_{a2} \tag{4・16}$$

$$HPO_4^{2-} \rightleftharpoons H^+ + PO_4^{3-} \qquad K_{a3} \tag{4・17}$$

表 4・1　おもな酸の酸解離指数 pK_a

	pK_{a1}	pK_{a2}	pK_{a3}
HI	−11		
$HClO_4$	−10		
HBr	−9		
HCl	−7		
H_2SO_4	−2	1.92	
HNO_3	−1.4		
H_3O^+	0		
H_3PO_4	2.12	7.20	12.38
H_3AsO_4	2.25	6.77	11.6
HF	3.45		
CH_3COOH	4.67		
H_2CO_3	6.37	10.33	
H_2S	7.02	14.00	
H_3BO_3	9.23		

リン酸のように3段階の解離平衡がある酸は**三塩基酸**（tribasic acid）とよばれ，硫酸 H_2SO_4 のように2段階の解離平衡がある酸は**二塩基酸**（dibasic acid）とよばれる．一般に多塩基酸の pK_a は1段ごとに5くらいずつ大きくなる．すなわち，K_a では 10^{-5} くらいずつ小さくなっていく．水素イオンの解離によって酸素酸の負電荷が増加するため，水素イオンがしだいに解離しにくくなるためである．

4・2・4 ルイス酸・塩基

ルイス（G.N. Lewis）は，酸・塩基の定義をさらに拡張して，**酸とは塩基より電子対を受け入れるものであり，塩基は酸に電子対を供与するものである**と定義した．ブレンステッド酸・塩基の中和反応はルイス酸・塩基の定義に含まれる．たとえば，つぎの反応

$$H^+ + OH^- \rightleftharpoons HOH \qquad (4 \cdot 18)$$

では，酸 H^+ は OH^- の非共有電子対を受け入れ，H–O 結合を形成しており，ルイスの酸・塩基の定義に矛盾していない．それだけでなく，ルイスの定義は H^+ の存在がない系や溶媒との反応に関与しないものも含みうるもので，酸・塩基の概念を大幅に拡張したものになる．定義から，配位結合の形成は明らかに酸と塩基の反応として理解できることになる．

たとえば三フッ化ホウ素 BF_3 はアンモニア NH_3 と配位結合を形成して付加物 $BF_3 \cdot NH_3$ を生成する．

$$BF_3 + NH_3 \longrightarrow [BF_3 \leftarrow :NH_3] \qquad (4 \cdot 19)$$

この場合アンモニアがルイス塩基，三フッ化ホウ素がルイス酸である．

金属錯体の生成も，中心金属がルイス酸，配位子がルイス塩基とみなすことができる．

$$Cu^{2+} + 4NH_3 \longrightarrow [Cu(NH_3)_4]^{2+} \qquad (4 \cdot 20)$$

$$Ni + 4CO \longrightarrow Ni(CO)_4 \qquad (4 \cdot 21)$$

ルイス酸・塩基の場合，ブレンステッド酸と異なり，酸・塩基の強さの一律な尺度は存在しない．

4・2・5 HSAB（硬い酸・軟らかい酸，硬い塩基・軟らかい塩基）

ルイス酸・塩基の強さの尺度がないことを前節で述べたが，多くの酸・塩基反応を調べていくとルイス酸としてはたらく金属イオンが塩基と結合する際に一定の傾向が見いだされ，それによって金属イオンを分類することができる．

4・2 酸・塩基

- タイプ(a): 1族, 2族のイオンや, 遷移元素のうち周期表で左の方に属し, 酸化数が高いものは, NやOを配位原子とする配位子(アンモニア, アミン, 水, ケトンなど)やF$^-$, Cl$^-$との結合が強い.
- タイプ(b): 遷移元素のうち, 周期表の右の方に属する金属イオンや酸化数の低い遷移金属はI$^-$, SCN$^-$, CN$^-$との配位化合物をつくりやすい. またOよりS, NよりPに対して安定な結合をつくる.

ピアソンはこれを広範な酸塩基相互作用に拡張して, 錯体の相対的安定性を予測するのに便利なように以下のように整理をした.

- タイプ(a)の酸は小さくて, 分極しにくく(**硬い酸**: hard acid), 小さくて分極しにくい塩基(**硬い塩基**: hard base)を好む.
- タイプ(b)の酸は大きくて, 分極しやすく(**軟らかい酸**: soft acid), 大きくて分極しやすい塩基(**軟らかい塩基**: soft base)を好む.

表 4・2 硬い酸・塩基, 軟らかい酸・塩基

硬い酸	中間の酸	軟らかい酸
H$^+$, Li$^+$, Na$^+$, K$^+$, (Rb$^+$, Cs$^+$) Be^{2+}, Be(CH$_3$)$_2$, Mg^{2+}, Ca^{2+}, Sr^{2+} Sc^{3+}, La^{3+}, Ce^{4+}, Gd^{3+}, Lu^{3+}, Th^{4+}, U^{4+}, UO$_2^{2+}$, Pu^{4+} Ti^{4+}, Zr^{4+}, Hf^{4+}, VO^{2+}, Cr^{3+}, Cr^{6+}, MoO^{3+}, WO^{4+}, Mn^{2+}, Mn^{7+}, Fe^{3+}, Co^{3+} BF$_3$, BCl$_3$, B(OR)$_3$, Al^{3+}, Al(CH$_3$)$_3$, AlCl$_3$, AlH$_3$, Ga^{3+}, In^{3+} CO$_2$, RCO$^+$, NC$^+$, Si^{4+}, Sn^{4+} N^{3+}, RPO$_2^+$, ROPO$_2^+$, As^{3+} SO$_3$, RSO$_2^+$, ROSO$_2^+$ Cl^{3+}, Cl^{7+}, I^{5+}, I^{7+}	Fe^{2+}, Co^{2+}, Ni^{2+}, Cu^{2+}, Zn^{2+} Rh^{3+}, Ir^{3+}, Ru^{3+}, Os^{2+} B(CH$_3$)$_3$, GaH$_3$ R$_3$C$^+$, C$_6$H$_5^+$, Sn^{2+}, Pb^{2+} NO$^+$, Sb^{3+}, Bi^{3+} SO$_2$	[Co(CN)$_5$]$^{3-}$ Pd^{2+}, Pt^{2+}, Pt^{4+}, Cu$^+$, Ag$^+$, Au$^+$, Cd^{2+}, Hg$_2^{2+}$, Hg^{2+}, CH$_3$Hg$^+$ BH$_3$, Ga(CH$_3$)$_3$, GaCl$_3$, GaBr$_3$, GaI$_3$, Tl$^+$, Tl(CH$_3$)$_3$ CH$_2$, カルベン

硬い塩基	中間の塩基	軟らかい塩基
NH$_3$, RNH$_2$, N$_2$H$_4$ H$_2$O, OH$^-$, O^{2-}, ROH, RO$^-$, R$_2$O CH$_3$COO$^-$, CO$_3^{2-}$, NO$_3^-$ PO$_4^{3-}$, SO$_4^{2-}$, ClO$_4^-$ F$^-$, (Cl$^-$)	C$_6$H$_5$NH$_2$, C$_4$H$_5$N, N$_3^-$, N$_2$ NO$_2^-$, SO$_3^{2-}$ Br$^-$	H$^-$ R$^-$, C$_2$H$_4$, C$_6$H$_6$, CN$^-$, RNC, CO SCN$^-$, PR$_3$, P(OR)$_3$, AsR$_3$ R$_2$S, RSH, RS$^-$, S$_2$O$_3^{2-}$ I$^-$

すなわち"硬い酸は硬い塩基を好み,軟らかい酸は軟らかい塩基を好む"と表現することができ,**HSAB** (hard and soft acids and bases) 則とよばれる.表4・2は酸,塩基を硬さで分類したものである.

陽イオンの定性分析では硫化物の溶解度積の違いを利用して分属する.Cd^{2+},Ag^+のように硫化物として沈殿しやすいものは軟らかい酸であり,硫化物として沈殿しにくいアルカリ土類金属やアルカリ金属は硬い酸であり,炭酸塩として沈殿させたりアクアイオンのままで検出される.つまり定性分析は,硬い酸,軟らかい塩基の性質を巧みに利用したものであるといえる.また,地殻に見いだされる鉱物資源でも,軟らかい酸は主として硫化物鉱物として産出するのに対して,硬い酸は酸化物やケイ酸塩鉱物として産出したり,海水中に溶解しているものが多い.

4・2・6 非水溶媒

アンモニア NH_3 は常温で気体の物質であるが,$-33.4℃$以下では液体である.強い水素結合により気化熱が大きいため,デュワー瓶中で比較的長時間液体のまま取扱うことができる.アンモニアも極性が大きく,自己解離する,広範な塩を溶解できるなど,水と似たような性質をもつ溶媒としてはたらく.ほかにも硫酸 H_2SO_4 やフッ化水素 HF のような自己解離をする溶媒も水と似た性質をもつ.このような溶媒を一般に**非水溶媒**(nonaqueous solvent)とよぶ.ベンゼンやヘキサンのような極性の小さい有機溶媒は非水溶媒とはよばない.有機溶媒の中でも,アセトニトリル $CH_3C\equiv N$,ジメチルスルホキシド(DMSO)$(CH_3)_2S=O$ のように解離するプロトンをもたないような有機溶媒でも,極性が高く,配位能が高いものは非水溶媒とよばれる場合がある.

アンモニアを例にとって,水との類似性,相違を示す.
1) 自己解離の大きさは水に比べると小さい.

$$2H_2O \rightleftarrows H_3O^+ + OH^- \quad K=[H_3O^+][OH^-]=1.0\times10^{-14} \quad (4・22)$$
$$2NH_3 \rightleftarrows NH_4^+ + NH_2^- \quad K=[NH_4^+][NH_2^-]=5.1\times10^{-27} \quad (4・23)$$

2) 水中で H_3O^+ を生成する物質は酸であるが,液体アンモニア中では NH_4^+ 塩を生成するものが酸になる.また,水中で OH^- を生成するもの,アンモニア中で NH_2^- を生成するものがそれぞれの溶媒中での塩基になる.

3) 中和反応の例

$$HCl + NaOH \longrightarrow NaCl + H_2O \quad (水中) \quad (4・24)$$
$$NH_4Cl + NaNH_2 \longrightarrow NaCl + 2NH_3 \quad (アンモニア中) \quad (4・25)$$

4) 沈殿反応の例 ((4・28), (4・29) 式のように反応の方向は溶媒によって異なる場合もある.)

$$(NH_4)_2S + Cu^{2+} \longrightarrow 2NH_4^+ + CuS\downarrow \quad (水中) \tag{4・26}$$

$$(NH_4)_2S + Cu^{2+} \longrightarrow 2NH_4^+ + CuS\downarrow \quad (アンモニア中) \tag{4・27}$$

$$BaCl_2 + 2AgNO_3 \longrightarrow Ba(NO_3)_2 + 2AgCl\downarrow \quad (水中) \tag{4・28}$$

$$Ba(NO_3)_2 + 2AgCl \longrightarrow BaCl_2\downarrow + 2AgNO_3 \quad (アンモニア中) \tag{4・29}$$

5) $Zn(OH)_2$ が水中で両性であるように $Zn(NH_2)_2$ はアンモニア中で両性である.

$$Zn^{2+} + 2NaOH \longrightarrow Zn(OH)_2 + 2Na^+$$

$$Zn(OH)_2 + 2NaOH \longrightarrow Na_2[Zn(OH)_4] \quad (水中) \tag{4・30}$$

$$Zn^{2+} + 2KNH_2 \longrightarrow Zn(NH_2)_2 + 2K^+$$

$$Zn(NH_2)_2 + 2KNH_2 \longrightarrow K_2[Zn(NH_2)_4] \quad (アンモニア中) \tag{4・31}$$

液体アンモニアはアルカリ金属および重いアルカリ土類金属 Ca, Sr, Ba のきわめてよい溶媒になる. ナトリウムのような金属はアンモニアに溶解する際に電子を放出し, アンモニアにより溶媒和されたイオンになる. 放出された電子は水溶液中では水を還元して水素を発生するが, アンモニアを還元することなく, 溶媒和された形で安定化する. この溶媒和された電子のためにアンモニア溶液は青色となる. この溶液の電気伝導度は純粋な金属に匹敵する.

$$Na \xrightarrow{liq. NH_3} [Na(NH_3)_n]^+ + e^- \tag{4・32}$$

液体アンモニアはプロトンを容易に受け入れるので, 酢酸のような弱酸のイオン化を進める.

$$NH_3 + CH_3COOH \rightleftharpoons CH_3COO^- + NH_4^+ \tag{4・33}$$

CH_3COOH の pK_a は水中で 4.7 であるが, アンモニア中ではほとんど完全にイオン化して, 強酸としてはたらく. すなわちアンモニアは酸の強さの違いを減少させる. このように酸の強さが溶媒の自己解離の大きさによって変わることは**水平化効果** (leveling effect) とよばれる. 強酸の強さの順番は $HClO_4>HBr>H_2SO_4>HNO_3$ であるが, 水溶液中ではいずれも完全解離するため, 同じ強さの酸になる. 水より強い酸を溶媒に用いるとこれらの酸の強さの違いが明確になってくる. これも水平化効果の結果である.

4・3 酸化還元反応

多くの金属元素は地殻中に酸化物や硫化物として産出し,金属単体を得るには酸素や硫黄を取除く必要がある.多くの金属製錬では炭素や水素を用いて,金属を得ている.アルミニウムのように電気分解によって,酸化物から金属を得る場合もある.金属元素をハロゲンと加熱することにより金属ハロゲン化物を得ることができる.このような反応はすべて酸化還元反応として扱うことができる.酸化還元反応は無機化学において,酸塩基反応と並んで重要な反応である.ここでは酸化還元反応について考察していく.

4・3・1 酸化還元の定義

酸化(oxidation)・**還元**(reduction)の定義は,ラヴォアジェが"燃焼の現象が金属や非金属が酸素と結合すること"と認識したときに始まる.ラヴォアジェは以下のように酸素と結合して酸化物を生成する反応を**酸化反応**とよんだ.

金属 + 酸素 ⟶ 金属酸化物

例: $2Fe + \frac{3}{2} O_2 \longrightarrow Fe_2O_3$ (4・34)

$Mg + \frac{1}{2} O_2 \longrightarrow MgO$ (4・35)

非金属 + 酸素 ⟶ 非金属酸化物

例: $C + O_2 \longrightarrow CO_2$ (4・36)

$S + O_2 \longrightarrow SO_2$ (4・37)

二酸化炭素 CO_2 や二酸化硫黄 SO_2 などの非金属酸化物の多くは水に溶けて酸性を示す.ラヴォアジェは酸の本質として酸素の存在を考えていたため,"酸化"と"酸"という全く異なる概念に紛らわしい言葉が用いられてしまった.

一方,金属酸化物を炭素や水素を用いて金属にすることを**還元反応**とよび,炭素や水素を**還元剤**(reducing agent)とよぶ.

金属酸化物 + 還元剤 ⟶ 金属

例: $Fe_2O_3 + \frac{3}{2} C \longrightarrow 2Fe + \frac{3}{2} CO_2$ (4・38)

4・3・2 酸化数と酸化還元

現在では酸化・還元は電子の授受でとらえ,つぎのように定義されている.

　　酸化: 原子,分子またはイオンから電子を取り去ること.
　　還元: 原子,分子またはイオンに電子を与えること.

たとえば,(4・34)式では鉄は酸化数が0から3+の状態に,酸素は0から2−の状

4・3 酸化還元反応

態に変化しているので，Fe は酸素により酸化され，酸素は鉄によって還元されている，という．また，ナトリウムと塩素の反応

$$2\text{Na} + \text{Cl}_2 \longrightarrow \text{NaCl} \tag{4・39}$$

では Na は電子を塩素に与え，Na^+ になり，塩素は Na から電子を奪って Cl^- になるので，Na は Cl_2 により酸化され，Cl_2 は Na により還元されることになり，酸素を含まない反応でも酸化・還元反応の反応ととらえることができるようになる．

　酸化する物質すなわち還元される物質を**酸化剤** (oxidizing agent) とよび，還元する物質すなわち酸化される物質を**還元剤**という．

　この定義で酸化還元をとらえるときには，化合物中の各原子に酸化数を当てはめて考察すると便利である．

---

❶ 元素単体の酸化数は 0 とする．
　例: Fe 中の Fe，O_2 中の O の酸化数はいずれも 0
❷ イオンはその電荷数を酸化数とする．
　例: Na^+，Mg^{2+} の酸化数はそれぞれ，+1，+2
❸ 電気的に中性の化合物中の各原子の酸化数の総和は 0 とする．
❹ 化合物中の酸素は −2，ハロゲンは −1，水素は +1 とする．例外あり (❹′,❹″).
　例: Fe_2O_3 中の Fe，O の酸化数はそれぞれ +3，−2
　　　MgO 中の Mg，O の酸化数はそれぞれ +2，−2
　　　HCl 中の H，Cl の酸化数はそれぞれ +1，−1
❹′ より電気陰性度の小さい元素と結合した水素は −1 とする．
　例: NaH 中の Na, H の酸化数はそれぞれ +1, −1,
❹″ 酸素とハロゲン，ハロゲンどうしの化合物ではより電気陰性度の高いものを優先的に −2，−1 とする．
　例: ClF，ClF_3 では Cl, F の酸化数はそれぞれ +1，−1 および +3，−1
　　　HClO_3 では H, Cl, O の酸化数は +1，+5，−2
❺ 複数の原子からなるイオンの各原子の酸化数の総和はそのイオンの電荷数とする．
　例: SO_4^{2-} では S, O の酸化数はそれぞれ 6，−2

　酸化還元反応における電子の授受は酸化数の変化に関与する原子の数と酸化数の変化の積で算出できる．たとえば，(4・38)式では Fe, C, O の酸化数は反応の前後でそれぞれ +3→0, 0→+4, −2→−2 と変化しているので，Fe に着目して 3×2=6，または C に着目して $4 \times \frac{3}{2} = 6$．反応の前後で 6 電子の授受があると算出される．

4・3・3 電池と標準酸化還元電位

硫酸銅 $CuSO_4$ 水溶液に金属亜鉛 Zn を入れると Zn が酸化されて Zn^{2+} となり，Cu^{2+} が還元されて Cu として析出してくる．

$$CuSO_4 + Zn \longrightarrow Cu + ZnSO_4 \qquad (4・40)$$

または $\quad Cu^{2+} + Zn \longrightarrow Cu + Zn^{2+} \qquad (4・41)$

このような酸化還元反応を別々な場所で起こし，やりとりされる電子を回路を通して移動させることによりエネルギーを取出す装置が電池である．図 4・3 は**ダニエル電池**（Daniell cell）の模式図である．素焼板のような多孔質の隔壁を挟んで硫酸亜鉛 $ZnSO_4$ の溶液には亜鉛板，硫酸銅 $CuSO_4$ の溶液には銅板を入れ，亜鉛板と銅板を導線で結ぶと亜鉛板，銅板がそれぞれ，**負極**（negative electrode, anode），**正極**（positive electrode, cathode）の電池ができる．起電力は硫酸塩の溶液の濃度に依存するが約 1.10 V となる．負極，正極ではそれぞれつぎの反応が起こっている．

$$負極： \quad Zn \longrightarrow Zn^{2+} + 2e^- \qquad (4・42)$$
$$正極： \quad Cu^{2+} + 2e^- \longrightarrow Cu \qquad (4・43)$$

すなわち，負極では Zn が電子を放出して Zn^{2+} となり（酸化反応），電子は外部回路を通って銅板に達し，Cu^{2+} が電子を受け取って Cu となる（還元反応）．溶液内では，イオンが電流を担う．

ダニエル電池は国際的規約に基づいてつぎのように表記する．このような式を**電池式**とよぶ．

$$Zn | Zn^{2+} \| Cu^{2+} | Cu \qquad E_{emf} = +1.10\,V \qquad (4・44)$$
$$あるいは \quad Zn | ZnSO_4 \| CuSO_4 | Cu \qquad E_{emf} = +1.10\,V \qquad (4・45)$$

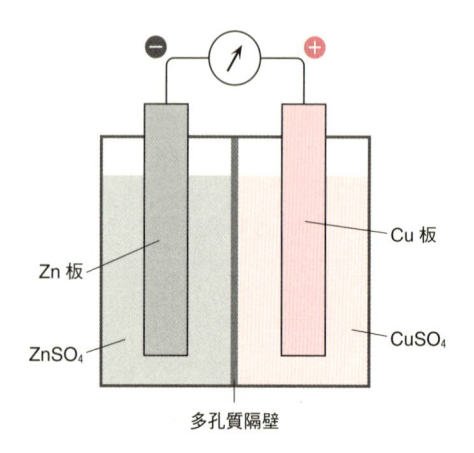

図 4・3 ダニエル電池

‖ は溶液が混合しないようにしている**隔壁**や**塩橋**（salt bridge）を示し，| は固相と液相などの相の**界面**（interface）を示す．酸化反応が起こる電極を左に書く場合は，起電力 E_{emf}（emf は electromotive force を意味する）を正にし，逆の場合は負にする．したがって，

$$\text{Cu}|\text{Cu}^{2+}\|\text{Zn}^{2+}|\text{Zn} \qquad E_{emf}=-1.10\,\text{V} \qquad (4\cdot46)$$

隔壁で区別される電池の半分を**半電池**（half cell）といい，半電池の起電力を一定の半電池と比較して表せば，一般的な電池の起電力は半電池の起電力の差で表すことができる．実際には**標準水素電極**（standard hydrogen electrode）とよばれる半電池の起電力を基準（0 V）とし，それに対する半電池の起電力（イオンの活量は1とする）を**標準電極電位**（standard electrode potential）$E°$ で表記する．標準水素電極は，水素イオンの活量が1の酸溶液に，白金を電極として入れ，1気圧の H_2 が接触しているような電極である．Cu^{2+}/Cu の標準電極電位は図 4・4 のようにして求めることができる．実際には水素電極は取扱いが不便であるため，**飽和甘コウ電極**（saturated calomel electrode：Hg/Hg_2Cl_2）または**銀/塩化銀電極**（silver/silver chloride electrode：Ag/AgCl）を基準にして測定されることが多い．

ダニエル電池を構成する半電池の標準電極電位は以下のようになる．

$$\text{Pt, H}_2(1\,\text{atm})|\text{H}^+(a_{\text{H}^+}=1)\|\text{Cu}^{2+}(a_{\text{Cu}^{2+}}=1)|\text{Cu} \qquad E°=+0.34\,\text{V} \qquad (4\cdot47)$$

$$\text{Pt, H}_2(1\,\text{atm})|\text{H}^+(a_{\text{H}^+}=1)\|\text{Zn}^{2+}(a_{\text{Zn}^{2+}}=1)|\text{Zn} \qquad E°=-0.76\,\text{V} \qquad (4\cdot48)$$

上記の二つの電池の標準起電力の差（$+0.34-(-0.76)=1.10\,\text{V}$）がダニエル電池の起電力となる．

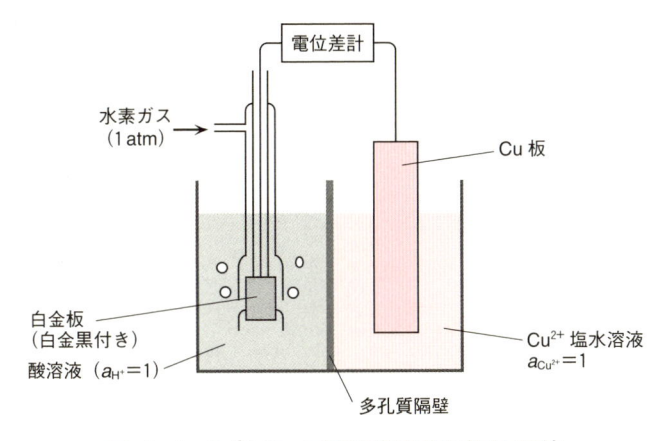

図 4・4　Cu^{2+}/Cu の標準電極電位を求める電池

表 4・3　水溶液中における半電池の標準電極電位 $E°$（25℃）

電子授受	$E°$/V	電子授受	$E°$/V
1 族		$NO_3^- + 4H^+ + 3e^- = NO + 2H_2O$	+0.96
$Li^+ + e^- = Li$	−3.05	$HNO_2 + H^+ + e^- = NO + H_2O$	+1.00
$K^+ + e^- = K$	−2.93	$N_2O_4 + 4H^+ + 4e^- = 2NO + 2H_2O$	+1.04
$Rb^+ + e^- = Rb$	−2.92	**16 族**	
$Cs^+ + e^- = Cs$	−2.92	$Te + 2H^+ + 2e^- = H_2Te$	−0.74
$Na^+ + e^- = Na$	−2.71	$Se + 2H^+ + 2e^- = H_2Se$	−0.08
$H_2 + 2e^- = 2H^-$	−2.25	$SO_4^{2-} + 4H^+ + 2e^- = H_2SO_3 + H_2O$	+0.16
$2H^+ + 2e^- = H_2$	0	$S + 2H^+ + 2e^- = H_2S$	+0.17
2 族		$2H_2SO_3 + 4H^+ + 4e^- = H_2S_2O_3 + 3H_2O$	+0.40
$Ba^{2+} + 2e^- = Ba$	−2.92	$H_2SO_3 + 4H^+ + 4e^- = S + 3H_2O$	+0.50
$Sr^{2+} + 2e^- = Sr$	−2.89	$S_2O_6^{2-} + 4H^+ + 2e^- = 2H_2SO_3$	+0.57
$Ca^{2+} + 2e^- = Ca$	−2.84	$O_2 + 2H^+ + 2e^- = H_2O_2$	+0.70
$Mg^{2+} + 2e^- = Mg$	−2.36	$H_2SeO_3 + 4H^+ + 4e^- = Se + 3H_2O$	+0.74
$Be^{2+} + 2e^- = Be$	−1.97	$SeO_4^{2-} + 4H^+ + 2e^- = H_2SeO_3 + H_2O$	+1.15
12 族		$O_2 + 4H^+ + 4e^- = 2H_2O$	+1.23
$Zn^{2+} + 2e^- = Zn$	−0.76	$H_2O_2 + 2H^+ + 2e^- = 2H_2O$	+1.76
$Cd^{2+} + 2e^- = Cd$	−0.40	$S_2O_8^{2-} + 2e^- = 2SO_4^{2-}$	+1.96
$Hg_2Cl_2 + 2e^- = 2Hg + 2Cl^-$	+0.27	$O_3 + 2H^+ + 2e^- = O_2 + H_2O$	+2.08
$Hg_2^{2+} + 2e^- = 2Hg$	+0.80	**17 族**	
$2Hg^{2+} + 2e^- = Hg_2^{2+}$	+0.91	$I_3^- + 2e^- = 3I^-$	+0.54
13 族		$Br_3^- + 2e^- = 3Br^-$	+1.05
$Al^{3+} + 3e^- = Al$	−1.68	$Br_2 + 2e^- = 2Br^-$	+1.07
$Ga^{3+} + 3e^- = Ga$	−0.53	$2IO_3^- + 12H^+ + 10e^- = I_2 + 6H_2O$	+1.20
$In^{3+} + 3e^- = In$	−0.34	$Cl_2 + 2e^- = 2Cl^-$	+1.36
$Tl^+ + e^- = Tl$	−0.34	$H_5IO_6 + H^+ + 2e^- = IO_3^- + 3H_2O$	+1.60
$Tl^{3+} + 2e^- = Tl^+$	+1.25	$2HClO + 2H^+ + 2e^- = Cl_2 + 2H_2O$	+1.63
14 族		$F_2 + 2e^- = 2F^-$	+2.87
$SiO_2 + 4H^+ + 4e^- = Si + 2H_2O$	−0.91	**遷移元素：3-11 族**	
$PbSO_4 + 2e^- = Pb + SO_4^{2-}$	−0.35	$La^{3+} + 3e^- = La$	−2.37
$CO_2 + 4H^+ + 4e^- = C + 2H_2O$	−0.21	$Sc^{3+} + 3e^- = Sc$	−2.08
$GeO_2 + 4H^+ + 4e^- = Ge + 2H_2O$	−0.15	$Mn^{2+} + 2e^- = Mn$	−1.18
$Si + 4H^+ + 4e^- = SiH_4$	−0.14	$Cr^{2+} + 2e^- = Cr$	−0.90
$Sn^{2+} + 2e^- = Sn$	−0.14	$Fe^{2+} + 2e^- = Fe$	−0.44
$Pb^{2+} + 2e^- = Pb$	−0.13	$Cr^{3+} + e^- = Cr^{2+}$	−0.42
$C + 4H^+ + 4e^- = CH_4$	+0.13	$Ni^{2+} + 2e^- = Ni$	−0.26
$Sn^{4+} + 2e^- = Sn^{2+}$	+0.15	$Cu^{2+} + e^- = Cu^+$	+0.16
$PbO_2 + 4H^+ + SO_4^{2-} + 2e^- = PbSO_4 + H_2O$	+1.69	$AgCl + e^- = Ag + Cl^-$	+0.22
15 族		$Cu^{2+} + 2e^- = Cu$	+0.34
$Sb + 3H^+ + 3e^- = SbH_3$	−0.51	$[Fe(CN)_6]^{3-} + e^- = [Fe(CN)_6]^{4-}$	+0.36
$H_3PO_2 + H^+ + e^- = P + 2H_2O$	−0.51	$Cu^+ + e^- = Cu$	+0.52
$H_3PO_3 + 2H^+ + 2e^- = H_3PO_2 + H_2O$	−0.50	$Fe^{3+} + e^- = Fe^{2+}$	+0.77
$H_3PO_4 + 2H^+ + 2e^- = H_3PO_3 + H_2O$	−0.28	$Ag^+ + e^- = Ag$	+0.80
$As + 3H^+ + 3e^- = AsH_3$	−0.23	$Pt^{2+} + 2e^- = Pt$	+1.19
$N_2 + 6H^+ + 6e^- = 2NH_3$	−0.09	$MnO_2 + 4H^+ + 2e^- = Mn^{2+} + 2H_2O$	+1.23
$P + 3H^+ + 3e^- = PH_3$	−0.06	$Cr_2O_7^{2-} + 14H^+ + 6e^- = 2Cr^{3+} + 7H_2O$	+1.36
$Sb_4O_6 + 12H^+ + 12e^- = 4Sb + 6H_2O$	+0.15	$Mn^{3+} + e^- = Mn^{2+}$	+1.51
$HAsO_2 + 3H^+ + 3e^- = As + 2H_2O$	+0.25	$MnO_4^- + 8H^+ + 5e^- = Mn^{2+} + 4H_2O$	+1.51
$NH_2OH + H_2O + 2e^- = NH_3 + 2OH^-$	−0.42	$Au^{3+} + 3e^- = Au$	+1.52
$H_3AsO_4 + 2H^+ + 2e^- = HAsO_2 + 2H_2O$	+0.56	$MnO_4^- + 3e^- + 4H^+ = MnO_2 + 2H_2O$	+1.70
		$Ce^{4+} + e^- = Ce^{3+}$	+1.71
		$Au^+ + e^- = Au$	+1.83
		$Co^{3+} + e^- = Co^{2+}$	+1.92

4・3 酸化還元反応

表4・3は水溶液中におけるいろいろな半電池の標準電極電位を示している．
なお，温度が25℃でなかったり，イオンの活量が1ではないときなどの起電力 E は次式（**ネルンストの式**: Nernst equation）で表される．

$$E = E° - \frac{RT}{nF} \ln \frac{a_{\text{Red}}}{a_{\text{Ox}}} \tag{4・49}$$

ここで R は気体定数，T は絶対温度，n は授受される電子数，F は**ファラデー定数**（Faraday constant: 96500 C mol^{-1}）である．$a_{\text{Red}}, a_{\text{Ox}}$ は酸化体，還元体の活量で，金属などの固体の元素単体では1である．活量は気体の場合は分圧(atm)に等しい．
なお，水溶液の酸性度を表すpHは溶液の水素イオンの活量 a_{H^+} を用いて

$$\text{pH} = -\log a_{\text{H}^+} \tag{4・50}$$

と定義されていたが，現在は，(4・49)式に基づいて測定できる a_{H^+} の値を用いる操作的定義に変わっている．
高等学校化学で学習した金属の**イオン化列**（ionization series）

K > Ca > Na > Mg > Al > Zn > Fe > Ni > Sn > Pb > (H$_2$) > Cu > Hg > Ag > Pt > Au

は標準電極電位の小さいものから大きいものへと並べたものである．

4・3・4 標準電極電位とギブズエネルギー変化

電極電位 E は酸化還元反応の**ギブズエネルギー**（Gibbs energy）**変化** ΔG と次式で関係づけられる．

$$\Delta G = -nFE \tag{4・51}$$

ここで n は化学反応に伴い授受される電子数であり，F はファラデー定数である．したがって同じ電子数の授受の反応では起電力が大きい電池反応ほど，ギブズエネルギー変化が大きいことになる．反応の平衡はギブズエネルギー変化が負になる方向に偏ることが熱力学の結論である．これを利用することにより，不均化反応が起こるか否かを判定することができる．
たとえば Fe^{2+} イオンが Fe^{3+} と Fe に不均化するときにギブズエネルギーを求めてみよう．

		$E°$/V	ΔG/J mol^{-1}
2Fe^{2+}	$\longrightarrow 2\text{Fe}^{3+} + 2e^-$	-0.77	$2 \times 0.77\, F$
$\text{Fe}^{2+} + 2e^-$	$\longrightarrow \text{Fe}$	-0.44	$2 \times 0.44\, F\,(+$
3Fe^{2+}	$\longrightarrow 2\text{Fe}^{3+} + \text{Fe}$		$2 \times 1.21\, F$

この反応のギブズエネルギーは正になるので，反応の平衡は左に偏る．すなわち，Fe^{3+} は Fe が存在する限り Fe^{2+} になる．これは鉄を酸に溶解するとき，鉄が残っている限り，鉄イオンは Fe^{2+} として存在し，Fe^{3+} にはならないことを意味する．Fe^{2+} イオンの水溶液を保存しておくときに Fe 板を共存させておく理由である．

アルカリ金属の電極電位をみると，リチウムがイオン化列に組込まれるならカリウムの前に位置することになる．電気陰性度がナトリウムより大きいリチウムの電極電位がナトリウムなどに比べると負の大きな値をもっていて奇妙に感じるかもしれない．これは生じた陽イオンが水溶液中では水和されることによる．Li^+ イオンはアルカリ金属の中では最も小さいイオン半径をもつため，水和イオンとの結合が最も大きく，アクアイオンを形成することによる安定化が大きく，ギブズエネルギーも負の大きな値となる．したがってリチウムの電極電位は他のアルカリ金属より大きな負の値となっている．

5
典型元素の単体と化合物の性質

　有機化学が対象とする有機化合物は炭化水素およびその誘導体であり，含まれる元素の種類は炭素，水素のほかには酸素，窒素，硫黄など少数である．一方，無機化学が対象とする無機物質は，100種類以上にものぼる全元素とその元素が構成する化合物であり，無機化学は"元素の化学"である．前章までは，無機物質共通の結合，性質について議論してきた．本章では一つ一つの無機物質に焦点を当て，その構造，性質，反応性を議論する．第5章では外殻の電子配置が異なるため，族ごとの性質が大きく異なる典型元素（s-ブロック元素，p-ブロック元素）について，族ごとに議論する．便宜上1族に含まれる水素は他の1族元素とは大きく異なるため，独立に扱う．

　第6章では，主として内殻の電子配置により族が決まる遷移元素（d-ブロック元素，f-ブロック元素）について学ぶ．12族は通常典型元素に含めるが，本書ではd-ブロック元素として遷移元素の一員として扱う．

5・1　水　　素
5・1・1　名称および発見
▶ $_1$H　水素　hydrogen

　元素名　ギリシャ語の hydro genes（水を生み出すもの）から．

　発見と単離　水素 H_2 は1766年に**キャヴェンディッシュ**（H. Cavendish）により金属と酸との反応で発生する気体として初めて単離され，空気の密度の0.09倍と求められた．

$$Fe + 2HCl \longrightarrow FeCl_2 + H_2$$
$$Zn + H_2SO_4 \longrightarrow ZnSO_4 + H_2$$

ただし，酸の本質が不明だった時代であり，溶解した金属の量と発生する水素の量が比例することから，水素は酸に由来するのではなく，金属に由来するものであると考えていた．1779年に**ラヴォアジェ**（A. L. Lavoisier）が水素と酸素の反応で水が

生じることを見いだし，水素の位置づけが明らかになった．

5・1・2 自然界における存在

宇宙全体では，水素は原子数にして93.4%，重量で76.9%を占め，存在度最大の元素であるが，地殻での含有量は0.15%（重量）とずっと少ない．大部分は海水の構成元素として存在する．水 H_2O，石油，生物などの有機物中に含まれる．

5・1・3 単　離

金属と酸の反応ではイオン化傾向が水素より小さい金属では水素は発生しない．また，アルカリ金属やアルカリ土類金属ではイオン化傾向がきわめて大きいため，水が酸としてはたらき，水素を発生する．特にナトリウム以降のアルカリ金属と水の反応は非常に激しく，発生した水素により爆発が起こることもある．

$$2Na + 2H_2O \longrightarrow H_2 + 2NaOH$$

アルミニウム，スズ，亜鉛，鉛のような両性元素では酸ともアルカリとも反応して，水素を発生する．

$$2Al + 2NaOH + 6H_2O \longrightarrow 2Na[Al(OH)_4] + 3H_2$$

水の**電気分解**（electrolysis）は水素を得る簡便な方法であり，高純度の水素が得られるが，工業的方法としては，コストがかかりすぎる．実験室では白金電極が用いられる．

陽　極： $2OH^- \longrightarrow H_2O + \frac{1}{2}O_2 + 2e^-$

陰　極： $2H_2O + 2e^- \longrightarrow 2OH^- + H_2$

全反応： $H_2O \longrightarrow H_2 + \frac{1}{2}O_2$

pHが低い酸性溶液では H^+ も還元され，水素の発生に関与する．

工業的には炭化水素の水蒸気**改質反応**（reforming）が重要である．メタンのような軽い炭化水素と水蒸気を800～900℃でニッケル触媒上を通過させることにより水素が得られる．

$$CH_4 + H_2O \longrightarrow CO + 3H_2$$

$$CH_4 + 2H_2O \longrightarrow CO_2 + 4H_2$$

反応装置から出てくるガスは CO, CO_2, H_2 および水蒸気であるが，このガスに水蒸気をさらに加え，400℃で鉄/銅触媒上を通過させることにより，COはさらに CO_2 に変換され，H_2 が得られる．この反応は**シフト反応**（shift reaction）とよばれる．

$$CO + H_2O \longrightarrow CO_2 + H_2$$

5・1 水　素

高温のコークス上に水蒸気を通して H_2 と CO をつくる方法は, **水性ガス反応** (water gas reaction) として知られるもので, かつてはこうして生成するガスを都市ガスとして広く利用していた.

$$H_2O + C \xrightarrow{1000\,°C} H_2 + CO$$

5・1・4 用　途

水素は窒素と反応させてアンモニアを製造するのに用いられる.

$$N_2 + 3H_2 \longrightarrow 2NH_3 \quad \Delta G = -32.8\,kJ,\ \Delta H = -91.8\,kJ$$

この反応は熱力学的には有利な反応であるが, 反応速度が遅いため, 鉄系の触媒を用いて高温, 高圧で反応させる (**ハーバー-ボッシュ法**: Haber-Bosch process). 得られたアンモニアは窒素肥料の原料として, また**オストワルド法** (Ostwald process) により白金触媒を用いた空気酸化で硝酸 HNO_3 に変換できるので, 工業的にきわめて重要な反応である.

水素は不飽和結合をもつ植物油脂を**水素化** (hydrogenation) して, マーガリンなどの硬化油を生産するのに用いられる. オレフィンの水素化は発熱反応であるが, 水素を活性化するためにはラネーニッケルのような触媒を必要とする.

炭素による還元では安定な炭化物を生成してしまうタングステンのような金属の単離にも水素が使われる.

水素の燃焼では水が発生するだけであるから, クリーンなエネルギー源として注目されている. また**燃料電池** (fuel cell) の燃料として用いた場合, 約 1 V の電圧が得られる.

密度が最小の気体であるため, 飛行船に用いられたこともあるが, ヒンデンブルク号の爆発事故があったため, 現在の飛行船ではヘリウムガスが用いられている. 体積百分率で空気中に 4～74% の水素が存在すると, 着火により爆発する.

5・1・5 同 位 体

水素の**同位体** (isotope) は自然界に ^1H, ^2H, ^3H が存在する. 一般に同位体の間の性質の違いは化学的に無視できるほど小さいが, 水素の場合はもともと質量が小さいため, 反応速度や振動数などに対する同位体効果が大きいため, ^2H を**ジュウテリウム** (重水素: deuterium), ^3H を**トリチウム** (三重水素: tritium) と特別なよび方をする. それぞれ D, T と表すことが多い. このように別々な元素記号のように表す同

位体は他の元素ではない．^{1}H, ^{2}D は安定同位体であるが，^{3}T は半減期 12.3 年で β 崩壊する．^{3}T は大気上空で次式のように窒素と中性子や水素など宇宙線との反応で絶えず生成しており，生成量と崩壊量が一致するところで定常的に存在している．

$$^{14}N + {^1n} \longrightarrow {^{12}C} + {^3T}$$

同位体の性質の違いを表 5・1 に示す．結合エネルギーなどへの同位体効果はほとんど無視できる．

重水（heavy water）D_2O は重水型原子炉で速い中性子を減速するために利用され，重要である．電気分解を繰返し行ったり，蒸留による濃縮などにより製造される．表 5・2 に軽水と重水の性質の違いを示す．

表 5・1 水素の同位体の性質の比較

物理定数	H	D	T
相対質量	1.0078	2.0141	3.0160
存在比/%	99.958	0.015	0
核スピン	1/2	1	1/2
	H_2	D_2	T_2
融点/K	14.2	18.9	20.8
沸点/K	20.6	23.9	25.2
結合距離/pm	74.14	74.14	(74.14)
蒸発熱/kJ mol^{-1}	0.904	1.226	1.393
蒸気圧/mmHg (14.1 K)	54	5.8	—

表 5・2 水と重水の比較

物理定数	H_2O	D_2O
融点/℃	0	3.82
沸点/℃	100	101.42
密度/g cm^{-3} (20℃)	0.917	1.017
最大密度の温度/℃	4	11.6
イオン積 K_w (25℃)	1.0×10^{-14}	3.0×10^{-15}
誘電率 (20℃)	82	80.5

5・1・6 オルト水素とパラ水素

^{1}H は $\frac{1}{2}$ の核スピンをもち，H_2 分子中で核スピンが互いに平行か逆平行かで性質がわずかに異なる．前者は**オルト水素**（ortho-hydrogen），後者は**パラ水素**（para-hydrogen）とよばれる．パラ水素の方が安定であるため，0 K ではパラ水素が 100%

になるが，温度の上昇とともにオルト水素の割合が増え，室温では75％に達する．オルト水素とパラ水素の変換には活性炭などの触媒の存在が必要である．

5・1・7 二元水素化物

水素は多くの元素と結合して**二元水素化物**（binary hydride）をつくる．**水素化物**（hydride）という名称は，本来，水素が電気的陰性の場合に用いる用語であるが，ここでは水素の化合物という意味で用いている．

水素の電気陰性度は2.20で中程度であるため，結合する元素の電気陰性度に応じてH^-からH^+までの状態を取りうる．水素化物はその結合，性質により**塩類似水素化物**（saline hydride），**金属性水素化物**（metallic hydride），**分子性水素化物（共有結合性水素化物）**，**中間型水素化物**に大きく分類される（図5・1）.

● 塩類似水素化物

電気陰性度の小さいアルカリ金属，アルカリ土類金属と水素は反応して，水素はH^-イオンとなり，MH, MH_2のようなイオン結晶を生じる．

$$Na + \frac{1}{2} H_2 \longrightarrow NaH$$
$$Ca + H_2 \longrightarrow CaH_2$$

H^-の電子配置は$1s^2$で，希ガスヘリウムHeと等電子イオンである．電子は二つだけであるが，原子核の電荷がe^+のため，イオン半径はかなり大きく，塩化物イオン

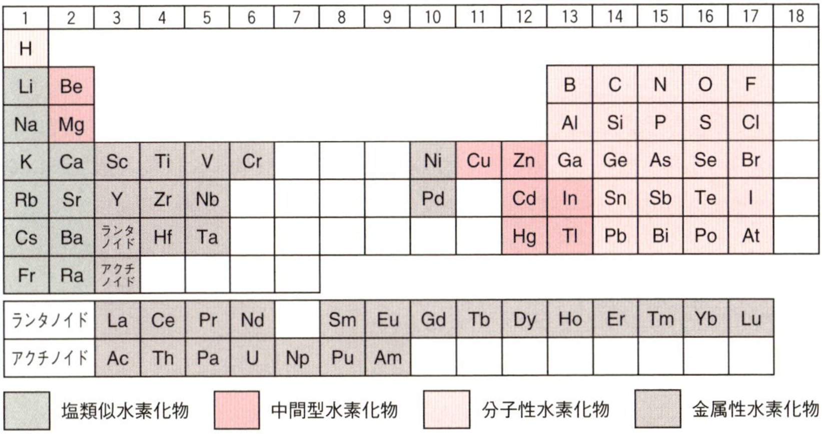

図5・1 二元水素化物の周期表による分類

と同程度である．そのため，NaH は NaCl 型の結晶構造をとる（Na–H, Na–Cl 原子間距離はそれぞれ 244 pm, 282 pm）．水素化物イオンは水中では不安定で，強い塩基としてはたらき，水から容易にプロトンを奪って水素を発生する．この反応は水素化物イオンによる水素イオンの還元反応とみなすこともできる．

$$\text{LiH} + \text{H}_2\text{O} \longrightarrow \text{LiOH} + \text{H}_2$$

また強い還元剤としてはたらく．

$$2\text{CO} + \text{NaH} \longrightarrow \text{HCOONa} + \text{C}$$
$$\text{PbSO}_4 + 2\text{CaH}_2 \longrightarrow \text{PbS} + 2\text{Ca(OH)}_2$$

LiH や NaH は他の水素化物を合成するのに用いられる．水素化アルミニウムリチウム Li[AlH$_4$]（正式名称はテトラヒドリドアルミン酸リチウム）や水素化ホウ素ナトリウム Na[BH$_4$]（正式名称はテトラヒドロホウ酸ナトリウム）は有機合成や無機合成で重要である．

$$4\text{LiH} + \text{AlCl}_3 \longrightarrow \text{Li[AlH}_4\text{]} + 3\text{LiCl}$$
$$4\text{NaH} + \text{B(OCH}_3\text{)}_3 \longrightarrow \text{Na[BH}_4\text{]} + 3\text{NaOCH}_3$$

● **金属性水素化物**

多くの遷移金属は高圧で水素と反応して，金属の結晶格子の中に水素を取込む．チタンの場合，1 原子あたり最大 2 原子の水素まで取込むが，その組成は圧力，温度により異なる．そのため，原子比は分子性化合物やイオン化合物と異なり一定の整数比にならない．このような化合物は**不定比化合物**（**非化学量論的化合物**（non-stoichiometric compound）ともいう）とよばれる．化合物の元素組成が整数比にならないことを主張したベルトレーにちなんで**ベルトリド化合物**ともよばれる．（定比化合物はドルトニド化合物という．）イオン結晶とは異なり，反応した水素は原子状になって金属の結晶格子のすき間に入っていき，金属性が失われず，電気伝導率がかえって高くなる場合もある．そのため，**金属性水素化物**または**侵入型水素化物**（interstitial hydride）とよばれる．生成反応は吸熱反応であるため，高温にすると水素を放出する．これを利用して水素の貯蔵手段として，遷移金属水素化物が注目されている．パラジウムは容易に水素の吸収脱着をするので，水素の生成にパラジウムを利用したパラジウム管が用いられる．

● **分子性水素化物**

13～17 族の元素は水素と結合して分子性の化合物を生成する．電気陰性度の違いによって，共有結合の極性は $H^{\delta-}$-$X^{\delta+}$ のものから $H^{\delta+}$-$X^{\delta-}$ のものまで広範囲にわた

る．また族によって組成は異なるし，単結合や多重結合の X–X の結合を含むものもあり，組成も多様である．分子性水素化物については，それぞれの元素のところで議論する．最近，Xe 固体中でハロゲン化水素 HX を光解離させ，温度をわずかに上昇させると H–Xe 結合をもつ直線分子 HXeX の形成が赤外スペクトルで確認されている．

● **中間型水素化物**

上記の 3 分類に属さない水素化物は中間型水素化物に分類される．水素化ベリリウム $(BeH_2)_n$ は水素架橋によるポリマーであり，水素化マグネシウム MgH_2 はイオン性水素化物と共有結合性水素化物の間の性質をもつ．CuH, ZnH_2, CdH_2, HgH_2 は金属性水素化物と共有結合性水素化物の間の性質をもつ．

5・1・8 水素結合

一般に分子量が大きくなると似たような化合物では分子間力が大きくなり，沸点が上昇するが，15 〜 17 族の水素化物では，アンモニア NH_3，水 H_2O，フッ化水素 HF は同族の水素化物に比べて沸点や融点が異常に高い．正に荷電した H と，別の分子の非共有電子対をもつ電気陰性度の高い原子との間に静電的な相互作用がはたらき，分子が互いに引き合うためである．このような結合を**水素結合**とよぶ．水の場合，H 原子は二つの O 原子にはさまれ，O–H⋯O はほぼ直線になる．分子内の O–H 距離 0.96 Å に対して水素結合の O⋯H 距離は 1.08 Å となる．

水素結合は生物にとって重要である．タンパク質のペプチド鎖内のアミノ基とカルボニル基の間の水素結合により α ヘリックスとよばれるらせん構造やペプチド鎖間の水素結合による β シート構造を取ることにより，タンパク質は複雑な高次構造をとり，酵素反応に関与したり構造タンパク質としてはたらいている．また DNA では水素結合によってチミン-アデニン，グアニン-シトシンの塩基対が結合して二重らせんを形成し，遺伝情報を保持している．また，細胞内の溶媒が水であることを考えると，水の水素結合自体も生命活動に非常に大きな影響を与えているは論を待たない．

5・2 アルカリ金属

1 族元素のうち，リチウム以下の元素は酸化物や水酸化物が水に溶けてすべてアルカリ性を呈する金属であるから**アルカリ金属**（alkali metals）とよばれる．

5・2・1 名称，発見および単離

▶ $_3$Li　リチウム　lithium

　元素名　石を意味するギリシャ語 lithos に由来する．

　発見　1817年，ベルセリウス（スウェーデン）の元で働いていたアルフェドソンが葉長石（ペタライト）LiAl(Si_2O_5)$_2$ の分析で新しいアルカリ金属を硫酸塩として得た．酢酸塩，炭酸塩，炭酸水素塩などの多くの塩を合成し，硝酸塩，塩化物が潮解性であることからマグネシウムとよく似ていることを指摘している．赤い炎色反応は1818年にグメリンにより観察されている．

　単離　アルフェドソン，グメリンらは酸化物を Fe や C とともに加熱したが，還元できなかった．電気分解も用いたボルタ電堆が強力でなかったため失敗した．1818年に英国のブランド，デイヴィー（Sir H. Davy）はともに酸化リチウムの電気分解により金属リチウムを単離した．研究に十分な量のリチウムは1854年に初めてドイツのブンゼン（Bunsen）とマティーセンにより製造された．

▶ $_{11}$Na　ナトリウム　sodium

　元素名　英語名は英語のソーダ sodanum からデイヴィーが命名した．日本語はドイツ語の Natrium に起因するが，これはラテン語で天然の炭酸ナトリウムを natron ということによる．

　発見　ソーダ（炭酸ナトリウム）は聖書にもナイタとして出ており，海草を焼いてソーダ（水酸化ナトリウム）を抽出していた．

　単離　1807年にデイヴィーが苛性ソーダ(NaOH)の電気分解により単離した．

▶ $_{19}$K　カリウム　potassium

　元素名　英語名は potash（K_2CO_3＋KOH）または pot ash に由来する．日本語名はドイツ語名の Kalium に起因するが，これはアラビア語の al-quli 由来のラテン語 kalium による．

　単離　1807年にデイヴィーが KOH の電気分解により単離した．

▶ $_{37}$Rb　ルビジウム　rubidium

　元素名　赤い炎色反応から深紅を意味するラテン語の rubidus にちなんで命名された．

　発見　1861年，ドイツのブンゼン，キルヒホッフ（Kirchhoff）がリシア雲母中に発光分光分析(emission spectrochemical analysis)により発見した．

　単離　純粋なルビジウムが単離されたのは1928年ハックスピルによる．

▶ $_{55}$Cs　セシウム　caesium（英），cesium（米）

元素名　スカイブルーを意味するラテン語のcaesiusにちなんで命名された．

発　見　1861年，ブンゼン，キルヒホッフがデュルクハイムの鉱泉から得た母液を処理してから発光分光すると，Na, K, Liの線のほかに互いにきわめて接近した2本の顕著な青い線が現れ，新元素として確認した．（発光分光法によって見いだされた元素としてはほかにRb, Tl, In, Heなどがある．）

単　離　1882年，ゼッターベルク（独）がCsCNの電気分解により単離した．

5・2・2　一般的概観

　水素を含む1族元素の電子配列，イオン化エネルギー，電気陰性度，炎色反応の色とスペクトル線の波長を表5・3に示す．アルカリ金属はいずれも最外殻のs軌道に1個の価電子をもつ．第一イオン化エネルギーは小さく，電気陰性度も小さいため1価陽イオンの化合物を形成する．アルカリ金属はM^+の状態が希ガスの電子配置をとるため安定であるといわれるが，イオン化はすべて吸熱過程であり，中性の原子よりは不安定であることに注意する必要がある．§3・2・2で考察したイオン結晶のボルン–ハーバーサイクルからわかる通り，陰イオンとともにイオン結晶をつくるときの格子エネルギーによる安定化の寄与のため，陽イオンの状態が安定になる．内殻の電子を放出しなくてはならない第二イオン化エネルギーは非常に大きくなるため，大きなエネルギー損失を格子エネルギーで補償できないため，2価陽イオンの化合物をつくらない．アルカリ金属はいずれも顕著な炎色反応を示す．ナトリウムの炎色反応はフラウンホーファー線のD線に対応しており，3p軌道に励起

表 5・3　1族元素の電子配置，イオン化エネルギー，電気陰性度，炎色反応，おもな原子スペクトル線

元素	電子配置	イオン化エネルギー /kJ mol^{-1}		電気陰性度（ポーリング）	炎色反応	原子スペクトル波長/nm
		第一	第二			
H	1s^1	1312.0		2.20		656.3
Li	[He]2s^1	513.3	7298.0	0.98	真紅	670.8
Na	[Ne]3s^1	495.8	4562.4	0.93	黄	589.2
K	[Ar]4s^1	418.8	3051.4	0.82	紫	766.5
Rb	[Kr]5s^1	403.0	2632	0.82	赤紫	780.0
Cs	[Xe]6s^1	375.7	2420	0.79	青	460.4
Fr	[Rn]7s^1	400	2100	0.7		

表 5・4 アルカリ金属の融点, 沸点, 気化熱, 密度, 原子半径, イオン半径

元素	融点/°C	沸点/°C	気化熱/kJ mol⁻¹	密度/g cm⁻³	原子半径/pm	イオン半径/pm(E⁺)
Li	180.5	1347	134.7	0.534	152	78
Na	97.8	883	89.04	0.971	154	98
K	63.7	774	77.53	0.862	227	133
Rb	39.1	688	69.2	1.532	247.5	149
Cs	28.4	678.5	65.90	1.873	265.4	165
Fr	27	677	—	—	270	180

された電子が 3s 軌道に落ちるときに発光する光である.

表 5・4 にアルカリ金属の融点, 沸点, 気化熱 (原子化熱), 密度, 原子半径, イオン半径を示す. 単体はいずれも銀白色の金属で体心立方格子の結晶構造をとる. 金属結合に関与する電子は 1 原子当たり 1 個しかないため, 結合が弱く, ナイフなどで容易に切ることができるほど軟らかい. 融点, 沸点, 気化熱は通常の金属に比べて著しく小さい. Li, Na, K の密度は水より小さい.

5・2・3 自然界における存在

水素およびアルカリ金属の自然界における存在度を表 5・5 に示す.

◘ **ナトリウム, カリウム** の地殻での存在度はそれぞれ 2.3%, 2.1% で, 大量に存在する. いずれもケイ酸塩, アルミノケイ酸塩鉱物中の陽イオンとして, また, ナトリウムは岩塩 NaCl やホウ砂 $Na_2B_4O_7 \cdot 10H_2O$, 硝石 $NaNO_3$ などに含まれ, カリウムはカーナル石 ($KCl \cdot MgCl_2 \cdot 6H_2O$) やカリ岩塩 KCl として産出するほか, 海水中に Na^+ イオン, K^+ イオンとして存在する.

自然界に存在するカリウムの同位体の中で, ^{40}K は半減期 12.77 億年で β 崩壊して ^{40}Ar に変化する. この放射性崩壊は天然放射能の重要な原因であり, 岩石の年代測定に用いられる.

◘ **リチウム** の地殻中での存在度がきわめて低いのは宇宙における存在度の低さを反映している. リチウムはアルミノケイ酸塩鉱物, リチア輝石 $LiAl(SiO_3)_2$, 鱗雲母 $Li_2Al_2(SiO_3)_3(F, OH)_2$ などで得られる. **ルビジウム, セシウム** はリチウム製造過程の副産物として得られる.

◘ **フランシウム** は放射性で, ^{223}Fr は ^{227}Ac の α 崩壊で生じるが, 21 分の半減期で ^{223}Ra に β 崩壊する.

5・2 アルカリ金属

表 5・5 1族元素の太陽系,地殻,海水,人体中の元素存在度

元素	太陽系原子数[†]	地殻/ppm	海水/ppm	人体/ppm
H	27 900 000 000	1520	108 000	100 000
Li	57.1	20	0.17	0.1
Na	57 400	23 000	10 500	1400
K	3770	21 000	379	1500〜2000
Rb	7.09	90	0.12	9.7
Cs	0.372	3	0.000 30	0.09

[†] ケイ素原子 10^6 個に対する原子数

5・2・4 アルカリ金属の単離・製造

アルカリ金属は天然ではイオンまたはイオン結晶として産出するが,炭素や水素などを使って化学的に還元することも,化合物を熱分解して金属を単離することも困難である.ナトリウム,カリウムの単体は水酸化ナトリウムおよび水酸化カリウムの融解塩電解(溶融塩電解)によって 1807 年に単離された.水溶液の電気分解では水の還元が起こり,アルカリ金属イオンは還元されない.工業的に金属ナトリウムを得るためには,**ダウンズ法**とよばれる塩化ナトリウムの電気分解が用いられる.この方法では,NaCl 40 %,$CaCl_2$ 60 % の混合物を用いることによって凝固点降下を利用して塩化ナトリウムの融点 800 ℃ を 600 ℃ 程度に下げて電気分解が行われる.リチウムも LiCl と KCl の溶融塩を電気分解して得られる.

5・2・5 アルカリ金属の用途

アルカリ金属自体は空気,水との反応性が高いため,利用しにくいが,多くの重要な用途をもっている.

◘ **リチウム**はアルミニウムとの合金として飛行機や宇宙船の軽量構造材として使われている.また,起電力の大きいリチウム電池の正極材として使われる.二次電池リチウムイオン電池の正極剤としては $LiCoO_2$ が用いられる.有機合成に欠かせない有機リチウム試薬は金属リチウムと有機ハロゲン化物から合成される.

◘ **ナトリウム**は原子炉の冷却媒体として大量に利用される.高速増殖炉は 600 ℃ の高温で作動しているため,冷却には水を使用せず,液体の金属ナトリウムが使われる.熱伝導性も高いため目的にかなうが,1995 年高速増殖炉"もんじゅ"で起きた

事故は金属ナトリウムが漏れて火災事故となったものである.

オレンジ色に発光するナトリウムランプは,自動車道のトンネルなどに使われているが,これは放電管中にナトリウムと水銀が封入されたものである.放電の開始は水銀蒸気によるが,ランプの温度上昇に伴い,ナトリウムの蒸気圧が高くなり明るくなる.ランプ中のナトリウム原子が陰極から飛び出してくる高エネルギーの電子と衝突して,3s 軌道の電子が 3p 軌道に励起され,再び基底状態になるときに Na-D 線(589 nm)を発光する.通常の電球に比べて,電力が少なくて済むが,単色光のため,ものの色の判別ができないという重大な欠点がある.

◘ 金属セシウムは光電管に用いられる.光電管は真空管の内面に金属を塗布し,光電効果により,光が金属にあたると飛び出してくる光電子を検出することで光を検出する装置である.金属セシウムは小さいエネルギーで光電子を放出するので,光電管の材料に適している.

5・2・6 化学的性質

アルカリ金属は化学的にいずれも反応性に富み,空気中では金属光沢がすみやかに失われ,酸化物になる(リチウムは窒化物 Li_3N も形成する).水との反応性は周期表の下にいくほど激しくなり,水素を発生してアルカリ水酸化物になる.発生する水素と熱により,量によっては爆発が起こる.

$$2M + 2H_2O \longrightarrow 2MOH + H_2$$

生じる水酸化物は水中で完全解離するので強塩基である.LiOH は溶解性が低い.

アルカリ金属を空気中で燃焼させると,リチウムは酸化物 Li_2O を生じるが,ナトリウム以下では過酸化物 M_2O_2,超酸化物 MO_2 なども生じる.ナトリウムでは Na_2O_2 と Na_2O,カリウム,ルビジウム,セシウムでは M_2O, M_2O_2, MO_2 が生じる.ナトリウム以下の酸化物 M_2O は金属を液体アンモニアに溶かし,酸素と反応させて製造する.M_2O は典型的な塩基性酸化物で水に溶解して水酸化物を生じる.

$$M_2O + H_2O \longrightarrow 2MOH$$

アルカリ金属を水素中で加熱すると塩類似の水素化物 MH(M^+H^-)を生じる.

$$M + \frac{1}{2}H_2 \longrightarrow MH$$

MH は強い塩基であり,水と反応して水のプロトンを引き抜き水素 H_2 を発生するため,石油中に保存しなくてはならない.

$$MH + H_2O \longrightarrow MOH + H_2$$

5・2 アルカリ金属

水素化リチウムと塩化アルミニウムから得られる**水素化アルミニウムリチウム** $LiAlH_4$(正式名称はテトラヒドリドアルミン酸リチウム)は有機化学で還元剤として広く使われる.

$$4LiH + AlCl_3 \longrightarrow Li[AlH_4]$$

アルカリ金属はハロゲンとも激しく反応しハロゲン化アルカリを生じる.

$$2M + X_2 \longrightarrow 2MX$$

アルカリ金属は硬い酸であるため,酸素との親和性が高く,炭酸塩 M_2CO_3,硫酸塩 M_2SO_4,硝酸塩 MNO_3 などの安定なオキソ酸塩類を形成する.リチウム以外のアルカリ金属の炭酸塩 M_2CO_3 は安定であるが,炭酸リチウムは容易に Li_2O と CO_2 に分解する.**炭酸水素塩**(hydrogen carbonate:かつては**重炭酸塩**(bicarbonate)とよばれた)$MHCO_3$ も Li 以外では生成するが,熱により炭酸塩に変わる.

$$2NaHCO_3 \longrightarrow Na_2CO_3 + H_2O + CO_2$$

炭酸水素ナトリウム(sodium hydrogen carbonate)$NaHCO_3$ は旧称の重炭酸曹達(ソーダ)(sodium bicarbonate)を略して**重曹**ともよばれるが,ふくらし粉の成分として利用されるほか,酸の中和剤としても利用される.

炭酸リチウム Li_2CO_3 を始めとするリチウム塩は躁病の治療薬として利用されているが,これは神経細胞内イノシトール-1,4,5-三リン酸の生成を抑え,それによってカルシウムイオンの遊離を抑えて神経細胞の興奮を抑えるためと考えられている.

5・2・7 イオン半径とイオンの挙動

表5・4に示したように,アルカリ金属の**イオン半径**(ionic radius)は周期表の下に行くほど大きくなる.したがって,ハロゲン化アルカリの格子エネルギーは同じハロゲンの場合周期表の下の金属ほど小さくなる(表3・5参照).ハロゲン化セシウムと塩化ルビジウム(高温)のみが塩化セシウム型構造をとり,他のハロゲン化アルカリは岩塩型構造をとる.

イオン半径の変化は水溶液中での水和イオンの大きさに大きな影響をもたらす.表5・6はアルカリ金属イオンのイオン半径(ポーリング)とともに水和数,水和エネルギー,イオンの移動度を示している.電気伝導率の測定からイオンの移動度を求めると,$Li^+ < Na^+ < K^+ < Rb^+ < Cs^+$ の順番になり,重いイオンほど移動度が大きくなる.小さいイオンは多くの水分子を強く引きつけるため,イオン自身の重さは小さくても水和イオンの重さが大きくなるためである.とくに,最も小さいリチウム

ではイオンに直接結合している水分子（第一水和圏）だけでなく，第二水和圏の水分子も強くリチウムに引きつけられているため，多数の水分子が一緒に挙動する．

表 5・7 は細胞内外での主要な陽イオンと陰イオンの濃度を表している．上の 2 段は海水と海水中の緑藻類のイオンの比較であり，下の 2 段はヒトの細胞外体液と細胞内体液の違いを示している．イオンの濃度の違いは緑藻とヒトの場合でよく似た傾向にあることがわかる．すなわちマグネシウムは内外の濃度はほぼ等しいが，Na^+, Ca^{2+}, Cl^- イオンは細胞外で高く，細胞内では低くなっている．一方カリウムは細胞内の方が濃度が高い．アルカリ金属は生体内の有機酸などの電荷を中和するのに必要であり，全イオンの濃度は細胞内外の浸透圧がゼロになるように調節されている．

ナトリウムとカリウムの濃度の違いにより細胞膜には電位が生じている．イオンチャネルとよばれる細胞膜中のタンパク質が，細胞内外のナトリウムとカリウムの濃度を制御しており，エネルギーを使って，絶えず，細胞内のナトリウムを細胞外に汲み出し，反対にカリウムを細胞外から取込んでいる．神経伝達の電気的信号は膜電位の異常がイオンチャネルのはたらきによって神経細胞を伝わっていくことによって起こる．フグ毒やパリトキシンのような神経毒のあるものは，神経細胞のイオンチャネルの機能を阻害することにより強い毒性をひき起こすことが知られている．

表 5・6 アルカリ金属イオンの水和

	Li^+	Na^+	K^+	Rb^+	Cs^+
イオン半径/pm	78	98	133	149	165
水和数	25.3	16.6	10.5	10.0	9.9
水和エネルギー[†]/kJ mol^{-1}	−520	−406	−320	−296	−264
イオンの移動度	33.5	43.5[†]	64.6	67.5[†]	68[†]

[†] $M^{n+}(g) \longrightarrow M^{n+}(aq)$ ΔH

表 5・7 細胞内外での主要な陽イオンと陰イオンの濃度〔単位：mmol L^{-1}〕

系	Na^+	K^+	Ca^{2+}	Mg^{2+}	Cl^-	HPO_4^{2-}	HCO_3^-
海　水	460	10	10	52	660	<1	30
Valonia[†]	80	400	1.5	50	50	5	(10)?
血　漿	160	10	2	2	100	~3	30
赤血球	11	92	10^{-4}	2.5	50	3	(10)?

[†] 単細胞緑藻類の一種．

5・2 アルカリ金属

アルカリ金属イオンはアルカリ土類金属イオンに比べると有機酸などによる配位能は小さいが，図5・2に示すようなクラウンエーテルやクリプテートとよばれる環状エーテル類とは安定な錯体を形成する．陽イオンの大きさと環状エーテルの王冠の大きさの適合性が結合の強さを支配しており，18-クラウン-6 に対しては結合の強さは $K^+>Rb^+>Cs^+ \sim Na^+>Li^+$ の順になる．過マンガン酸カリウム $KMnO_4$ は有機溶媒には溶けないが，18-クラウン-6 を共存させると有機溶媒にも溶けるようになるので，有機物の酸化剤として有効に用いることができる．

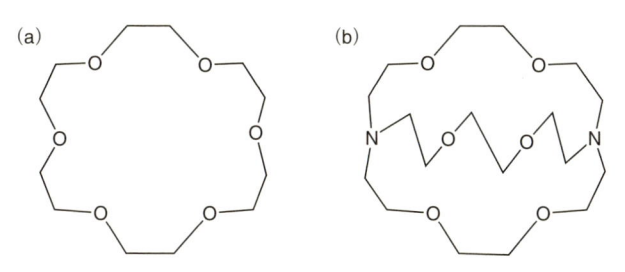

図 5・2 18-クラウンエーテル-6 (a) と 2,2,2-クリプテート (b) [(a) の数字 18 は環の員数，6 はエーテル酸素の数を示す．(b) の 2,2,2 は N,N 間のエーテル酸素の数を示している．これらの数が異なる多くの化合物が合成されており，空間の大きさによって金属に対する親和性が異なる]

バリノマイシンやノナクチンのような天然に存在する小さい環状ポリペプチドは，副作用が大きいため実用的ではないが，抗生物質としてはたらく．このような環状ポリペプチドもクラウンエーテルと似た構造をもち，環の内側にカルボニル酸素を向けており，アルカリ金属と安定な錯体を形成する．しかも疎水性の残基を分子の外側に向けているため，アルカリ金属イオンを含んだまま，リン酸脂質でできている細胞膜を通過しやすい．アルカリ金属イオンの細胞内外の濃度バランスは前述のようにイオンチャネルを通して制御されているが，そのバイパスとなってしまうため本来あるべき濃度バランスを崩してしまう．そのため抗生物質として作用することになる．

● **アルカライド (アルカリ金属陰イオン)**

アルカリ金属が不均化して陽イオンと陰イオンになることは吸熱反応になりエネルギー的に不利である．

$$2M \longrightarrow M^+M^-$$

しかしクリプテートとアルカリ金属を作用させると陽イオンがクリプテートの配位

により安定化し，また結晶化の格子エネルギーによる安定化によりアルカリ金属陰イオンを含むイオン結晶ができる．

$$2K + 2,2,2\text{-crypt} \longrightarrow [K(2,2,2\text{-crypt})]^+ K^-$$

アルカリ金属の量を半分にすると電子そのものが陰イオンとして結晶中に含まれるエレクトライド（電子化物）も形成する．このような化合物は空気や水に対してきわめて不安定である．

● **元素の対角線関係**

リチウムは他のアルカリ金属との類似性より周期表の右下のマグネシウムと類似性が高い．同様にベリリウムとアルミニウム，ホウ素とケイ素は似たような挙動をする．このような関係は周期表の**対角線関係**（diagonal relationship）とよばれる．族が違うと安定な酸化数が異なるが，イオン半径や電気陰性度，分極能などが似てくるためと考えられている．

5·3 アルカリ土類金属

2族元素は Ca 以下をアルカリ土類金属として Be, Mg とは区別することになっているが，その違いはそれほど大きくないので，本書では2族元素全体を**アルカリ土類金属**（alkaline earth metals）とよぶことにする．酸化物はいずれも塩基性酸化物である．

5·3·1 名称，発見および単離

▶ $_4$**Be　ベリリウム　beryllium**

元素名　ギリシャ語の beryllos 緑柱石（beryl）$3BeO \cdot Al_2O_3 \cdot 6SiO_2$ にちなんで命名された．

発見　1789年，ボークラン（仏）がアユイに緑柱石とエメラルドの化学分析を依頼され，緑柱石の酸性溶液に苛性カリを加えて沈殿する水酸化物がアルミナとは異なる性質をもつことに気づき，新元素と認めた．最初はその甘味（猛毒！）から glucina（glucinium or glucinum；ギリシャ語 glykys）と命名したが，イットリア（酸化イットリウム）も同じく甘い塩をつくるので，ベリリア（beryllia）と改名された．

単離　1828年，ヴェーラー（独）とビュシー（仏）が，独立に，塩化ベリリウムを金属カリウムで還元することにより金属ベリリウムを単離した（$BeCl_2 + 2K \longrightarrow Be + 2KCl$）．

5・3 アルカリ土類金属

▶ $_{12}$Mg　マグネシウム　magnesium

元素名　鉱物 magnesia (MgO) から命名された．この鉱物名はおそらく古代ギリシャの Magnesia 地方から産出したことに由来する．

発見　1755 年，スコットランドのブラックが元素として認識した．

単離　1808 年，デイヴィー（英）が酸化マグネシウムの電気分解により金属単体を単離した．マグネシウムアマルガムをつくり，それから水銀を蒸留して金属マグネシウムを分離した．1831 年にビュシーが塩化マグネシウムのカリウム還元で量的に得ることに成功した．

▶ $_{20}$Ca　カルシウム　calcium

元素名　lime（酸化カルシウム）を意味するラテン語の calx（チョーク）から命名された．

発見　ローマ人は1世紀には大理石を加熱して lime をつくっており，18 世紀終わりまでは，これが元素であると考えられていた．ラヴォアジェ（仏）は lime はまだ単離されていない金属元素の酸化物であると信じていた．

単離　1808 年，デイヴィーは塩化カルシウムの電気分解により，純度の低い金属を単離することができた．

▶ $_{38}$Sr　ストロンチウム　strontium

元素名　スコットランドの鉱山ストロンチアンにちなんで命名された．ここで産出する鉱石ストロンチア石（$SrCO_3$）中に発見されたため．

発見　1790 年，スコットランドのクロフォードがバリウム鉱物と思われていた鉱物が別の元素を含む鉱物であることを明らかにし，ストロンチア石と命名した．その結果に注目したスコットランドのホープが炎色反応などから新元素の存在を確認した．

単離　1808 年，デイヴィーが塩化物を酸化水銀と混合して電気分解によって単離した．

▶ $_{56}$Ba　バリウム　barium

元素名　ギリシャ語の barys（重い）から命名された．

発見　1774 年，シェーレ（Scheele；スウェーデン）が軟マンガン鉱から新しい物質を発見した．硫酸で不溶性の沈殿が生成．重晶石 $BaSO_4$ の成分と同じであることを見いだした．

単　離　1808 年，デイヴィーが水酸化バリウムの電気分解で金属を単離．密度が 3.55 g cm^{-3} もあり，アルカリ土類金属としては重い物であったので，barium と命名．

▶ $_{88}$Rd　ラジウム　radium

元素名　ラテン語の radius（放射線）から命名された．

発　見　1898 年，パリでキュリー（Curie）夫妻（仏）が瀝青ウラン鉱（ピッチブレンド）から抽出し発光スペクトルで新元素を確認した．暗所で青い光を放つので radium と命名された．

単　離　1911 年，キュリー夫人とドビエルヌ（仏）が水銀を陰極として塩化ラジウムを電気分解してラジウムアマルガムを得，水銀を蒸発させて金属単体を単離した．

5・3・2　一般的概観

アルカリ土類金属はいずれも最外殻の s 軌道を二つの電子が占有する電子配置をもつため，第二イオン化エネルギーまでは小さいが第三イオン化エネルギーになるときわめて大きくなる．1 価の陽イオン化合物より 2 価のイオン化合物の方が格子エネルギーが大きく，より大きな安定化が得られるため，イオン化合物としては 2 価の陽イオンになる方が安定である．表 5・8 および表 5・9 にアルカリ土類の種々の性質が示されている．融点，沸点はともにアルカリ金属に比べずっと高くなる．金属結合に関与する電子数が多くなり，結合が強くなるためである．カルシウム以下では融点，沸点が周期表の下にいくに従って低くなる点はアルカリ金属とよく似ているが，ベリリウム，マグネシウムはその傾向からずれており，また，特徴ある

表 5・8　アルカリ土類の電子配置，イオン化エネルギー，電気陰性度，炎色反応，おもな原子スペクトル線

元素	電子配置	イオン化エネルギー /kJ mol^{-1}			電気陰性度（ポーリング）	炎色反応	原子スペクトル波長/nm
		第一	第二	第三			
Be	[He]2s^2	899.4	1757.1	14848	1.57		467.3
Mg	[Ne]3s^2	737.7	1450.7	7733	1.31		285.2
Ca	[Ar]4s^2	589.7	1145	4910	1.00	橙	393.4
Sr	[Kr]5s^2	549.5	1064.2	4210	0.95	赤	460.7
Ba	[Xe]6s^2	502.8	965.1	3600	0.89	淡緑	455.4
Ra	[Rn]7s^2	509.3	979.0	3300	0.89		381.4

5・3 アルカリ土類金属

表 5・9 アルカリ土類の融点, 沸点, 気化熱, 密度, 原子半径, イオン半径

元素	融点/°C	沸点/°C	気化熱/kJ mol^{-1}	密度/g cm^{-3}	原子半径/pm	イオン半径/pm(E^{2+})
Be	1277	2970	308.8	1.848	113	34
Mg	648.8	1090	128.7	1.738	160	79
Ca	839	1484	149.95	1.550	197	106
Sr	769	1384	138.91	2.540	215	127
Ba	729	1637	150.9	3.594	217	143
Ra	700	1140	136.8	5.00	223	152

炎色反応を示さないなど, カルシウム以下のアルカリ土類金属とはかなり異なる. マグネシウムの燃焼の際は輝度の高い白色光が得られるが特別な淡色反応は示さない.

5・3・3 自然界における存在

表5・10に自然界におけるアルカリ土類金属の存在度を示した. 原子番号が偶数であるアルカリ土類は隣り合う奇数番のアルカリ金属に比べると原子の安定度が高く, 太陽系における原子の存在度はずっと高くなる (リチウム, ベリリウムは元素の生成過程の違いのため例外である). 地球上ではいずれも2価の陽イオンとして存在し, 元素単体では産出しない. カルシウムは炭酸カルシウム (石灰石, 大理石など) やアルミノケイ酸塩の陽イオンとして地殻に大量に存在するため, 地殻における存在度は O>Si>Al>Fe についで高く, マグネシウムがそれに続く. 炭酸塩などの溶解度がアルカリ金属に比べて小さいため, 地殻における存在度の高さを考慮すると, 隣り合うアルカリ金属に比べると海水中の濃度は高くない. マグネシウムとカルシウムは生体内で高濃度で存在する. これについては§5・3・7で議論する.

表 5・10 アルカリ土類の太陽系, 地殻, 海水, 人体中の元素存在度

元素	太陽系原子数†	地殻/ppm	海水/ppm	人体/ppm
Be	0.73	2.6	0.000 000 022	0.000 5
Mg	1 074 000	23 000	1200	360
Ca	61 100	41 000	440	17 000
Sr	23.5	370	7.7	4.6
Ba	4.49	500	0.020 0	0.31
Ra	—	0.000 000 6	0.000 000 000 02	0.000 000 4

† ケイ素原子10^{6}個に対する原子数

5・3・4 アルカリ土類金属の単離・製造

アルカリ土類金属は電気的陽性であるため，化学的に還元することはアルカリ金属と同様難しい．炭化物をつくりやすいことも化学的還元が使われない理由である．一般的には塩化物の融解塩電解で単離されることが多い．

🔲 **金属ベリリウム**はフッ化ベリリウムのマグネシウム還元または塩化ベリリウムの融解塩電解でつくられる．原料の鉱石はベルトラン石 $Be_4Si_2O_7(OH)_2$ がおもに使われるが，緑柱石 $Be_3Al_2(SiO_3)_6$ も使われる．

🔲 合金などに広い用途をもつ**マグネシウム**は大量に金属として単離製造されている．電気分解のほかに，苦灰石 $CaMg(CO_3)_2$ を焼成して得られる $CaMgO_2$ を減圧下，1150℃でフェロシリコン合金（Fe/Si 合金）を用いて還元することによっても製造される．

$$CaMg(CO_3)_2 \xrightarrow{加熱} CaMgO_2 \xrightarrow{+Fe/Si} Mg + Ca_2SiO_4 + Fe$$

電気分解法で使用される塩化マグネシウム $MgCl_2$ は，海水にカキ殻などから得られた水酸化カルシウム（消石灰）$Ca(OH)_2$ を加えることにより，水酸化マグネシウム $Mg(OH)_2$ を析出させ，濾別により分離し，さらに HCl と反応させる方法で得られる．

$$CaCO_3 (カキ殻) \longrightarrow CaO + CO_2$$
$$CaO + H_2O \longrightarrow Ca(OH)_2$$
$$MgCl_2 (海水) + Ca(OH)_2 \longrightarrow CaCl_2 + Mg(OH)_2 (沈殿)$$
$$Mg(OH)_2 + 2HCl \longrightarrow MgCl_2 + 2H_2O$$

🔲 **カルシウム**は塩化カルシウム $CaCl_2$ の融解塩電解でつくられる．

🔲 **ストロンチウム**は $SrCl_2$ と KCl の混合物の融解塩電解で単離される．

🔲 **バリウム**は酸化バリウム BaO とアルミニウム粉末を固めて 1100℃ に熱してテルミット反応で製造する．

$$3BaO + 2Al \longrightarrow 3Ba + Al_2O_3$$

5・3・5 アルカリ土類金属の用途

🔲 **ベリリウム**は毒性が強い元素であるため，用途は限られるが，特殊な用途には欠かせない．たとえばX線管球の窓材として利用される．これは安定な金属としては

最も原子番号が小さいものであるため，X線の吸収がきわめて小さいという性質を利用している．銅やニッケルとベリリウムの合金は電気と熱の伝導性にすぐれ，弾性も高いため，いろいろなバネに利用されている．ベリリウム銅合金はスパークしにくい工具をつくるのに使われ，火花が生じると危険な場所で利用される．

🔶 金属**マグネシウム**は密度が小さく，10％未満のアルミニウム，痕跡量の亜鉛とマンガンを加えてつくる合金は軽量合金として，自動車の車体や航空機の機体に使われる．生産されるマグネシウムの50％以上はこの用途に使われる．また，生産高の20％は，鉄鋼生産に際して，融解金属に添加して硫黄を除くために利用されている．金属チタンやジルコニウム，ウランなどの製造には還元剤として用いられる（クロール法）．空気中で激しく燃えて，輝度の高い白色光を出すので，マグネシウム粉末はかつては写真撮映のさいのフラッシュとして使われた．エーテル中で有機ハロゲン化物と反応して得られるグリニャール試薬 RMgX は C–C 結合の生成に重要である．グリニャール試薬はエーテルが溶媒和して安定化している．

🔶 金属**カルシウム**はアルミニウムとの合金がベアリングなどに用いられる．真空管に残る微量の窒素，酸素を除くための"ゲッター"として利用されるほか，ジルコニウムやトリウム，希土類金属の製造に使われる．また水素とカルシウムの反応で得られる水素化カルシウムは水素の発生剤や乾燥剤として利用される．

🔶 金属**バリウム**，**ストロンチウム**の用途は"ゲッター"などの特殊なものに限られており，生産量も小さい．

5・3・6 化 学 的 性 質

🔶 アルカリ金属に比べると電気的陽性の性質はずっと弱いが，水と反応して水素と金属水酸化物を生成する．マグネシウムは熱水と，Ca 以下では冷水と反応する．

$$Ca + 2H_2O \longrightarrow Ca(OH)_2 + H_2$$

水酸化ベリリウム $Be(OH)_2$ は両性であるが，他の水酸化物はいずれも塩基性水酸化物である．**水酸化カルシウム** (calcium hydroxide) $Ca(OH)_2$ の飽和水溶液は**石灰水**とよばれ，二酸化炭素の検出に用いられる．過剰の二酸化炭素では沈殿した**炭酸カルシウム** $CaCO_3$ が炭酸水素塩として溶解するため，白濁が消える．**水酸化バリウム** $Ba(OH)_2$ の水溶液バリタ水も同様の反応をする．

$$Ca(OH)_2 + CO_2 \longrightarrow CaCO_3 + H_2O \underset{}{\overset{過剰 CO_2}{\rightleftarrows}} Ca(HCO_3)_2$$

カルシウムの炭酸水素塩は結晶としては取出すことはできない．炭酸水素塩が可溶性であることが鍾乳洞の生成や鍾乳石や石筍として炭酸カルシウムの沈殿が成長してくる現象の説明になる．

🔴 アルカリ土類金属は酸素と反応して酸化物 MO を生成する．BeO はウルツ鉱型の結晶構造をもつが，Mg 以下の酸化物は岩塩型の構造をもつ．BeO は水に不溶であるが，酸やアルカリに溶解する．MgO は水に溶解して弱い塩基である $Mg(OH)_2$ を生成する．$Ca(OH)_2$，$Sr(OH)_2$，$Ba(OH)_2$ と周期表の下に行くほど強い塩基になる．

🔴 一般にアルカリ土類金属の酸化物は炭酸塩や硝酸塩，水酸化物の熱分解によってつくられる．炭酸塩の分解温度は周期表の下に行くほど高くなるが，これは酸化物の塩基性の強さで説明できる．

$$CaCO_3 \xrightarrow{加熱} CaO + CO_2$$

こうして製造される**酸化カルシウム（生石灰）** CaO は炭酸ナトリウム Na_2CO_3，水酸化ナトリウム NaOH，カルシウムカーバイド CaC_2，さらし粉 $Ca(ClO)_2 \cdot CaCl_2 \cdot Ca(OH)_2 \cdot 2H_2O$，ガラス，セメントの製造に用いられる．また製鉄の際に鉄から不純物をスラグとして除くさいにも利用される．

🔴 **炭化カルシウム（カルシウムカーバイド）** CaC_2 は電気炉中で CaO を炭素還元することにより製造される．

$$CaO + 3C \longrightarrow CaC_2 + CO_2$$

CaC_2 中で炭素はアセチリドイオン（$C \equiv C)^{2-}$ として存在し，正方晶系の塩化ナトリウム型構造をとる．水と反応するとアセチレンを生成する．

$$CaC_2 + 2H_2O \longrightarrow Ca(OH)_2 + C_2H_2$$

マグネシウムを空気中で燃焼させると一部は窒素とも反応して窒化物 Mg_3N_2 が生成する．他のアルカリ土類金属も窒化物を生成する．窒化物は加水分解によりアンモニアを生成する．

$$Mg_3N_2 + 6H_2O \longrightarrow 3Mg(OH)_2 + 2NH_3$$

ベリリウムを除くアルカリ土類金属は水素と直接反応して水素化物 MH_2 を生成する．いずれも水と反応して水素を発生する．MgH_2 は共有結合性の架橋構造をもつ高分子であるが，カルシウム以下は塩類似のイオン性結晶である．

5・3 アルカリ土類金属

🔸 金属とハロゲンの反応では MX_2 のイオン性結晶のハロゲン化物を生成する．また金属または炭酸塩とハロゲン化水素酸との反応でもハロゲン化物をつくることができる．Be の場合は共有結合性が強く，フッ化物，塩化物は二つのハロゲンがベリリウムを架橋した一次元鎖状の無限鎖を生成する（図 5・3）．潮解性であり，空気中で加水分解し発煙する．

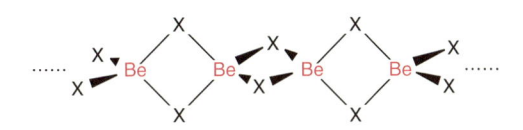

図 5・3 BeX_2 化合物の構造 （X＝F, Cl）

フッ化物はほとんど水に溶解しないが，他のハロゲン化物は潮解性で，水に容易に溶解する．潮解性を利用して塩化カルシウム $CaCl_2$ は乾燥剤として広く使われ，融雪剤，道路の凍結防止剤にも利用される．

🔸 アルカリ土類は硬い酸であるから酸素との親和性が高く，硫酸やリン酸のような酸素酸と溶解度の小さい安定な結晶をつくる．アルカリ金属に比ベイオンの価数が高いため，格子エネルギーが大きいことが特に溶解度の低い理由である．

硫酸カルシウムは**石膏**とよばれ，結晶水を含む $CaSO_4 \cdot 2H_2O$ で安定である．加熱によってできる無水物は**焼き石膏**とよばれる粉末であるが，水と発熱的に反応して結晶化する際に，その形を保って固まるので，昔はギブスとして骨折の治療などに使われた．ギブスは石膏のドイツ語 Gips（英語の gypsum に対応）に由来する．金属精錬で発生する二酸化硫黄 SO_2 や石油の脱硫で大量に生成する硫黄は硫酸にして酸化カルシウムと反応させ，石膏として回収され，石膏ボードなどの建材として利用される．

硫酸バリウム $BaSO_4$ の懸濁液は胃の X 線撮影に利用される．バリウムは原子番号が大きく X 線の透過率が悪いことを利用している．バリウムイオンは毒性が高いが，硫酸バリウムは溶解度が非常に低いため，短時間で通過する分には問題がない．

水酸化リン酸カルシウム（**ヒドロキシアパタイト**）$Ca_5(OH)(PO_4)_3$ も溶解度の低い塩であり，骨や歯の成分として重要である．フッ化物と接触して**フッ化リン酸カルシウム**（**フルオロアパタイト**）$Ca_5F(PO_4)_3$ になるとさらに溶解度が低下するため，歯の表面にこれができると虫歯になりにくい．

5・3・7　生体内のマグネシウム，カルシウム

　緑色植物のクロロフィル（葉緑素）はポルフィリンの中心にマグネシウム配位したもので（図5・4），太陽エネルギーを化学エネルギーに変換する際に重要な役割を果たしている．地球上のほとんどすべての動物は，植物によりつくり出された有機物をエネルギー源としている．マグネシウムの役割がいかに重要であるかがわかる．また，生体内でのさまざまな反応のエネルギー源として用いている ATP が ADP に変換する際にもマグネシウムの存在が必要である．そのほかにもマグネシウムは生体内で重要なはたらきをしており，成人の体内には 20～30 g のマグネシウムが含まれ，1 日あたり 260～300 mg の摂取が必要とされている．

　天然の炭酸カルシウム（石灰石，大理石）はサンゴや貝の外骨格として海水成分から濃縮され，沈積したものである．魚類以上の高等動物も骨や歯として水酸化リン酸カルシウム $Ca_5(OH)(PO_4)_3$ として大量のカルシウムを保持している．成人の体内には 1.2 kg のカルシウムを含んでいるが，その大部分はリン酸塩として骨格を形成するのに使われている．表 5・7 で示したようにカルシウムはイオンとしては細胞の外と内で 2 mmol L^{-1}，10^{-4} mmol L^{-1} と極端に濃度が異なっている．濃度が低いということは，ごくわずかの濃度変化で恒常性（ホメオスタシス）が崩れるということを意味しており，カルシウムと結合したカルモジュリンなどのタンパク質からのカルシウムイオンの放出により，生体内の情報伝達が行われる．筋肉の収縮や外分泌腺や内分泌腺の分泌など多くの生理作用の制御にカルシウムイオンが使われていることが知られている．血液中のカルシウム濃度が低下すると神経が興奮して筋肉が連続的に収縮するためにけいれんを起こす．カルシウムの摂取不足は人の性格にも影響を与えることが知られている．

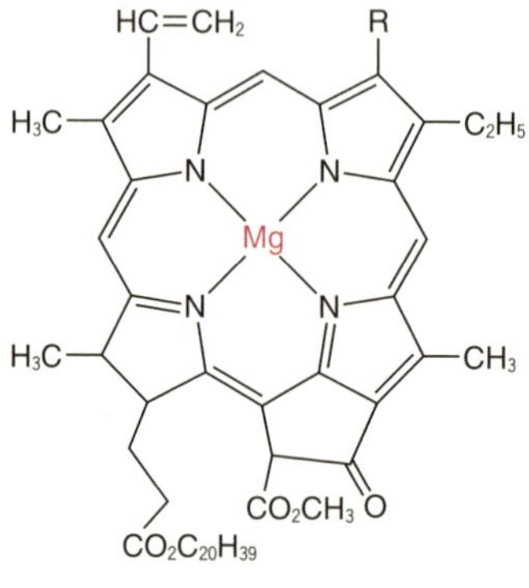

R=CH$_3$　　クロロフィル a
R=CHO　　クロロフィル b

図 5・4　クロロフィルの構造

5・4 13族元素（ホウ素族）
5・4・1 名称，発見および単離

▶ $_5$B ホウ素 boron

元素名　アラビア語の buraq（ホウ砂）にちなむ．デイヴィー（英）がホウ素を単離したとき，boracium と命名したが，のちに borax と carbon を組合わせて名前を改めた．日本語ではかつては硼素と書いた．

発　見　ホウ砂（borax）$Na_2[B_4O_5(OH)_4]\cdot 8H_2O$ は昔から知られていた．(18世紀まではインドからベニスを経て入手されていた．)

単　離　1808年，ゲー・リュサック（仏）がホウ酸をカリウムで還元して得る．（このカリウムは電気分解によって得たものでなく，KOHを金属鉄によって高温で還元したもの．）同年，デイヴィーはホウ酸の電気分解により単離した．

▶ $_{13}$Al アルミニウム aluminium（英），aluminum（米）

元素名　明礬を意味するラテン語の alumen, alum（苦みのある塩という意味）から命名された．デーヴィーは最初 aluminum と命名したが，アメリカでは現在もそれが使われている．

発　見　明礬 $[AlK(SO_4)_2\cdot 12H_2O]$ が古代から知られており（産地はギリシャ，トルコ，イタリアなど）染色の媒染剤として利用されていた．

単　離　1808～1810年，デイヴィーは電気分解を試みたが失敗した．

1825年，エルステッド（デンマーク）が無水塩化アルミニウム Al_2Cl_6 をカリウムアマルガムによって還元して得た．ただし，水銀を含む不純なものであった．

1827年，ドイツのヴェーラーが Al_2Cl_6 とKの反応で純粋に単離した．

1886年，ホール（米）とエルー（仏）が独立に氷晶石 $Na_3[AlF_6]$ を用いた Al_2O_3 の電気分解法を開発．

▶ $_{31}$Ga ガリウム gallium

元素名　ラテン語のフランスの古名である Gallia にちなんで命名された．

発　見　1875年，ド・ボアドラン（仏）が閃亜鉛鉱 ZnS 中に未発見の元素の発光スペクトル線を発見し，ガリウムと命名した．この発見は偶然になされたのではなく，メンデレーエフの周期表の Al の下に位置するエカアルミニウムを探す中で発見された．

単　離　1875年，ド・ボアドランが KOH 中の $Ga(OH)_3$ 溶液を電気分解することにより単離した（数百 kg の閃亜鉛鉱から 1g の金属を得る）．

▶ ₄₉In インジウム indium

元素名 スペクトルの輝線の色からラテン語の indicum（青紫色，藍色）に由来する．

発　見 1863 年，ライヒ，リヒター（独）が閃亜鉛鉱の発光分光分析によって発見した．

単　離 1864 年，ライヒ，リヒターが酸化物と炭酸ナトリウムの混合物を木炭上で加熱して単離した．

▶ ₈₁Tl タリウム thallium

元素名 スペクトルの輝線の色からギリシャ語の thallos（緑の小枝）にちなんで命名された．

発　見 1861 年，クルックス（英）がテルルを単離しようとして，硫酸工場の残渣からセレンを除いたあと，発光分光分析により，新元素の緑の輝線を発見した．

単　離 1862 年，ラミー（仏）も独立に硫酸工場の残渣から塩化タリウムを得，電気分解により金属を単離した．

5・4・2 一般的概観

13 族元素の中でホウ素は唯一の非金属元素であり，アルミニウム以下の金属元素と際だって異なる．外殻の電子配置は ns^2np^1 であり，化合物中での酸化数は $+3$ をとることが多いが，ガリウム以下では $+1$ の酸化数も取りうる．電気陰性度は周期表の下にいくほど小さくなるわけではなく，ガリウムでいったん大きくなっている．これは内殻の d 軌道の影響による．d 軌道は原子核荷電を有効に遮蔽しないため，外殻電子がより強固に結びつけられることによる．これらの元素では Ga^+ や Tl^+ の

表 5・11 13 族元素の電子配置，イオン化エネルギー，電気陰性度，炎色反応，おもな原子スペクトル線

元素	電子配置	イオン化エネルギー /kJ mol⁻¹				電気陰性度（ポーリング）	炎色反応	原子スペクトル波長 /nm
		第一	第二	第三	第四			
B	$[He]2s^22p^1$	800.6	2427	3660	25025	2.04	緑	249.8
Al	$[Ne]3s^23p^1$	577.4	1816.6	2744.6	11575	1.61		396.2
Ga	$[Ar]3d^{10}4s^24p^1$	578.8	1979	2963	6200	1.81		639.6
In	$[Kr]4d^{10}5s^25p^1$	558.3	1820.6	2704	5200	1.78	青	451.1
Tl	$[Xe]3f^{14}5d^{10}6s^26p^1$	589.3	1971.0	2878	4900	1.62	緑	351.9

5・4　13族元素（ホウ素族）

表 5・12　13族元素の融点，沸点，気化熱，密度，原子半径，イオン半径

元素	融点/℃	沸点/℃	気化熱/kJ mol^{-1}	密度/g cm^{-3}	原子半径/pm	イオン半径/pm	
						E$^+$	E^{3+}
B	2300	3658	538.9	2.340	83		23
Al	660.4	2467	293.72	2.698	143		57
Ga	29.8	2403	256.1	5.907	122	113	62
In	156.2	2080	226.4	7.310	163	132	92
Tl	303.6	1457	162.1	11.85	170	149	105

ような ns^2 電子配置をもつ1価の陽イオンも形成される．このような電子配置のイオンが安定化することは p ブロック元素の下部の元素に顕著で，Sn^{2+}, Pb^{2+} などでも見られ，**不活性電子対効果**とよばれる．ガリウム，タリウムではアルミニウムに比べ，第二イオン化エネルギーが大きいことでその違いの理由が説明できるが，イオン化エネルギーだけで説明できるほど顕著な違いではない．ハロゲン化物でイオン性結晶といえるのはフッ化物くらいで，塩化物も共有結合性分子を形成する．

表5・11および12は13族元素の種々の性質を示している．沸点は周期表の下にいくに従い低くなっていくが，融点はガリウムで最低になり，下にいくと再び上昇する．ガリウムは金属としては異常に低い融点をもっており，ヒトの体温でも融解する．3価のイオン半径は，電子が詰まっていく過程で初めて d 軌道や f 軌道が関与してくるガリウム，タリウムはアルミニウム，インジウムのイオンに比べて，あまり大きくはならない．これは d 軌道，f 軌道などの内殻に電子が詰まっていく間にイオン半径がしだいに小さくなっていくことが効いている．

5・4・3　自然界における存在

表5・13に13族元素の自然界における存在度を示した．

表 5・13　13族元素の太陽系，地殻，海水，人体中の元素存在度

元素	太陽系原子数†	地殻/ppm	海水/ppm	人体/ppm
B	21.2	950	4.41	0.76
Al	84900	82000	0.00013	0.9
Ga	37.8	18	0.00003	0.01 以下
In	0.184	0.049	0.0000001	0.006
Tl	0.184	0.6	0.000014	0.007

† ケイ素原子 10^6 個に対する原子数．

🔶 太陽系の元素の存在度では**ホウ素**は Li, Be と並んで軽元素としては異常に低い存在度である．これは，これらの元素が恒星内部の核融合で生成せず，宇宙線どうしの衝突によってのみ生じることによる．地殻中にはアルミニウムは，酸素，ケイ素に次いで多い元素である．ホウ素は酸化物水酸化物として，砂漠などの乾燥地帯でかつて温泉活動などで地下水によって供給されたホウ素がホウ酸塩として沈殿したものが鉱石として産出する．

🔶 **アルミニウム**もホウ素と同じく硬い酸であって，酸素との親和性が非常に強く，岩石や土壌を構成するアルミノケイ酸塩の重要成分である．鋼玉（コランダム）Al_2O_3 という非常に硬い鉱物に微量の遷移金属が Al^{3+} に置換して溶け込んでいると，美しい宝石として産出する．赤いルビーは Cr^{3+}，青いサファイアは Ti^{4+} と Fe^{2+} が不純物として含まれた物である．氷晶石 $Na[AlF_6]$ のようにフッ素と結合して産出する場合もある．金属アルミニウムの原料となるボーキサイトは $Al(OH)_3$ が脱水してできた酸化物水酸化物である．

　アルミニウムは高い酸化数のために，アクアイオンは pK_a が大きく加水分解して，水酸化物，酸化物として沈殿しやすいために，水への溶解度は低く，そのために海水中でのアルミニウムなどの存在度はアルカリ金属やアルカリ土類金属に比べてずっと低くなる．ホウ素はホウ酸イオンとして溶解するためにアルミニウムと比較すると地殻の存在度の割に海水中の濃度は高くなっている．

　アルミニウムは必須元素ではないが，自然界に大量にあり，アルミニウムイオンとして体内に取込まれるため，生体内の濃度はそれなりに高い．成人の体内には 60 mg のアルミニウムが含まれる．アルツハイマー病の原因として疑われたこともあるが，現在は β アミロイドタンパク質の沈着が原因とされており，アルミニウム原因説はほぼ否定されている．紫陽花（あじさい）の花の色はアントシアンがアルミニウムイオンと結合することにより変化することが知られている．

🔶 **ガリウム**以下の元素の存在度は地殻でも海水中でもずっと低くなる．

5・4・4　元素単体の単離・製造

🔶 **ホウ素**は天然には酸化物水酸化物の塩として存在する．最も重要な鉱物はホウ砂（しゃ）$Na_2[B_4O_5(OH)_4]\cdot 8H_2O$，カーン石 $Na_2[B_4O_5(OH)_4]\cdot 2H_2O$，コールマン石 $Ca_2[B_3O_4(OH)_3]\cdot 2H_2O$ などが知られている．

5・4 13族元素（ホウ素族）

ホウ砂などの酸化物の塩を酸で処理することにより，ホウ酸 B(OH)₃ とし，さらに加熱して酸化ホウ素 B₂O₃ を得る．B₂O₃ をマグネシウムやナトリウムと高温で加熱することによりホウ素単体が得られるが，純度は低い．

$$\text{Na}_2[\text{B}_4\text{O}_5(\text{OH})_4] \cdot 8\text{H}_2\text{O} \xrightarrow{\text{酸}} \text{B(OH)}_3 \xrightarrow{\text{加熱}} \text{B}_2\text{O}_3 \xrightarrow{\text{Mg}} 2\text{B} + 3\text{Mg}$$

ホウ素の融点はきわめて高い上，液体は腐食性をもつため，このホウ素から純粋な結晶性のホウ素単体を得ることはできない．三塩化ホウ素 BCl₃ を高熱で水素還元したり，三ヨウ化ホウ素 BI₃ を高温で加熱分解することによって得られる．

$$2\text{BCl}_3 + 3\text{H}_2 \xrightarrow{\text{W または Ta フィラメント上で赤熱}} 2\text{B} + 6\text{HCl}$$

$$2\text{BI}_3 \xrightarrow{\text{W または Ta フィラメント上で赤熱}} 2\text{B} + 3\text{I}_2$$

◆ 金属**アルミニウム**は当初塩化アルミニウム AlCl₃ をアルカリ金属で還元して製造されたため，非常に高価であり，銀食器より珍重されたこともあった．アルミニウムが鉄と同様安価で使いやすい金属になったのは 1886 年に米国の**ホール**とフランスの**エルー**が独立に**氷晶石** Na[AlF₆] を用いた**アルミナ** Al₂O₃ の融解塩電解法を発明してからである．

原料のボーキサイトは産地によって AlO・OH，Al₂O₃・H₂O，Al₂O₃・3H₂O (Al(OH)₃) などの異なる組成をもつ．Al³⁺ イオンと Fe³⁺ イオンは化学的な挙動がよく似ているため，ボーキサイト中には Fe³⁺ イオンが相当量含まれており褐色である．また，SiO₂ や TiO₂ なども不純物として含まれる．したがって，アルミニウムの製造には，① 純粋なアルミナ Al₂O₃ の製造，② 電気分解による還元，の二つの過程が必要になる．アルミニウム化合物を電気分解してアルミニウムを得るには高電圧が必要である．水溶液を用いる電気分解ではアルミニウムが生成せず水素が発生するだけなので，無水の状態で電気分解する必要がある．

第一の過程では，アルミニウムの酸化物が酸にも塩基にも溶解する両性酸化物であるのに対して，鉄の酸化物が塩基には溶けない塩基性酸化物であることの違いを利用する．ボーキサイトを水酸化ナトリウム水溶液で処理すると，アルミニウムのみが溶解するので，鉄などの不純物を沈殿として除くことができる．

$$\text{Al}_2\text{O}_3 + 2\text{NaOH} + 3\text{H}_2\text{O} \longrightarrow 2\text{Na[Al(OH)}_4]$$

得られたアルミン酸水溶液の温度を低下させて平衡を変え，水酸化アルミニウム

Al(OH)$_3$ を沈殿させる．あるいは二酸化炭素を吹き込むことによっても水酸化物を得ることができる．

$$Na[Al(OH)_4] \rightleftarrows Al(OH)_3 + NaOH$$

$$2Na[Al(OH)_4] + CO_2 \longrightarrow 2Al(OH)_3 + Na_2CO_3 + H_2O$$

得られた水酸化アルミニウムを加熱して脱水することにより，アルミナ Al$_2$O$_3$ が得られる．

$$2Al(OH)_3 \xrightarrow{加熱} Al_2O_3 + 3H_2O$$

アルミナの融点は 2015 ℃ できわめて高いため，そのまま融解して電気分解することは困難であるので，融点 1000 ℃ の氷晶石と混合して融解して電気分解を行う．凝固点降下により混合物は 940～980 ℃ で融解する．電解槽はグラファイトで内ばりした鉄製の容器が用いられ，これが陰極となる．陽極には炭素電極が用いられる．陽極の炭素電極は発生する酸素により二酸化炭素に酸化されていくので，消費されていく．電気分解には 4.5～5.0 V の高電圧を必要とするため，1 トンのアルミニウムを製造するためには約 15000 kW 時の電力量を必要とし，炭素電極は約 0.45 トン消費される．このようにアルミニウムの製造には大きなエネルギーを必要とするため，アルミニウムのリサイクルは重要である．リサイクルされたアルミニウム製品は融解して地金にして再利用される．

🔸 ガリウム以下の金属はアルミニウムに比べて還元されやすいので，水溶液の電気分解で単離することができる．いずれも天然には微量に存在し，利用できる鉱石はない．ガリウムはボーキサイト中に微量成分として存在し，ボーキサイトをアルカリ処理する溶液中に濃縮されていくので，この溶液を電気分解することにより得られる．インジウムとタリウムは閃亜鉛鉱 ZnS や方鉛鉱 PbS 中に微量に含まれ，亜鉛，鉛製造の副産物として得られる．

5・4・5　元素単体の構造

🔸 ホウ素単体の結晶は多形であるが，いずれも B$_{12}$ の正十二面体構造を単位としてそれが複雑に結びついていて，特異な構造をとる．図 5・5 は α 菱面体構造とよばれる結晶で，B$_{12}$ 骨格が球の最密充填と同じように配置されている．B$_{12}$ どうしは上下方向に B-B 間が共有結合で結びついている．水平方向には §5・4・7 で詳述する弱い結合，三中心二電子結合で結びついている．

5・4 13族元素（ホウ素族）

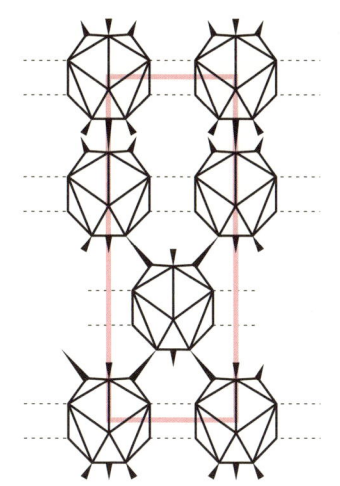

——は単位胞を示す．B_{12} 骨格内の実線は C-C 結合のような 2 電子共有結合を示すのではなく，隣接する原子間を結びつけている線である．B_{12} 骨格間のくさびは 2 電子共有結合であり，波線は三中心に電子結合で結びついている結合を示す

図 5・5 α 菱面体ホウ素の結晶構造

◘ **アルミニウム**は典型的な金属の格子である面心立方格子の最密充填構造をとるが，**ガリウム**は斜方晶系で原子が対になるような特殊な構造をとっている．**インジウム**は面心立方格子に近い正方晶系，**タリウム**は六方最密充填構造をとっている．

5・4・6 元素の用途

◘ **ホウ素**に 20％含まれる ^{10}B は熱中性子との反応断面積が大きく，中性子の吸収材として非常にすぐれている．ホウ素鋼や炭化ホウ素は原子炉の制御棒として用いられる．1986 年のチェルノブイリ原発事故のさいには，炉心から放出される中性子を吸収するために，大量のホウ酸がヘリコプターから投入された．ホウ素と金属との化合物は**ホウ化物**とよばれ，多くの金属といろいろな組成の物質が得られる．金属ホウ化物は一般に融点が非常に高く，高温に耐えるため，耐熱セラミックスとして炉やスペースシャトルの表面にはるなどに用いられる．ホウ素の最大の用途はホウケイ酸塩ガラス（パイレックスガラス，耐熱ガラス）としての用途である．米国ではホウ素の 60％がこれに使われる．パイレックスガラスは熱膨張係数が小さいため，急激な温度変化でも容器にひずみが生じないため，割れることがない．酸化ホウ素 B_2O_3 には遷移金属化合物が溶け込んで，その元素特有の発色をするため，陶磁器の釉薬として広範に利用される．ホウ素は植物の必須元素であり，不足すると生育が悪くなるが，どのようなはたらきがあるのかはよくわかっていない．動物にとっては毒物としてはたらく場合がある．

🔸 アルミニウムは密度が小さく,腐食にも強いため,航空機や鉄道車両の構造材として利用される軽量合金ジュラルミンの重要な成分である(アルミニウムのほかに銅(3.5〜5.5%),マグネシウム(0.2〜2.0%),マンガン(0.2〜1.2%),微量のケイ素や鉄を含む).アルミニウムは展性延性が高く,加工が容易であるため,アルミサッシ,ドアなどの建築材料,炭酸飲料などの缶,調理用の鍋などに使われる.アルマイトはアルミニウムの表面に酸化物皮膜を人工的につくって安定化させたものであり,一般に表面着色して使われる.銅に比べて電気伝導性は低いが,軽量であるため,重量当たりの電気伝導性は銅より高くなり,高圧電線として利用される.

🔸 ガリウム,インジウム,タリウムはいずれも銀白色の軟らかい金属で大量に使用されることはないが,ケイ素の半導体製造に添加物として高純度のガリウムが使われる.13族元素と15族元素の二元化合物は14族元素と等電子になり,化合物半導体になる場合がある.ヒ化ガリウム GaAs や窒化ガリウム GaN は発光ダイオードLED やレーザー光源として利用され,需要が伸びている.タリウムは毒性が強いため,特殊な用途しかない.

5・4・7 化学的性質と化合物

ホウ素は非金属であり,酸にもアルカリにも溶解しない.アルミニウム以下の元素と大きく異なるので,ホウ素の化合物について先に論じてからアルミニウム以下をまとめて記す.

● ホウ素のハロゲン化物,酸化物

🔸 ホウ素の三ハロゲン化物 BX_3 はホウ砂や酸化ホウ素から次式のような反応で合成される.

$$Na_2B_4O_7 + 6CaF_2 + 8H_2SO_4 \longrightarrow 4BF_3 + 2NaHSO_4 + 6CaSO_4 + 7H_2O$$

$$B_2O_3 + 3C + 3Cl_2 \longrightarrow 2BCl_3 + 3CO$$

BX_3 はいずれも単量体で蒸気圧の高い気体または液体で,ボンベに入った純物質またはエーテルの付加物などが市販されている.ホウ素化合物の出発物質として,またルイス酸としてフリーデルクラフツ反応の触媒として利用される.

BX_3 は平面三角形(D_{3h} 対称)の構造をもつ.この構造はホウ素に sp^2 混成軌道を適用すると容易に説明できる.すなわち,混成軌道に含まれる電子とハロゲンの p 軌道とが共有電子対を形成して結合ができる.ホウ素まわりにはオクテットが形成されず,混成軌道に関与しない空の p 軌道が分子平面に垂直に伸びることになるが,

5・4　13族元素（ホウ素族）

この空の軌道をもつため，ルイス酸としてはたらき，アミン NR_3 やホスフィン PR_3，エーテル OR_2 などのルイス塩基と安定な付加物を形成する．

$$BF_3 + NR_3 \longrightarrow BF_3 \cdot NR_3$$

$BF_3 \cdot NR_3$ のような付加物のホウ素まわりは C_{3v} の四面体構造になる．この構造は sp^3 混成軌道のホウ素を使って説明される．四つの混成軌道のうち三つは1電子をもち F との間で共有結合しており，空の混成軌道にルイス塩基の電子対が供与され，配位結合の共有結合で結びついていると考えることができる．表5・14 はハロゲン化ホウ素とピリジンの付加物生成のエンタルピー変化を示している．

表 5・14　ニトロベンゼン中でのハロゲン化ホウ素とピリジンの反応エンタルピー ΔH

$BX_3 + NC_5H_5 \longrightarrow BX_3 \cdot NC_5H_5$	
X	$\Delta H / \text{kJ mol}^{-1}$
F	-105 ± 4.2
Cl	-129 ± 0.8
Br	-134 ± 0.8

この反応のエントロピー変化はハロゲンが変わっても大きな変化はないと考えられるので，ギブズエネルギー変化 ΔG（$= \Delta H - T\Delta S$）はハロゲンが F, Cl, Br と周期表の下にいくほど大きな負の値となり，安定な付加物が形成されることがわかる．すなわち F<Cl<Br の順にルイス酸性が強くなり，ルイス塩基との結合が強くなると考えられる．これはハロゲンの電気陰性度から予測されるルイス酸性の強さの順と逆になる．BX_3 ではハロゲンは σ 型の共有結合に関与する p 軌道に加えて，ホウ素の空の p 軌道と対称性が適合する p 軌道が存在し電子が占有されている（非共有電子対）．その電子がホウ素の空の p 軌道に供与されることにより，π 性の配位結合ができる．これは図5・6 に示す共鳴構造で示すことができる．ハロゲンが小さいほど π 結合ができやすくなるため，F>Cl>Br の順にハロゲンの π 電子がホウ素の空軌道に入りやすくなる．すなわち，ホウ素が分子内で配位されることになるため，

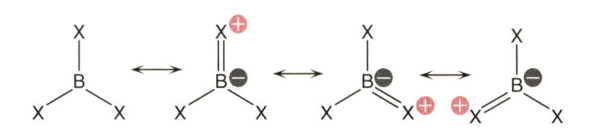

図 5・6　BX_3 の共鳴構造

ホウ素のルイス酸性は F<Cl<Br の順に強くなると説明できる．実際に BF_3 中の B-F の原子間距離は単結合で期待される距離よりかなり短くなっている．

ハロゲン化ホウ素には，B_2X_4 や B_nX_n（$n=4, 8, 9$ など）のハロゲン化物も知られている．

🔶 ホウ砂を強酸で加水分解するとホウ酸 $B(OH)_3$ [H_3BO_3 とも表記される] ができる．ホウ酸は水と反応してプロトンを放出する酸であるが，次式の平衡は左に偏るため pK_a 9.23 のきわめて弱い酸であり，眼病の際の消毒などに利用されている．

$$B(OH)_3 + H_2O \rightleftharpoons B(OH)_4^- + H^+$$

$B(OH)_3$ は C_{3h} の対称性をもった平面三角形の分子で，結晶中では水素結合により図 5・7 のように平面シートを形成する．シート間はファンデルワールス力がはたらくのみであるため，薄片状の結晶として成長する．

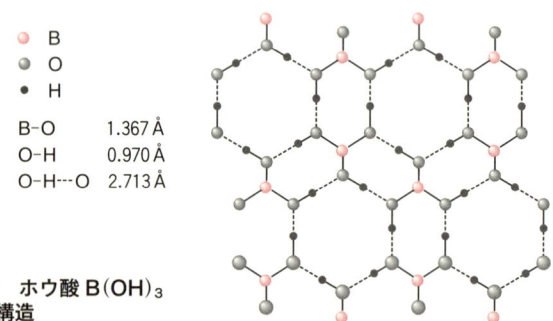

● B
● O
● H

B-O　　1.367Å
O-H　　0.970Å
O-H…O　2.713Å

図 5・7　ホウ酸 $B(OH)_3$ の結晶構造

🔶 ホウ酸を加熱脱水するとメタホウ酸 HBO_2 を経てガラス状の三酸化二ホウ素 B_2O_3 に変化する．B_2O_3 は釉薬(ゆうやく)やパイレックスの原料として重要である．B_2O_3 をアルカリ金属やマグネシウムと加熱するとホウ素単体が得られる．

● ホウ素水素化物（ボラン）

ホウ素の水素化物は**ボラン**（borane）とよばれる一群の分子性の化合物である．表 5・15 および図 5・8 に代表的なボラン類の性質と構造を示す．平面三角形の BH_3 は不安定な反応中間体としては検出されるが，安定な化合物としては単離できない．ボランの名称はホウ素の数を示す接頭辞にボランをつけ，末尾の（　）内に，水素の数を示すアラビア数字を用いて表す．ホウ素が 4 個以上のボランは，炭化水素と異なり，多くのホウ素間で相互に結合したような構造になる．このような分子は**クラスター**（房を意味する）とよばれる．

5・4 13族元素（ホウ素族）

(a) B_2H_6 ジボラン(6)

(b) B_4H_{10} テトラボラン(10)

(c) B_5H_9 ペンタボラン(9)

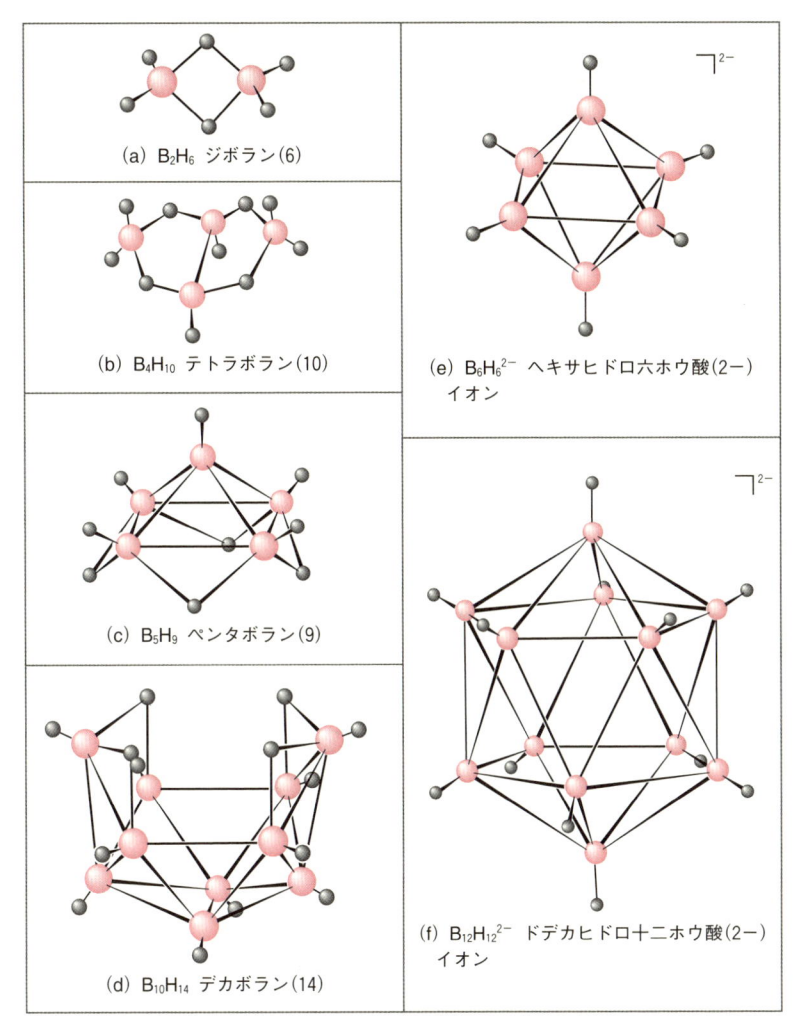

(d) $B_{10}H_{14}$ デカボラン(14)

(e) $B_6H_6^{2-}$ ヘキサヒドロ六ホウ酸(2−)イオン

(f) $B_{12}H_{12}^{2-}$ ドデカヒドロ十二ホウ酸(2−)イオン

図 5・8　いくつかのボランおよび陰イオン性ボランの構造

ボランは空気中では不安定であるため，かつては化合物として単離できなかったが，ドイツのシュトック（A. Stock）が真空ライン中で化合物を取扱う方法を開発して，1912年ころから報告されるようになった．シュトックはホウ化マグネシウム Mg_3B_2 を酸により加水分解することにより，B_4H_{10}, B_5H_9, B_6H_{10}, $B_{10}H_{14}$ などの比較的

表 5・15 代表的なボラン類の性質

化合物	化学式	点群	クラス	融点/℃	沸点/℃	ΔH_f°/kJ mol^{-1}
ジボラン(6)	B_2H_6	D_{2h}	ニド	−164.9	−92.6	36
テトラボラン(10)	B_4H_{10}	C_{2v}	アラクノ	−120	18	58
ペンタボラン(9)	B_5H_9	C_{4v}	ニド	−46.8	60.0	54
ペンタボラン(11)	B_5H_{11}	C_s	アラクノ	−122	65	67(または 93)
ヘキサボラン(10)	B_6H_{10}	C_s	ニド	−62.3	108	71
デカボラン(14)	$B_{10}H_{14}$	C_{2v}	ニド	99.5	213	32

安定なボランの混合物を得，それを真空中で蒸気圧の差を利用して分離した．この方法では B_2H_6 は得られないが，シュトックは B_4H_{10} を加熱分解することにより得た．その後，ハロゲン化ホウ素とアルカリ金属水素化物の反応などにより B_2H_6 が直接合成できるようになり，B_2H_6 の熱分解などにより各種のボランが合成されるようになった．

ジボラン(6)では 8 本の結合がホウ素と水素を結んでおり，通常の 2 電子共有結合を適用すると 16 電子を必要とする．しかし，ホウ素と水素の価電子の合計は 12 で，電子が明らかに不足する．すべてのボランは結合電子が不足するため **"電子不足化合物**（electron deficient compound）**"** とよばれる．

電子不足化合物の結合について最初に合理的な解釈を下したのは米国の **リプスコム**（W. Lipscomb）で，B–H–B の水素架橋に **三中心二電子結合**（three center two

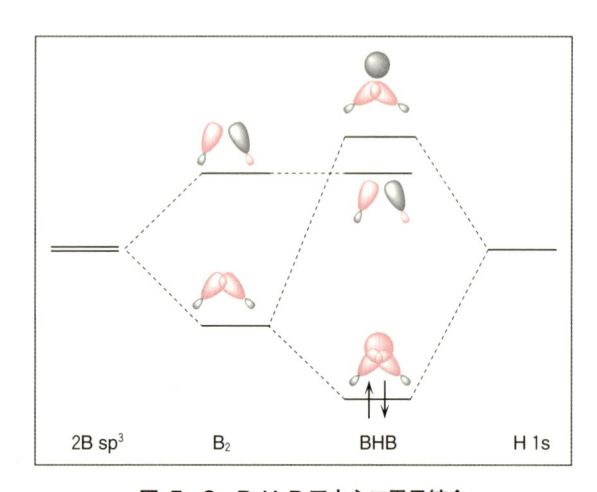

図 5・9　B–H–B 三中心二電子結合

electron bond）の考え方を導入した．これは分子軌道法的な考え方をこの部分に適用したものである．ホウ素まわりの構造はほぼ正四面体になっているのでホウ素にsp^3混成軌道を適用して考える．各ホウ素の末端 B–H 結合には通常の二電子共有結合を適用すると，架橋結合に関与する二つの混成軌道には一つだけ電子が残る．図 5・9 に示すように二つのホウ素の混成軌道一つずつと水素の 1s 軌道の線形結合で三つの軌道ができるが，そのうち一つだけがホウ素，水素の原子軌道より安定な結合性軌道であり，残りの二つが不安定な反結合性軌道になる．したがってこの軌道に 2 電子を収容すると安定な結合となる．3 原子の間で 2 電子を共有しているので，三中心二電子結合（3c2e 結合）とよばれる結合は通常の共有結合に比べると弱い．ジボラン(6)では四つの 2c2e 結合と二つの 3c2e 結合から成り立つため，12 電子が必要となり，価電子の数と一致する．

ペンタボラン(9)以上になると B–B–B に関しても同様の 3c2e 結合を導入することにより，電子不足でないことが示される．ただし，分子構造の対称性を考慮すると共鳴構造式を用いなくてはならず，ペンタボラン(9)では 6 個の共鳴構造式が必要となる．デカボラン(14)に至っては 109 個の共鳴構造式が描ける．

ボランはホウ素と水素の数の関係が $B_nH_{n+2}, B_nH_{n+4}, B_nH_{n+6}$ の 3 種類に分類することができる．ただし，B_nH_{n+2} は二つの水素がプロトンとしてはずれたジアニオン $B_nH_n^{2-}$ として得られる．ウェイドは多くのボランの構造からこの三つの分類と分子構造との間に一定の関係があることを見いだした（**ウェイド則**）．$B_nH_n^{2-}$ は閉じた三角多面体であり，B_nH_{n+4} は $B_{n+1}H_{n+1}^{2-}$ の三角多面体から 1 頂点が抜けて，開いた構造であり，B_nH_{n+6} は $B_{n+2}H_{n+2}^{2-}$ の三角多面体から 2 頂点が取れた構造である．$B_nH_{n+2}, B_nH_{n+4}, B_nH_{n+6}$ の構造をそれぞれ**クロソ**（closo 閉じた），**ニド**（nido 鳥の巣のような），**アラクノ**（arachno クモの巣のような）とよぶ．

図 5・8 の正八面体形クロソクラスの $B_6H_6^{2-}$ から一つの頂点が抜けたニドクラスが四角錐形の B_5H_9，二つ頂点が抜けたアラクノクラスがバタフライ形の B_4H_{10} に相当する．ホスフィンやアミンなどのルイス塩基が付加するとさらに開いた，**ハイホ**（hypho 織ること），**クラド**（clado 枝）などのクラスの化合物も知られている．

ウェイド則は経験則として提案されたが，分子軌道法により，その合理性が証明されている．

ボランがオレフィンへ付加する反応は**ヒドロホウ素化反応**（hydroboration）とよばれるがこの付加反応はマルコフニコフ則に従わない．ボラン部位を他の置換基に容易に替えることができるため，有機合成に広範に使われる．

ボランのホウ素原子を他の原子に置換した化合物ヘテロボランも多数合成されている．炭素に置換した化合物は**カルバボラン**（carbaborane）あるいは**カルボラン**（carborane）とよばれる．デカボラン(14) $B_{10}H_{14}$ の誘導体とアセチレンの反応によりジカルバドデカボラン(12) $C_2B_{10}H_{12}$ が得られるが，これはドデカヒドロ十二ホウ酸(2-)イオン $B_{12}H_{12}^{2-}$ と等電子等構造である．$C_2B_{10}H_{12}$ は炭素の位置関係によって3種類の異性体が考えられるが，二つの炭素原子が隣りあうオルト異性体を 700～800 ℃ で加熱することにより，炭素原子が離れたメタ，パラ異性体ができる．ヘテロ原子としては典型元素だけでなく遷移元素で置き換えられたメタラボランも多数合成されている．

カルバボランは炭素部位で有機物に容易に結合させることができる．ホウ素は中性子を吸収しやすいことを §5・4・6 で述べたが，生体内に取込まれたホウ素に中性子を吸収させると ^{10}B は ^7Li と ^4He に変換し，その際に 2.31 MeV のエネルギーを放出する．このエネルギーは細胞1個を分解するのにちょうどよいエネルギーである．がん細胞にホウ素化合物を導入したあと，中性子を照射してがん細胞を殺す治療法 BNCT（ホウ素中性子捕獲治療法 boron neutron capture therapy）に用いる化合物の原料としてカルバボランの誘導体の開発研究がなされている．

図 5・10　ボラジン $B_3N_3H_6$ の構造

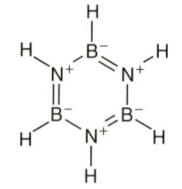

13族のホウ素と15族の窒素が 1:1 で結合すると炭素化合物と類似の化合物ができる．ボラジン $B_3N_3H_6$ は無機ベンゼンとよばれる平面六角形（D_{3h}）の分子である（図 5・10）．反応性はベンゼンより高い．

窒化ホウ素 BN はグラファイト類似の構造をもつ化合物とダイヤモンド類似の構造をもつ化合物の両者が存在する．前者は鍵穴の潤滑剤として利用される．後者はダイヤモンドに次ぐ硬度をもつため，研磨剤として利用できる．

● **アルミニウム，ガリウム，インジウムの反応性と化合物**

アルミニウムは酸にもアルカリにも溶ける両性金属であるが，酸化物皮膜ができるとかなり安定になり，硝酸のような酸化性のある酸には溶解しない．ガリウムも両性金属である．

水酸化アルミニウム(alminium hydroxide) $Al(OH)_3$ を加熱脱水して得られるアルミナ (alumina) Al_2O_3 の結晶は鋼玉（コランダム）とよばれるイオン結晶である．酸素イオンが最密充填してできた正八面体の穴の2/3のサイトに Al^{3+} イオンが入る．3＋と2－の電荷の静電引力はきわめて強いため，水には溶けず，融点が非常に高い．モース硬度9で非常に硬い鉱物であり，エメリー研磨紙（サンドペーパー）に使われるほか，ニューセラミックスとして注目されている．Al^{3+} イオンの位置を遷移金属が占めると，美しく着色した宝石が得られる．Cr^{3+} で置換したものが赤いルビーであり，Fe^{2+} と Ti^{4+} が接近した位置に置換すると青いサファイアになる．

アルミニウムはハロゲン化水素やハロゲンと反応して，3価のハロゲン化アルミニウム AlX_3 を与える．ガリウム，インジウムなどのハロゲン化物もハロゲンとの直接反応で得られる．

$$2Al + 6HCl \longrightarrow 2AlCl_3 + 3H_2$$
$$2Al + 3Cl_2 \longrightarrow 2AlCl_3$$

AlX_3, GaX_3 は分子性の共有結合化合物で二量体 M_2X_6 になっておりジボラン(6)と同じ構造をもつ．架橋ハロゲンの結合は一方のアルミニウムとは共有結合，もう一方のアルミニウムにはハロゲン上の非共有電子対を供与して配位結合したものとして解釈でき，ジボラン(6)のような3c2e結合を考える必要はない．塩化アルミニウム $AlCl_3$ はルイス酸として，有機化学のフリーデルクラフツ反応に利用される．

$GaCl_3$ は Ga 金属と加熱すると均一化反応で $GaCl$ および $GaCl_2$ を生じる．

$$GaCl_3 + 2Ga \longrightarrow 3GaCl$$
$$2GaCl_3 + Ga \longrightarrow 3GaCl_2$$

$GaCl_2$ は実際には $Ga[GaCl_4]$ で Ga^+ と Ga^{3+} の混合物である．

アルミニウムの水素化物はボランと異なり，分子性の化合物が知られていないが，水素化リチウムと塩化アルミニウムの反応で得られる水素化アルミニウムリチウムはヒドリド試薬として有機化学で広範に利用される．還元剤としてのはたらきのほか，有機溶媒の強力な脱水剤としても利用される．

$$4LiH + AlCl_3 \longrightarrow LiAlH_4 + 3LiCl$$

アルキルアルミニウム AlR_3 もハロゲン化アルミニウムと同様，二量体で存在する．架橋アルキル基の sp^3 混成軌道がジボラン(6)の架橋水素の1s軌道と同じようにはたらき，三中心二電子結合を形成しているとして結合が説明される．アルキルアルミニウムと $TiCl_3$ などの遷移金属ハロゲン化物との混合生成物はオレフィン低圧重合のチーグラー–ナッタ触媒として重要である（§6·3·6参照）．

5・5 14族元素（炭素族）

5・5・1 名称，発見および単離

▶ $_6$C 炭素 carbon

　元素名　ラテン語の carbo（木炭）にちなんで命名された．

　発　見　先史時代からグラファイト，ダイヤモンド，石炭などで発見されている．

　1770年，ラヴォアジェ（仏）がダイヤモンドも空気中で燃焼することを示した．

　1985年，クロトー（英），スモーリー（米）がグラファイトの気化により新しい同素体のフラーレン C_{60} を発見した．

▶ $_{14}$Si ケイ素 silicon

　元素名　ラテン語の silex, silicis（火打ち石）から命名された．日本語名はもともと，珪素が使われていた．珪は古代中国の儀式に用いた玉器をさす．

　発　見　石英（SiO_2）とケイ酸塩は有史以前から知られていた．

　単　離　1811年，ゲー・リュサックとテナール（仏）が四フッ化ケイ素 SiF_4 をカリウムとともに加熱して不純なアモルファスシリコンを得た．

　1824年，ベルセリウス（スウェーデン）が K_2SiF_6 をカリウム還元し，水で繰返し洗って純度の高いアモルファスシリコンを得る．

　1852年，サント・クレール・ドヴィルが結晶性シリコンを得る．

▶ $_{32}$Ge ゲルマニウム germanium

　元素名　ラテン語の Germania（ドイツの古名）にちなみ，ヴィンクラー（独）が命名した．メンデレーエフがエカケイ素として予言した元素に相当する．

　発　見　1886年，ヴィンクラーが前年に発見された新鉱物アルジロダイト（Ag_8GeS_6）の徹底した元素分析により，銀，硫黄以外に7％の不足分があることを見いだした．ヒ素あるいはアンチモンと類似した性質をもつ新元素の硫化物を塩酸酸性で得た．

　単　離　1886年，ヴィンクラーが硫化物を水素気流中で加熱して単体を単離した．

▶ $_{50}$Sn スズ tin

　元素名　アングロサクソン語 tin に由来する．元素記号の Sn はラテン語の stannum（古くは銀と鉛の合金を指していたが，4世紀以後はスズに対する言葉となる）から．日本語ではかつては錫と表記していた．

5・5　14 族元素（炭素族）　　147

発見・単離　古代エジプト，フェニキア，ギリシャ，ローマ人などによって使われており，聖書にも記されている．スズ石 SnO_2 がただ一つの重要なスズを含む鉱石であり，古代人にこれが知られていたに違いない．

▶ $_{82}$Pb　鉛　lead

元素名　アングロサクソン語に由来する．元素記号の Pb はラテン語の plumbum から．

発見・単離　元素は古代から知られていた．1200 B.C. にはすでに金属として単離されていた．聖書ヨブ記には鉛を筆記用材として記している．

5・5・2　一般的概観

14 族元素の各種データを表 5・16 および表 5・17 に掲げた．14 族元素は最外殻の電子配置が ns^2np^2 であるため，化合物中で酸化数 4 を取りやすい．スズ，鉛では不活性電子対効果により +2 も取りうる．炭素は非金属であり，下にいくほど金属性が増す．ケイ素，ゲルマニウムは半導体，鉛は金属である．スズは金属と非金属の多形を示す．電気陰性度は 1.90 から 2.55 の範囲であるため，共有結合性の化合物を

表 5・16　14 族元素の電子配置，イオン化エネルギー，電気陰性度

元素	電子配置	イオン化エネルギー/kJ mol^{-1}					電気陰性度（ポーリング）
		第一	第二	第三	第四	第五	
C	[He]$2s^22p^2$	1086.2	2352	4620	6222	37827	2.55
Si	[Ne]$3s^23p^2$	786.5	1577.2	3231.4	4355.5	16091	1.90
Ge	[Ar]$3d^{10}4s^24p^2$	762.1	1537	3302	4410	9020	2.01
Sn	[Kr]$4d^{10}5s^25p^2$	708.6	1411.8	2943.0	3930.2	6974	1.96
Pb	[Xe]$3f^{14}5d^{20}6s^26p^1$	715.5	1450.4	3081.5	4083	6640	2.33

表 5・17　14 族元素の融点，沸点，気化熱，密度，原子半径，イオン半径

元素	融点/°C	沸点/°C	気化熱/kJ mol^{-1}	密度/g cm^{-3}	原子半径/pm	イオン半径/pm	
						E^{2+}	E^{4+}
C（グラファイト）	3530	4830†	710.9	2.260	77		260(C^{4-})
Si	1410	2355	383.3	2.329	117		26
Ge	937.4	2830	334.3	5.323	123	90	272(Ge^{4-})
Sn(β)	262.0	2270	290.4	7.310	141	93	74
Pb	327.5	1740	179.4	11.35	175	132	84

† 昇華

つくりやすい．炭素は多重結合をつくりやすくダイヤモンド構造と多重結合を含むグラファイト構造の多形を示すが，ケイ素ゲルマニウムはダイヤモンド構造のみである．スズはダイヤモンド構造と金属の多形を示す．

5・5・3 自然界における存在

表5・18に14族元素の自然界における存在度を示す．

表 5・18 14族元素の太陽系，地殻，海水，人体中の元素存在度

元素	太陽系原子数†	地殻/ppm	海水/ppm	人体/ppm
C	10 100 000	480	28	17 000
Si	1 000 000	277 100	4.09	14
Ge	119	1.8	0.000 007 00	0.07
Sn	3.82	2.2	0.000 0058	0.4
Pb	3.15	14	0.000 001	1.7

† ケイ素原子 10^6 個に対する原子数．

🔴 **炭素**は宇宙においては水素，ヘリウムに次いで多い元素である．地殻中では元素単体として，ダイヤモンド（金剛石），グラファイト（黒鉛，石墨）が少量産出するが大部分は石灰石 $CaCO_3$，マグネサイト $MgCO_3$，苦灰土（ドロマイト）$CaMg(CO_3)_2$ などの炭酸塩や，石油，石炭のような化石燃料として存在する．大気中には約0.38%の二酸化炭素 CO_2 が存在するが，温室効果ガスとしても重要である．この量は地殻中の全炭素約 2×10^{16} トンのわずか0.003%に過ぎないが，生物を通しての炭素循環系で重要な役割を果たしている．二酸化炭素が石灰石に固定される場合も，サンゴや貝類などの生物の寄与が大きい．成人の体には有機物として約1.2kgの炭素を含んでいる．

🔴 **ケイ素**は酸素との結合が強く，単体で産出することはない．地殻を構成するケイ酸塩岩石の主要成分であるため，地殻中の存在度は酸素についで大きい．

🔴 **ゲルマニウム・スズ**の地殻での存在度はずっと少なくなるが，**鉛**はウランなどの放射性崩壊の最終生成物であり，存在度は高くなる．

5・5・4 元素単体の単離・製造

🔴 **グラファイト**（黒鉛：graphite）は雲母や石英と混じって産出するため，密度の差を利用して不純物と分け，さらにフッ化水素で処理してケイ素成分を揮発性の SiF_4

にして除く．グラファイトを人工的につくるには，ケイ砂と炭素から炭化ケイ素（カーボランダム）SiC をつくり，これを高温で加熱して，ケイ素成分を気化させてつくる．

$$3C + SiO_2 \xrightarrow{加熱} SiC + 2CO$$

$$SiC \xrightarrow{2500\,°C} C(グラファイト) + Si(g)$$

ダイヤモンド（diamond）は常温常圧では準安定状態で，グラファイトの方が安定である．しかしいったんダイヤモンドができると結合の組替えに大きな活性化エネルギーを必要とするため，実際には常温ではグラファイトに変化するようなことはない．グラファイトからダイヤモンドをつくるには，高温高圧を要する．図 5・11 は炭素の状態図を示す．天然のダイヤモンドは地中深いところでできたものが，マントルの上昇によってグラファイトに変化する前に地表近くに表れたものである．人工的には，ニッケルや鉄などを触媒として高温高圧でグラファイトから合成するほか，メタンやメタノールなどをフィラメント上で加熱するなどの方法により，ダイヤモンド薄膜をつくる技術が開発されている．これはグラファイトを経由する経路ではないから低圧でも可能になっている．

炭素繊維はアクリロニトリル $CH_2=CHCN$ のポリマー繊維を無酸素状態で加熱してつくられるもので，炭素が複雑に結合している．

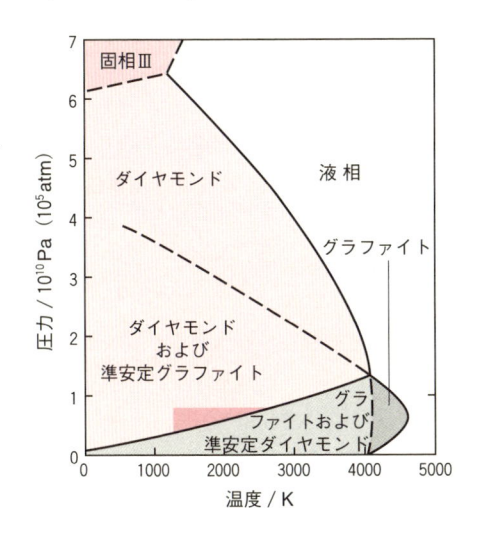

炭素の同素体の安定な温度，圧力条件を示している．▮ は人工ダイヤモンドを製造するときに用いられる条件

図 5・11 炭素の状態図

炭素の新しい同素体として，1985 年に C_{60}, C_{72} などの**フラーレン**（fullerene）が単離された．これは宇宙の炭素化合物の起源を探るために，英国の化学者クロトー，米国のスモーリーらがグラファイトにレーザーを照射して質量分析により得た．その後大量合成の方法が開発されている．カーボンナノチューブとよばれる細長い筒状の分子も 1991 年飯島澄男らにより開発されている．

🔴 単体の**ケイ素**を取出す鉱石としては石英やケイ砂 SiO_2 が利用される．

SiO_2 をコークスと加熱することにより，ケイ素の単体が得られる．カーボランダム SiC の副生成を防ぐために SiO_2 を過剰にしておく必要がある．

$$SiO_2 + 2C \longrightarrow Si + 2CO$$

エレクトロニクス産業で IC などの半導体として利用するケイ素は高純度である必要があり，ケイ素と塩素の反応で四塩化ケイ素 $SiCl_4$ をつくり，蒸留により生成してから，マグネシウムや亜鉛でケイ素に再び還元する．さらに引き上げ法による単結晶化，帯融解法により高純度（99.999 999 9 %）にする．

🔴 **ゲルマニウム**には特別な鉱石はなく，亜鉛精錬の煙道のちりや石炭灰から回収される．そのプロセスは複雑であるが，最終的に酸化ゲルマニウム GeO_2 にしてから 500 ℃ で水素還元することにより単体が得られる．

$$GeO_2 + 2H_2 \longrightarrow Ge + 2H_2O$$

🔴 **スズ**の鉱石はスズ石 SnO_2 が利用され，高温での炭素還元により金属が得られる．不純物として鉄を含む場合が多く，粗製金属を融解して空気を吹き込むことにより，鉄を酸化物に変えて除く．

🔴 **鉛**の鉱石は方鉛鉱 PbS で，空気中で加熱することにより酸化鉛 PbO にしてから，コークスまたは一酸化炭素によって炉の中で還元することにより金属鉛が得られる．

$$2PbS + 3O_2 \longrightarrow 2PbO + 2SO_2$$
$$2PbO + C \longrightarrow 2Pb + CO_2$$

また PbS の一部を空気酸化してから，空気を遮断して加熱すると，PbS と PbO が反応して鉛が得られる．

$$3PbS \longrightarrow PbS + 2PbO \longrightarrow 3Pb + SO_2$$

このようにして得られる液体の鉛には多くの金属が不純物として含まれるが，鉛の凝固点近くまで温度を下げると Cu, Zn, Ag, Au などが固化してくる．As, Sb, Sn など

5·5　14族元素（炭素族）

は，空気を吹き込んで As_2O_3, Sb_2O_3, SnO_2 などに酸化すると，融解した鉛の表面に浮かんでくるので機械的に取除くことができる．

5·5·5　元素単体の構造

🔶 **炭素**にはダイヤモンド（金剛石），グラファイト（黒鉛），フラーレン，カーボンナノチューブなどの同素体が存在する．このうち，ダイヤモンド，グラファイトはそれぞれ単一の物質であるがフラーレン，カーボンナノチューブはそれぞれ一群の物質の総称であって，単一の物質ではない．図5・12にはダイヤモンド，グラファイト，C_{60} フラーレン，カーボンナノチューブの例の構造を示している．

ダイヤモンドはすべての炭素が正四面体に結合を伸ばしている．したがって sp^3 混成軌道で説明できる．C–C 距離は 1.54 Å でエタンなどの単結合 C–C 距離と一致する．面心立方格子（立方最密充填）に配置された炭素原子の正四面体の穴の一つおきに炭素原子が配置されている．すなわち，閃亜鉛鉱（ZnS）型構造（図3・5(b)）の2種類の元素が1種類になった構造とみなすことができる．正四面体に原子が配置される場合，この面心立方格子だけでなく，六方晶系に配置されることも

(a) ダイヤモンド

(b) グラファイト（黒鉛）

(c) C_{60} フラーレン

(d) カーボンナノチューブ

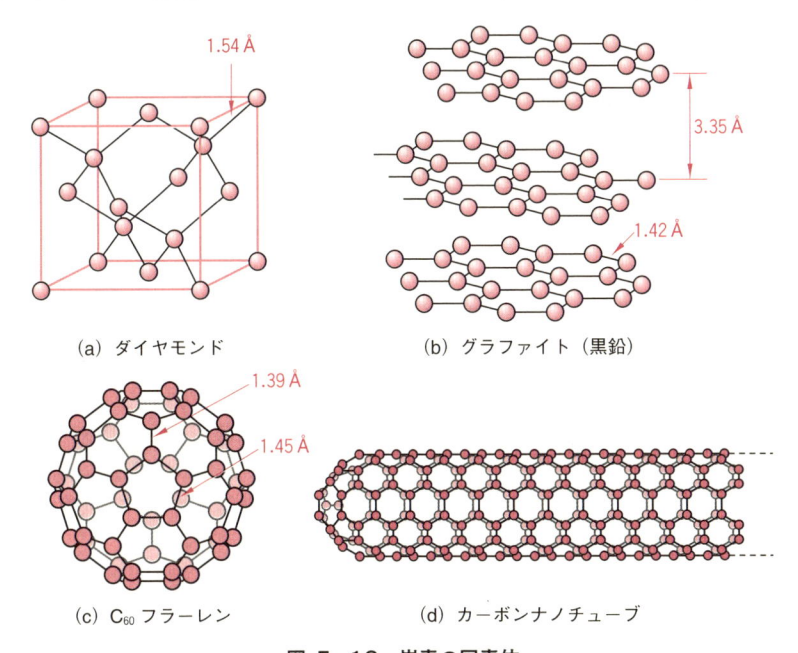

図 5・12　炭素の同素体

可能であり六方晶系のダイヤモンドも存在するがまれである.

ダイヤモンドは無色透明で屈折率が大きい．絶縁体であるが，すべての原子が共有結合で強く結合しているために，熱伝導はすべての物質の中で最大である．格子欠陥がある場合には有色になる.

グラファイトはベンゼン環と同じ正六角形の炭素が層状に無限に広がっており，その結合は sp^2 混成軌道で説明できる．層に垂直にはり出した p 軌道の電子が π 電子として非局在化しており，グラファイトの導電性をもたらしている．C-C 距離は 1.42Å でベンゼン中の C-C 距離と一致する．層間隔は 3.35Å で直接の共有結合はなく，ファンデルワールス力で結合している．下の層の原子の配置は上の層の原子の配置とはずれており，一つおきに重なる原子と重ならない原子がでてくる．3 層目の原子の並びは 1 層目とすべて重なる.

フラーレンは，宇宙空間に存在する直線分子 $HC_{2n+1}N$ の起源を調べるためのクロトーとスモーリーの共同研究によって，レーザーでグラファイトを気化する際に生じる分子として 1985 年に見いだされた．質量分析計で偶数個の炭素原子からなる分子イオンが多数見いだされ，さらに，条件を制御することにより C_{60} および C_{70} が選択的に得られることが見いだされた．C_{60} は正二十面体の 12 個の頂点を切り落とした I_h の点群をもつ切頭二十面体（サッカーボール）の構造をしており，20 個の六員環と 12 個の五員環から成り立つ．多数の六角形の組合せで球形の建築物を設計したバックミンスター・フラーにちなんで最初はバックミンスターフラーレンと名付けられたが，その後，このように六員環と五員環から成り立つ閉じたかご状の分子を単にフラーレンとよぶようになった．C_{72} は 25 個の六員環と 12 個の五員環から成り立つ D_{5h} 対称の楕円体の分子である．ヘリウムガス雰囲気下でグラファイトの放電によりできるすすの中にも多種類のフラーレンが見いだされている.

炭素数によってフラーレンの六員環の数は変わるが，五員環の数は常に 12 個である．立体の頂点の数 V，稜の数 E，面の数 F の関係を表すオイラーの式 $F+V=E+2$ からこのことは容易に証明できる.

C_{60} フラーレンはほぼ球形の分子であるため，結晶状態では球の最密充填構造をとるが，結晶格子のすきまにカリウムなどのアルカリ金属が挿入した化合物 M_3C_{60} は超伝導体になることが知られている.

その後，飯島澄男は炭素原子がグラファイトのシートを丸めたような細長い分子ができることを見いだした．管の直径がナノメートル（nm；1nm＝10Å）程度になるため，**カーボンナノチューブ**とよばれている．グラファイトと同じように非局在

化したπ電子の系になり，電気的，磁気的に特異な性質が期待され，また管の内部にいろいろな物質を取込むことができるため，広範な利用が見込まれている．

◪ **ケイ素，ゲルマニウム**の結晶構造はダイヤモンド構造のみでグラファイト構造のように多重結合をもつ結晶構造はとらない．非晶質のアモルファスシリコン（ケイ素）は太陽電池などに利用されている．

◪ **スズ**は 13.2℃ 以下でダイヤモンド構造の α スズ（灰色スズ），13.2℃ 以上で，金属光沢をもつ β スズになる．これは正方晶系で電気伝導性をもち金属である．161℃ で γ スズに相転位するが，これも金属性である．β スズから α スズへの相転移では低温で大きな構造変化を伴うため，時間がかかる．その際には結晶粒子が粉末になってしまい，原形を保てなくなるため，**スズペスト**とよばれる．

鉛は立方最密充填構造（面心立方格子）をとる．

5・5・6 元素単体の用途

◪ **グラファイト**は黒色の固体で，非金属ではあるが電気伝導性をもつ．六員環炭素のシートの上下に広がるπ電子がシート内で自由に動き回れることによる．酸やアルカリに強いため，アルミニウムの電解精錬のように金属を使うことができない場合の電気分解やマンガン電池などの電極材料として利用されている．シート間の結合はファンデルワールス力であるため，軟らかく，層間でずれたりはがれたりしやすい．この性質と電気伝導性を利用してモーターのブラシに使われる．黒色鉛筆の芯はグラファイトと粘土を焼結させたもので，グラファイトの黒色とはがれやすさを利用している．

ダイヤモンドはあらゆる物質の中で最も硬く（モース硬度 10），無色であるが，屈折率が大きく，表面のカットにより，美しく輝くため，宝石として利用される．また，ガラス切りや岩石の切断などに用いられ，人工ダイヤモンドがこの分野で大量に消費されている．絶縁体であるにもかかわらず熱伝導性はすべての物質中で最大であり，半導体基板などに薄膜の利用が期待されている．

フラーレンはアルカリ金属化合物が超伝導化合物になるため，その用途が期待されいる．カーボンナノチューブも電気材料，磁気材料としての用途が見込まれるほか，ナノテクノロジー分野での利用が期待され研究されている．

◪ **ケイ素**単体は銀白色で金属光沢をもつが金属ではなく，半導体である．高純度のケイ素に 13 族や 15 族の元素を少量添加することにより半導体の特性を制御して利

用される．非晶質のケイ素（アモルファスシリコン）は太陽光発電に利用される．またシリコーン樹脂の原料として利用される．

ケイ素は酸素との結合力が強いため，製鉄の際に，鉄に結合している酸素を完全に除くために大量に使用されている．その場合，ケイ素単体である必要はなく，鉄とケイ素の合金フェロシリコン FeSi が利用される．これはスクラップ鉄とコークスによって二酸化ケイ素を還元してつくられる．

$$SiO_2 + Fe + 2C \longrightarrow FeSi + 2CO$$

🔸 **ゲルマニウム**もケイ素と同様，半導体としてトランジスターなどに利用される．

🔸 **スズ**を鉄板にメッキをしたものがブリキであり，腐食しにくいため缶詰などに利用される．スズ合金の材料としても用途が多い．はんだはスズと鉛の合金で凝固点降下によりそれぞれの単体の融点より低い融点をもち，導線を密着させるのに手軽に利用できる．銅像などに使われる青銅は銅とスズ，食器に使われるピューターはスズ，アンチモン，銅の合金である．単体でも融点が 262 ℃ で低いため，鋳造品の置物などの製造に使われる．また融解スズは板ガラスの製造にも使われる．スズの融点は温度の標準としても利用される．

🔸 **鉛**は軟らかい金属で，加工が容易であるため，水道の鉛管などに利用されていたが，毒性の問題から，現在は鉄管や塩化ビニル管に替えられている．薬品に対する耐性から，かつては化学実験室の流し台の内張にも使われていた．生産される鉛の半分は自動車の鉛蓄電池に用いられている．鉛蓄電池の負極は Pb，正極は PbO_2，電極支持グリッドとして Pb-Sb または Pb-Ca 合金が使われている．鉛は密度が大きいため，銃弾や各種のおもりに使われ，また放射線を通しにくいため，放射線防護板などに使われる．鉛とスズの合金は上で述べたようにはんだとして使われる．鉛を含むガラスは屈折率が高く，カットガラス（切り子ガラス）に使われる．ペンキの顔料として，Pb_3O_4（赤色），$Pb_3(CO_3)_2(OH)_2$（白色），$PbCrO_4$（黄色：クロムイエロー）などが使われている．

5・5・7　化学的性質と化合物

● 水 素 化 物

14 族元素はすべて水素との間で共有結合の化合物をつくる．特に炭素の水素化物は**炭化水素**（hydrocarbon）とよばれる．炭素は分子内で同一元素で結びついていく能力（カテネーションという）がすべての元素中で最大であり，鎖状，環状の膨大

5・5　14族元素（炭素族）

な数の化合物を与える．またその誘導体も含めて有機化学が対象とする分野であり，本書では取上げない．

ケイ素の水素化物は**シラン**（silane）とよばれる．飽和炭化水素に相当する Si_nH_{2n+2} の組成をもつ鎖状シラン（$n=1 \sim 8$）および環状シラン Si_nH_{2n}（$n=5, 6$）が知られている．不飽和結合をもつシランはかさ高い有機置換基を含むものでしか知られていない．第2周期元素がp軌道どうしの重なりによるπ結合をつくりやすいのに対して，第3周期以降ではつくりにくいことに対応している．かさ高い置換基の存在はいったん形成した多重結合が他の試薬により攻撃されることを防ぐ役割がある．

シランはケイ化マグネシウム Mg_2Si と硫酸またはリン酸との反応で混合物として得られる．

$$2Mg + Si \longrightarrow Mg_2Si \xrightarrow{H_2SO_4} SiH_4, Si_2H_6, Si_3H_8, Si_4H_{10}, Si_5H_{12}, Si_6H_{14}$$

また，Si_nCl_{2n+2}（$n=1, 2, 3$）と水素化アルミニウムリチウム $LiAlH_4$ との反応で SiH_4, Si_2H_6, Si_3H_8 が選択的に合成できる．

$$SiCl_4 + LiAlH_4 \longrightarrow SiH_4$$

ケイ素あるいはフェロシリコン（鉄ケイ素合金）と HX あるいは RX との反応で**ハロゲノシラン類**が合成される．

$$Si + 3HCl \longrightarrow SiHCl_3 + H_2$$
$$Si + 2MeCl \longrightarrow MeSiHCl_2 + H_2 + C$$

表5・19にいくつかのシランの物理的性質を示す．

炭素を含む結合エネルギーとケイ素を含む結合エネルギーの比較を表5・20に示す．C-C，C-H に比べて Si-Si，Si-H 結合エネルギーはわずかに小さいが，ハロゲンなどの電気陰性度の高い原子との結合エネルギーは対応する炭素に比べると大きい．一般にケイ素化合物は相当する炭素化合物に比べるときわめて反応性が高い．

表 5・19　シランの物理的性質

	融点/℃	沸点/℃	密度(20℃)/g cm^{-3}		融点/℃	沸点/℃	密度(20℃)/g cm^{-3}
SiH_4	−184.7	−111.8	0.68(−185℃)	n-Si_5H_{12}	−72.8	153.2	0.827
Si_2H_6	−132.5	−14.3	0.686(−25℃)	n-Si_6H_{14}	−44.7	193.6	0.847
Si_3H_8	−117.4	53.1	0.739	n-Si_7H_{16}	−30.1	226.8	0.859
n-Si_4H_{10}	−89.9	108.1	0.792	$cyclo$-C_5H_{10}	−10.5	194.3	0.963
i-Si_4H_{10}	−99.2	101.7	0.793	$cyclo$-C_6H_{12}	16.5	226	—

表 5・20　結合エネルギー〔単位: kJ mol^{-1}〕

X	C	Si	H	F	Cl	Br	I	O—	N<
C–X	368	360	435	453	351	293	216	～360	～305
Si–X	360	340	393	565	381	310	234	452	322

その理由としては，結合エネルギーの違いよりは，① ケイ素の原子半径が大きいため，親核試薬の攻撃を受けやすい，② Si-X 結合の極性が高い，③ 空の d 軌道が比較的低いエネルギーで存在するために，1：1 あるいは 1：2 の付加物をつくりやすく，それが反応中間体になりやすい，などの理由が重要である．

シランは強い還元剤であり，空気中で燃え，塩素中で爆発し，アルカリ水溶液中では容易に加水分解される．

ゲルマニウムの水素化物，**ゲルマン**（germane）Ge_nH_{2n+2} も $n=1〜5$ で単離される．シランより不燃性で，加水分解しにくい．**スタンナン**（stannane）SnH_4，**プルンバン**（plumbane）PbH_4 はスズ，鉛の唯一の水素化物である．SnH_4 は $SnCl_4$ と $LiAlH_4$ の反応で合成される．PbH_4 については不安定で詳しいことはわかっていない．

● **ハロゲン化物**

14 族元素のハロゲン化物は共有結合性の分子で，四面体結合をつくる．**四フッ化炭素** CF_4 はきわめて安定で，潤滑剤，溶媒，絶縁体として有用である．クロロフルオロ炭化水素は**特定フロン**とよばれ，反応性が低く，毒性がないことから，冷蔵庫やエアコンの冷媒，エアロゾルの噴射剤として広範に用いられていたが，成層圏のオゾン層破壊の原因物質であることがわかり 1987 年のモントリオール議定書により使用と製造が禁止されている．

四塩化炭素（carbon tertachloride）CCl_4 は溶媒として，実験室でも工業的にも広範に利用されている．二硫化炭素 CS_2 または CH_4 と Cl_2 の反応で得られる．

ホスゲン（phosgene：**塩化カルボニル**ともいう）$COCl_2$ は毒性が高く取扱いには十分な注意が必要であるが，有機合成の原料として重要である．BCl_3 と等電子で平面三角形 C_{2v} 対称をもつ．

ケイ素または炭化ケイ素 SiC はすべてのハロゲンと反応して無色の SiX_4 を生成する．いずれも蒸気圧，反応性が高い．

四フッ化ケイ素 SiF_4 は CF_4 に比べると不安定で，アルカリによって容易に加水分解される．

5・5　14族元素（炭素族）

$$SiF_4 + 8OH^- \longrightarrow SiO_4^{4-} + 4F^- + 4H_2O$$

ケイ酸塩やガラスとフッ化水素酸を反応させると，生成する SiF_4 は HF と反応して $H_2[SiF_6]$ を生じる．これも揮発性である．

四塩化ケイ素 $SiCl_4$ は蒸留により精製してから半導体シリコンをつくる原料として大量に生産されている．$SiCl_4$ は水と反応して**ケイ酸** $Si(OH)_4$ になる．

$$SiCl_4 + 4H_2O \longrightarrow Si(OH)_4 + 4HCl$$

SiX_4 の同族体 Si_nX_{2n+2} は対応するシラン Si_nH_{2n+2} より安定であり，フルオロポリシランでは $Si_{14}F_{30}$ まで知られている．

ゲルマニウム，スズ，鉛では MX_2 と MX_4 のハロゲン化物が知られている．PbX_2 は PbX_4 より安定である．$PbBr_4$ と PbI_4 は知られていない．Pb^{4+} の酸化力と Br^-，I^- の還元力のために Pb(II) になってしまうためであろう．

ハロゲン化ゲルマニウム GeX_4 はハロゲン化水素酸と GeO_2 の反応で得られる．$GeCl_4$ と $GeBr_4$ は簡単には加水分解しない．GeF_2 は GeF_4 と Ge とを 150～300 ℃ で加熱して得られる．

$$GeO_2 + 4HX \longrightarrow GeX_4 + 2H_2O$$

● **酸　化　物**

🔸 炭素の酸化物は $CO, CO_2, C_3O_2, C_5O_2, C_{12}O_9$ の 5 種類が知られる．このうち，CO，CO_2 は非常に安定であり，特に重要である．また，$C_{12}O_9$ は昇華性の白い固体であるが，メリト酸 $C_6(CO_2H)_6$ の無水物であって，無機化合物というよりは有機化合物に分類したほうがよい．

一酸化炭素（carbon monoxide）CO は水への溶解度が小さい中性の酸化物である．炭素化合物の不完全燃焼で容易に生成するが，ギ酸を濃硫酸で脱水することにより合成できる．

$$HCOOH \xrightarrow{H_2SO_4} CO + H_2O$$

一酸化炭素を燃焼させると大量の熱が発生するため，燃料としても重要である．
赤熱したコークスと水の反応によって生成する CO と H_2 の混合気体は**水性ガス**とよばれ，かつて都市ガスとして広範に用いられた．

$$C + H_2O \xrightarrow{赤熱} CO + H_2$$

一酸化炭素は還元剤として重要であり，金属酸化物の精錬に利用される．

$$Fe_2O_3 + 3CO \longrightarrow 2Fe + 3CO_2$$
$$CuO + CO \longrightarrow Cu + CO_2$$

CO は N_2 と等電子であり，三重結合をもつ．炭素上の非共有電子対を通して多くの遷移金属に配位することができる．CO が配位した金属化合物は**金属カルボニル**とよばれる．$Cr(CO)_6$, $Ni(CO)_4$ などのように中心金属が 0 価などの低酸化状態のもので安定な化合物ができる（§6・1・2参照）．

一酸化炭素は低濃度でも中毒をひき起こすことが知られている．O_2 と結合する赤血球中のヘモグロビンの鉄原子に O_2 より強く結合するため，体内での酸素補給が低下するため，中毒症状をもたらす．

二酸化炭素 CO_2 は炭素化合物の完全燃焼により得られる．また**炭酸ナトリウム**（sodium carbonate）Na_2CO_3 や**炭酸カルシウム**（calcium carbonate）$CaCO_3$ のような炭酸塩また**炭酸水素ナトリウム**（sodium hydrogen carbonate）$NaHCO_3$ のような炭酸水素塩と酸との反応で得られる．

$$Na_2CO_3 + 2HCl \longrightarrow 2NaCl + H_2O + CO_2$$
$$NaHCO_3 + HCl \longrightarrow NaCl + H_2O + CO_2$$

CO_2 は対称心をもつ直線状分子で $D_{\infty h}$ の対称性をもつ．炭素の sp 混成軌道を用いてその結合を説明できる．すなわち，180°反対方向に伸びた炭素の二つの sp 混成軌道と二つの酸素原子の p 軌道が σ 結合を形成し，分子軸に垂直方向に互いに直交して伸びる炭素の二つの p 軌道に含まれる p 電子が酸素上の不対 p 電子と π 結合を形成し，O=C=O という結合を形成していると考えることができる．

二酸化炭素は酸性酸化物であり，水に溶解して**炭酸**（carbonic acid）H_2CO_3 を生じる．炭酸は，pK_{a1}, pK_{a2} がそれぞれ 6.37, 10.33 の弱酸であり，解離して炭酸水素イオン HCO_3^-，炭酸イオン CO_3^{2-} を生じる．CO_3^{2-} は平面正三角形の構造 D_{3h} をとる．BF_3, NO_3^- などと等電子・等構造であり，sp^2 混成軌道と共鳴構造式を用いて説明できる．

二酸化炭素は石灰水（$Ca(OH)_2$ の飽和水溶液）またはバリタ水（$Ba(OH)_2$ 水溶液）に作用させると不溶性の炭酸塩を生じるので，容易に検出できる．さらに CO_2 を通じると可溶性の炭酸水素塩ができるため，沈殿は消える．石灰岩の地層に生じる鍾乳洞，鍾乳石，石筍などは炭酸カルシウムと二酸化炭素の可逆的反応によって長い年月をかけてできたものである．

5・5　14族元素（炭素族）

$$Ca(OH)_2 + CO_2 \longrightarrow CaCO_3 + H_2O$$
$$CaCO_3 + CO_2 + H_2O \rightleftarrows Ca(HCO_3)_2$$

二酸化炭素の変角振動は地球表面からの黒体放射で重要な赤外領域に幅広い吸収帯をもつため，温室効果ガスとして地球温暖化の元凶とされているが，地球上の生命活動に欠かせない物質である．植物が光合成により二酸化炭素と水からグルコース $C_6H_{12}O_6$ にする際に太陽エネルギーを化学エネルギーに変換しており，ほとんどの生物はそのグルコースを燃焼して二酸化炭素と水に変換するさいに生じるエネルギーで活動している．

$$6CO_2 + 6H_2O \xrightarrow{光} C_6H_{12}O_6 + 6O_2$$
$$C_6H_{12}O_6 + 6O_2 \longrightarrow 6CO_2 + 6H_2O + エネルギー$$

アルコール発酵でも二酸化炭素を生じる．

$$C_6H_{12}O_6 \longrightarrow 2C_2H_5OH + 2CO_2$$

二酸化三炭素（亜酸化炭素） C_3O_2 は，マロン酸 $CH_2(COOH)_2$ を減圧下 $140\,°C$ で P_4O_{10} で脱水することにより得られる直線分子で，$D_{\infty h}$ の対称性をもつ．原子間距離は O=C=C=C=O の結合に矛盾しない．室温では重合してしまう不安定な化合物である．

二酸化五炭素 C_5O_2 は C_3O_2 あるいは $cyclo$-1,3,5-$C_6O_3(N_2)_3$ の熱分解で得られるが，$-90\,°C$ 以上で分解する．O=C=C=C=C=C=O の構造をもつ．

🔴 **ケイ素**の酸化物は**シリカ** SiO_2 のほかに，高温で SiO_2 と Si の反応により生成する SiO があるが，不安定で，SiO_2 と Si に不均化する．その際に生じる SiO_2 は密度の小さい，繊維状シリカ（W-SiO_2）である（W は whisker を意味する）．

$$SiO_2 + Si \xrightarrow{1300\,°C} 2SiO \longrightarrow W\text{-}SiO_2 + Si$$

炭素は酸素と二重結合をつくることができたために，CO_2 は分子として存在するが，ケイ素と酸素は二重結合をつくることができず，四面体の SiO_4 が酸素原子を共有して三次元的に無限につながるポリマー構造を形成する．Si-O の結合は共有結合として記述されるが，電気陰性度の差は $3.5-1.8=1.7$ でかなり大きく，イオン結合性もかなり含まれる．シリカには**石英型**，**鱗ケイ石型**，**クリストバル石型**の三つの型が存在する．さらに，それぞれは低温型と高温型で異なる構造をとる．これらの構造の違いは四面体のつながり方による．非晶質の石英も石英ガラスとして利用される．シリカは可視光線および紫外線を吸収しないため，プリズム，レンズなどの光学部品や光ファイバーなどに欠かせない．

高温型　β石英 $\underset{}{\overset{867\,°C}{\rightleftarrows}}$ β鱗ケイ石 $\underset{}{\overset{1470\,°C}{\rightleftarrows}}$ βクリストバル石 $\underset{}{\overset{1713\,°C}{\rightleftarrows}}$ 液体 SiO_2

　　　　　　$\updownarrow$ 573 °C　　　　$\updownarrow$ 120〜260 °C　　　$\updownarrow$ 200〜280 °C

低温型　α石英　　　　α鱗ケイ石　　　　αクリストバル石

図 5・13 は石英の結晶構造を示す．水晶は石英の結晶の大きなものである．石英中では SiO_4 の四面体がらせんの配列をとり，左巻きのものと右巻きのものが存在し，結晶としては右水晶，左水晶として別々に得られる．不斉原子をもたないが，らせん軸のため光学活性である．対称心をもたない結晶は変形することにより結晶の両端に電気が生じる圧電性（ピエゾエレクトリック）をもつ．水晶時計は水晶の音叉(おんさ)の振動子による一定周波数の交流を，ぜんまい時計の調速機である振り子やテンプの代わりに利用したものである．

αおよびβクリストバル石はそれぞれ正方晶系，立方晶系であり，鱗ケイ石は六方晶系構造をとる．クリストバル石と鱗ケイ石の関係は閃亜鉛鉱とウルツ鉱の関係と同じである．

シリカはいずれも反応性に乏しいが，酸性酸化物であり，アルカリと反応して**ケイ酸塩**（silicate）を生じる．またアルカリ金属の炭酸塩とシリカを融解してケイ酸塩をつくることができる．

$$SiO_2 + NaOH \longrightarrow Na_4SiO_4 \text{ および } (Na_2SiO_3)_n$$

ケイ酸ナトリウム（水ガラス）Na_4SiO_4 は SiO_4^{4-} が独立したイオンとして存在し，水溶性である．

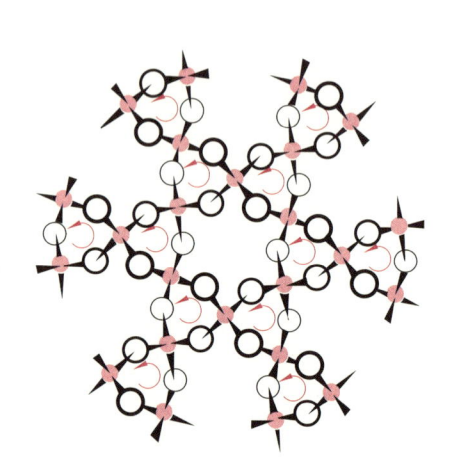

図 5・13　石英 SiO_2 の構造
（白抜きの球は酸素原子を示し，赤矢印はらせんの向きを示す）

5・5 14族元素（炭素族）

天然のケイ酸塩は地殻を形成する重要な鉱物として存在し，SiO_4^{4-} 四面体が孤立しているオルトケイ酸塩，$Si_2O_7^{2-}$ の単位をもつピロケイ酸塩，環状の $(SiO_3)_n^{2n-}$ 単位をもつ cyclo-ケイ酸塩，鎖状の $(SiO_3)_n^{2n-}$ 単位をもつ鎖状ケイ酸塩，シート状の $(Si_2O_5)_n^{2n-}$ を含む板状ケイ酸塩など多くの構造をとりうる．

また，AlO_4 四面体が SiO_4 四面体の間に酸素を共有して入り込んだアルミノケイ酸塩（alumino silicate）は3次元のネットワークをつくることもでき，ネットワークの空隙に陽イオンや多量の水を含んだ沸石（**ゼオライト**：zeolite）などもできる．ゼオライトは加熱して結晶水を除いても，3次元のネットワークが保たれ，一定の大きさの穴をもつため，穴の径より小さい分子のみ収着することができる分子ふるいとしての性質をもつ．また結晶水を除いたものは脱水剤として利用される．図5・14 に示したリンデ社のA型ゼオライトは $Na_{12}(AlO_2)_{12}(SiO_2)_{12} \cdot 27H_2O$ の組成をもつ人工ゼオライトであり，無機イオン交換体としてはたらくため，硬水軟化剤として洗剤に混ぜ大量に利用されている．

🔶 GeO_2, SnO_2, PbO_2 は酸性度が周期表の下にいくほど低下し，SnO_2 および PbO_2 は両性である．GeO, SnO, PbO は二酸化物に比べ，塩基性が高い．GeO は酸性であるが，SnO および PbO は両性である．鉛は赤色の混合酸化物 Pb_3O_4（鉛丹）を生じる．PbO_2 は鉛蓄電池に，PbO は鉛ガラスに，Pb_3O_4 はペンキの顔料などに利用される．

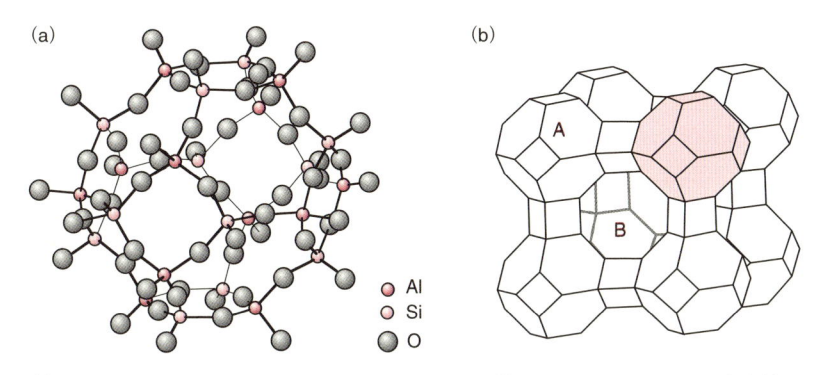

(a) ゼオライトの構成単位であるソーダライト単位構造．O-Si-O，O-Al-O を直線で表すと正八面体の頂点を切り落とした切頭八面体［(b) の赤い立体］になる．(b) 切頭八面体Aの8個が八つが組合わさってできるゼオライト構造．Aに囲まれてたより大きな空間Bができる．アルカリ金属と水はこの骨格の内部の空間に配置される

図 5・14　A型ゼオライトの構造

● 窒 化 物

炭素の窒化物では**シアン化物(cyanide)イオン** CN^- およびその誘導体が特に重要である．CN 基はハロゲンと似ているため**擬ハロゲン**(pseudohalogen) とよばれる．ほかに OCN, SCN, SeCN, N_3 なども擬ハロゲンに含まれる．

アルカリ金属のシアン化物は金属アミドや炭酸塩から高温反応で大量に合成されている．

$$NaNH_2 + C \longrightarrow NaCN + H_2$$
$$Na_2CO_3 + 4C + N_2 \longrightarrow 2NaCN + 3CO$$

CN^- は CO や N_2 と等電子で三重結合を含む．炭素原子で配位し，多くの遷移金属と安定な錯体を形成する．CO と同様ヘモグロビンと強く結合するため，毒性が高い．ヘキサシアノ鉄(II)酸イオン $[Fe(CN)_6]^{4-}$ およびヘキサシアノ鉄(III)酸イオン $[Fe(CN)_6]^{3-}$ は錬金術の時代から知られる安定な錯体である．シアノ錯体は銀や金の抽出精錬に欠かせない．たとえば，空気の存在下で金はジシアノ錯体を形成してシアン化ナトリウム溶液に溶解する．この抽出液を亜鉛で還元することにより，金が回収される．

$$2Au + 4NaCN + H_2O + \frac{1}{2}O_2 \longrightarrow 2Na[Au(CN)_2] + 2NaOH$$
$$2Na[Au(CN)_2] + Zn \longrightarrow 2Au + Na_2[Zn(CN)_4]$$

Cu^{2+} イオンはシアン化物イオンを酸化し，**シアン（ジシアン）**$(CN)_2$ を生成する．同時に生成するシアン化銅(I) は過剰のシアン化物イオンと反応して**シアノ錯体**を生じる．

$$2Cu^{2+} + 4CN^- \longrightarrow 2CuCN + (CN)_2$$
$$CuCN + 3CN^- \longrightarrow [Cu(CN)_4]^{3-}$$

シアン $(CN)_2$ は $D_{\infty h}$ の直線構造をもつ分子で N≡C-C≡N で表される．

シアン $(CN)_2$ はアルカリ溶液中で不均化反応をしてシアン化物イオン CN^- とシアン酸イオン NCO^- を生じる．

$$(CN)_2 + 2OH^- \longrightarrow CN^- + NCO^- + H_2O$$

NCO^- は CO_2 と等電子・等構造で $C_{\infty v}$ 直線構造をとり，$O=C=N^-$ と表すことができる．

シアン化水素（hydrogen cyanide：**青酸**ともいう）HCN はシアン化ナトリウムを酸と反応させたり，ギ酸アンモニウム NH_4HCO_2 の脱水などで合成される．水素結合のため，沸点は 25.6 °C と異常に高く，非水溶媒として利用されるが毒性はきわめて高いため，取扱いは困難である．

5・6 15族元素（窒素族）
5・6・1 名称，発見および単離

▶ $_7$N　窒素　nitrogen

元素名　硝酸カリウム（硝石）を意味する nitre から命名された．日本語の窒素はドイツ語の Stickstoff（窒息する物質）の訳語．

発見・単離　1772 年，ラザフォード（原子核を発見したラザフォードとは別人）により単離された．同時期にスウェーデンのシェーレ，英国のキャヴェンディッシュ，プリーストリ（Priestley）らがフロギストン化された空気として研究している．ラヴォアジェは窒素を元素として最初に認め，azote（without life）と命名した．

▶ $_{15}$P　リン　phosphorus

元素名　ギリシャ語の光をもたらすものを意味する phosphoros から命名．日本語ではかつては燐と表記された．

発見・単離　1669 年，錬金術師ブラントが尿から単離しているが，1770 年ころまで秘密にされていた．

1770 年，スウェーデンのガーンとシェーレが骨から単離した．

▶ $_{33}$As　ヒ素　arsenic

元素名　鉱石，雄黄(ゆうおう) As_2S_3 を意味するギリシャ語の arsenikon，ラテン語の arsenicum から命名された．日本語ではかつては砒素と表記された．

発　見　アリストテレスの時代に arsenic として言及されているが，これは多分 As_2O_3（亜ヒ酸）のこと．

単　離　1250 年，マグヌスが単体を単離した．

1520 年，錬金術師のパラケルススが単離法を記述した．

▶ $_{51}$Sb　アンチモン　antimony

元素名　ギリシャ語の anti-monoso（孤独嫌い）が語源と考えられている．元素記号 Sb はラテン語の stibium（輝安鉱 Sb_2S_3）に基づく．

発　見　アンチモン化合物はマスカラとして使われるなど，古代から知られていた．

1707 年，レムリ（仏）が単体として正しく記述した．

▶ $_{83}$Bi　ビスマス　bismuth

元素名　ドイツ語の白色の塊を意味する Weisse Masse の短縮形 Wismuth に由来するラテン語の bisemutum から命名された．

発　見　天然に元素単体として産出するので，かなり昔から知られていた．最初の記載は 1505 年，フォン・カルベが鉱山書の中ですでに知られていたものとして Wysmudertz という語を記している．18 世紀ころまで，ビスマスを鉛と同じであると一般には考えられていた．しかし，カルベと同時代のアグリコラはその著 "De Re Metallica" の中で，"'白い鉛（スズ）' とも '黒い鉛（鉛）' ともよんではならず，両者と異なる第三のもの" と記しており，天然のビスマス（自然蒼鉛）からの溶融や鉱石の木炭による還元でビスマスを得る方法をいくつか記載している．

鉛とビスマスの違いを最終的に証明したのはフランスのジョフロア（弟）で，1753 年に鉛とビスマスとには 10 の類似点があるが，両者は明白に区別できると指摘した．

グーテンベルグの印刷機には最初は真ちゅうの活字が用いられていたが，1450 年ころから，ビスマス合金から活字が鋳造されるようになった．

5・6・2　一般的概観

15 族元素の種々のデータを表 5・21, 22 に掲げた．基底状態の電子配置はいずれも最外殻で ns^2np^3 であり，原子価は 3 または 5 を取りやすい．窒素以外の単体はすべて固体である．窒素は三重結合をもつ二原子分子 N_2 として存在する．14, 15, 16 族元素では第 2 周期の元素は多重結合をつくりやすいことが，第 3 周期以下と大きく異なる．これは周期表の下の大きな原子では，原子間距離が大きくなるため，結合軸に垂直方向に伸びる p 軌道どうしの重なりが小さくなるため，π 結合ができにくくなることが大きな要因である．また，加えて，周期表の下にいくに従って，金属性が増大してくるため，同族元素でも単体の性質は相当に異なる．

表 5・21　15 族元素の電子配置，イオン化エネルギー，電気陰性度

元素	電子配置	イオン化エネルギー/kJ mol^{-1}						電気陰性度（ポーリング）
		第一	第二	第三	第四	第五	第六	
N	[He]$2s^22p^3$	1402.3	2856.1	4578.0	7474.9	9440.0	53265.6	3.04
P	[Ne]$3s^23p^3$	1011.7	1903.2	2912	4956	6273	21268	2.19
As	[Ar]$3d^{10}4s^24p^3$	947.0	1798	2735	4837	6042	12305	2.18
Sb	[Kr]$4d^{10}5s^25p^3$	833.7	1794	2443	4260	5400	10400	2.05
Bi	[Xe]$4f^{14}5d^{10}6s^26p^3$	703.2	1610	2466	4372	5400	8520	2.02

5・6　15族元素（窒素族）

表 5・22　15族元素の融点，沸点，気化熱，密度，原子半径，イオン半径

元素	融点/°C	沸点/°C	気化熱/kJ mol^{-1}	密度/g cm^{-3}	原子半径/pm	イオン半径/pm E^{3+}	イオン半径/pm E^{5+}
N	−209.9	−195.8	5.577	0.88(l)	71		
P(P$_4$)	44.2	280	51.9	1.82	93	212(P^{3-})	
As(α)	817	616†	31.9	5.78	125	69	46
Sb	630.7	1635	67.91	6.691	182	89	62
Bi	271.3	1610	179.1	9.747	155	96	74

† 昇華

5・6・3　自然界における存在

表 5・23 に 15 族元素の自然界における存在度を示した．

表 5・23　15族元素の太陽系，地殻，海水中の元素存在度

元素	太陽系原子数†	地殻/ppm	海水/ppm	人体/ppm
N	3 130 000	25	0.54	25 000
P	10 400	1000	0.084	11 000
As	6.56	1.5	0.001 75	0.1
Sb	0.309	0.2	0.0003	1.5
Bi	0.144	0.048	0.000 000 04	0.007

† ケイ素原子 10^6 個に対する原子数．

🟥 **窒素**は地球上では空気中の窒素として存在するほか，チリ硝石 NaNO$_3$，硝石 KNO$_3$ などとして産出するが，地殻中での存在度は高くない．生物体内で，アミノ酸，タンパク質，核酸の塩基などの構成元素として重要である．

🟥 リンの鉱物としてはアパタイト（リン灰石）Ca$_5$X(PO$_4$)$_3$(X = F, Cl, OH) が重要である．また高等動物の体内には骨や歯などにヒドロキシアパタイト Ca$_5$(OH)(PO$_4$)$_3$ として含まれるが，Ca^{2+} が Na$^+$ に置換したり，PO$_4^{3-}$ が CO$_3^{2-}$ に置換するなどしていて，組成は単純ではない．また遺伝情報伝達物質である DNA，RNA，エネルギー代謝に関与する ATP，ADP などにも含まれ，ヒトの場合，乾燥重量の 1.58％ を占め，硫黄についで 7 番目に多い元素である．

🟥 **ヒ素**は単体としてごくまれに産出することはあるが，ヒ素鉱石としては，鶏冠石 As$_4$S$_4$，石黄（雄黄）As$_2$S$_3$，硫ヒ鉄鉱 FeAsS などが重要である．

◆ アンチモンの鉱石，輝安鉱 Sb_2S_3 は黒光りのする剣状の結晶として発見されることが多い．かつて四国の市ノ川鉱山で産出した巨大な結晶は，世界各国の科学博物館に展示されている．

◆ ビスマスは単体でも産出するが，輝蒼鉛鉱 Bi_2S_3，蒼鉛華 Bi_2O_3 が鉱石として産出する．

5・6・4 元素単体の単離・製造

◆ 窒素は大気中の主成分（約 80 %）であり，液体空気の分別蒸留により分離される．同時に生産される酸素は製鉄業で大量に使われ，窒素はどちらかというと副産物として得られる．

実験室で窒素を製造する方法として，亜硝酸アンモニウム NH_4NO_2 を加熱する方法，アンモニアをさらし粉などで酸化する方法，アジ化ナトリウム NaN_3 を熱分解する方法などが知られているが，実際には高圧ガスボンベや液体窒素が利用される．アジ化ナトリウムの熱分解は爆発的に起こるので自動車のエアバッグに利用されている．

$$NH_4NO_2 \longrightarrow N_2 + 2H_2O$$
$$4NH_3 + 3Ca(OCl)_2 \longrightarrow 2N_2 + 3CaCl_2 + 6H_2O$$
$$2NaN_3 \longrightarrow 3N_2 + 2Na$$

◆ リンはリン灰石をシリカおよび炭素と 1400〜1500 ℃ で加熱することにより白リン P_4 として得られる．下式はリン灰石を形式的に $Ca_3(PO_4)_2$ として表したものである．

$$2Ca_3(PO_4)_2 + 6SiO_2 + 10C \longrightarrow 6CaSiO_3 + 10CO + P_4$$

空気を遮断して加熱すると白リンから赤リンに変化する．

◆ ヒ素の単体 As_4 は硫ヒ鉄鉱 $FeAsS$ やヒ化ニッケル $NiAs$ などの金属ヒ化物を加熱することにより昇華して出てくる．このとき，空気は遮断しておく必要がある．

$$4FeAsS \longrightarrow As_4 + 4FeS$$

石黄などの硫化物を空気中で加熱することにより，三酸化二ヒ素（亜ヒ酸）As_2O_3 に変えてから，炭素または水素で還元することによっても得られる．

$$2As_2S_3 + 9O_2 \longrightarrow 2As_2O_3 + 6SO_2$$
$$2As_2O_3 + 3C \longrightarrow 3CO_2 + As_4$$

◆ アンチモンは硫化アンチモンを鉄と加熱することにより，還元できる．

$$Sb_2S_3 + 3Fe \longrightarrow 2Sb + 3FeS$$

また ZnS 鉱石中に微量成分として存在し，鉱石を焼くときに副産物として Sb_2O_3 が得られ，これを炭素還元しても得られる．

◆ ビスマスは銅，亜鉛，鉛などの製錬のさいの副産物として得られる酸化ビスマス Bi_2O_3 を炭素で加熱還元して得られる．

5・6・5 元素単体の構造

◆ 窒素は三重結合をもつ二原子分子 N_2 として存在する．窒素の同素体は知られていなかったが，2004年に高温高圧で窒素原子が単結合で結合したダイヤモンドと同じような構造をとることが見つかった．

◆ リンは白リン（黄リン），赤リン，黒リンなどの多形をとる．白リンは正四面体 T_d 対称の P_4 分子が結晶化したものである．P-P 間は単結合で非共有電子対を一つずつもつと考えることができる．結合角が 60° しかないため，ひずみが大きく，非常に不安定で，発火性が高い．そのため水中で保存する必要がある．高温，低圧では P_4 は 2 分子の P_2 と解離平衡にある．P_2 は N_2 と同じように P≡P 三重結合をもつ分子である．空気を遮断して白リンを加熱すると常温，常圧で安定な非晶質の赤リンに変化する．その構造はよくわかっていないが P_4 の結合の一つが切れて図 5・15(a) のような構造をとっていると考えられている．リンを高温高圧で処理するとさらに安定な黒リンを生じる．黒リンの結晶構造は図 5・15(b) に示すような複雑な層状結晶構造をもっている．いずれのリン原子も 3 本の単結合で結合している．温度，圧力により黒リンは 4 種類の構造をとり，単純立方格子の黒リンも知られている．

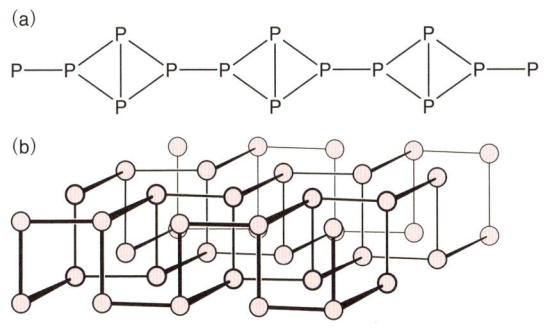

図 5・15 赤リン (a) と黒リンの構造 (b)

- ヒ素も正四面体の As_4 分子が結晶化したもののほかに，黒リンと同様の構造（ヒ素型構造とよばれる）のものがあり，こちらの方が安定である．

- アンチモンも蒸気を急冷すると Sb_4 分子から成り立つ黄色の結晶が得られるが，室温でヒ素型の金属状の安定な同素体に変わる．半金属で電気抵抗はかなり高い．

- ビスマスのヒ素型の結晶構造をもつ半金属である．

5・6・6　元素単体の用途

- **窒素（二窒素）** N_2 はきわめて反応性の低い気体であり，不活性ガスとして金属工業や実験室で用いられる．液体窒素は寒剤として大量に利用されている．

　肥料や硝酸の原料として重要なアンモニア NH_3 は触媒を用いて窒素と水素から直接合成される（**ハーバー-ボッシュ法**）．

$$N_2 + 3H_2 \longrightarrow 2NH_3$$

　窒素と炭化カルシウム（カルシウムカーバイド）CaC_2 は直接反応してシアナミドカルシウム $CaNCN$ ができる．これは遅効性の肥料として利用される．

$$N_2 + CaC_2 \longrightarrow CaNCN + C$$

- **リン**の大部分は酸化して純粋な**リン酸**（phosphoric acid）H_3PO_4 を製造するために使われる．

$$P_4 + 5O_2 \longrightarrow P_4O_{10}$$
$$P_4O_{10} + 6H_2O \longrightarrow 4H_3PO_4$$

マッチの材料である P_4S_3 はリンと硫黄の直接反応させて得られる．

- **ヒ素**は毒性のため利用範囲は限られる．鉛に混ぜることにより鉛の強度を増すことができる．ヒ化ガリウム $GaAs$ は半導体として利用される．またケイ素にヒ素を混ぜることによりn型半導体ができる．そのときにはアルシン（系統名はアルサン）AsH_3 が利用される．

- **アンチモン**は単体として用いられることはないが，合金成分としては広範に利用される．鉛にアンチモンを10％混ぜた Pb-Sb 合金は，強度が増すため，鉛蓄電池の極板の補強グリッドとして使われる．アンチモンの結晶構造は，通常の金属と比べると複雑で，液体から固体に変わるときに体積が増加するまれな物質であり，Pb-Sn-Sb 合金は凝固のさいに体積変化がほとんどゼロになるように調製されて活字合金として大量に使われていた．

5・6・7 化学的性質と化合物
● 水 素 化 物
　15族の元素はいずれも MH_3 型の揮発性水素化物つくる．周期表の下にいくほど不安定になる．IUPACの命名法では**アザン，ホスファン，アルサン，スチバン，ビスムタン**になるが，従来からの**アンモニア，ホスフィン，アルシン，スチビン，ビスムチン**の方がよく使われている．

　アンモニア（ammonia）NH_3 は実験室ではアンモニウム塩を水酸化ナトリウムで加熱してつくる．

$$NH_4Cl + NaOH \longrightarrow NaCl + NH_3 + H_2O$$

カルシウムカーバイド CaC_2 から合成されるシアナミドカルシウム $CaCN_2$ の加水分解でも合成できる．$CaCN_2$ は石灰窒素として肥料に使われる．

$$CaC_2 + N_2 \longrightarrow CaCN_2 + C$$
$$CaCN_2 + 5H_2O \longrightarrow CaCO_3 + 2NH_4OH$$

　工業的には窒素と水素から合成する．

$$N_2 + 3H_2 \rightleftarrows 2NH_3$$

この反応は発熱反応であり，ルシャトリエの原理から高圧，低温が有利であるが，反応速度の問題から**ハーバー–ボッシュ法**で鉄およびモリブデンを含む触媒を用いて，200気圧，550℃ の条件で合成されている．

　豆科植物と共生する根粒バクテリアではニトロゲナーゼとよばれる酵素を用いて常温で効率よく空気中の窒素をアンモニアなどに還元している．ニトロゲナーゼは鉄とモリブデンを含むタンパク質である．

　ホスフィン（系統名はホスファン）PH_3 は，① AlP, Ca_3P_2 などの金属リン化物の加水分解，② 亜リン酸 H_3PO_3 の熱分解，③ ヨウ化ホスホニウム PH_4I のアルカリ加水分解，④ 三塩化リン PCl_3 の金属水素化物による還元，⑤ 白リンのアルカリ加水分解などで合成できる．

$$① \ Ca_3P_2 + 6H_2O \longrightarrow 2PH_3 + 3Ca(OH)_2$$

② $4H_3PO_3 \xrightarrow{200\,°C} PH_3 + 3H_3PO_4$

③ $P_4 + 2I_2 + 8H_2O \longrightarrow 2PH_4I + 2HI + 2H_3PO_4$

$PH_4I + KOH(aq) \longrightarrow PH_3 + KI + H_2O$

④ $PCl_3 + 3LiH \longrightarrow PH_3 + 3LiCl$

⑤ $P_4 + 3KOH + 3H_2O \longrightarrow PH_3 + 3KH_2PO_2$

アルシン(アルサン)AsH_3,スチビン(スチバン)SbH_3,ビスムチン(ビスムタン)BiH_3 も金属との二元化合物 $Zn_3As_2, Mg_3Sb_2, Mg_3Bi_2$ などと水または希酸との反応で合成できる.

$$Mg_3Sb_2 + 6HCl \longrightarrow 3MgCl_2 + 2SbH_3$$

15族の水素化物はいずれも非共有電子対を一つもち,C_{3v} 対称の三角ピラミッド構造をとる.結合角度は周期表の下に行くほど 90°に近くなる.表5・24は15族元素の水素化物の物理的性質を比較している.

アンモニアは液体状態では水素結合により分子間で結合するため,融点,沸点ともに他の水素化物に比べて高い.アンモニアは弱い塩基であり,水に溶解してアンモニウムイオン NH_4^+ を生じ,HCl のような酸と反応してアンモニウム塩を生じる.

$$NH_3 + H_2O \rightleftharpoons NH_4^+ + OH^-$$
$$NH_3 + HCl \longrightarrow NH_4Cl$$

アンモニアは多くの遷移金属イオンと配位化合物を形成する.また非水溶媒としても利用される.アンモニアにアルカリ金属が溶解すると溶媒和電子が安定化され,青い溶液が得られる.さらにアルカリ金属を溶解させると金色の金属光沢をもつ溶液になる.

$$Na + NH_3 \longrightarrow [Na(NH_3)_n]^+ + [e^-(NH_3)_m]$$

ホスフィンの塩基性はアンモニアより弱く,無水状態でのみ HCl,HI と反応してホスホニウム塩をつくる.

表 5・24 15族元素の水素化物の物理的性質の比較

	NH_3	PH_3	AsH_3	SbH_3	BiH_3
融点/°C	−77.8	−133.5	−116.3	−88	—
沸点/°C	−34.5	−87.5	−62.3	−18.4	16.8
密度/g cm^{-3}	0.683(−34°C)	0.746(−90°C)	1.640(−64°C)	2.204(−18°C)	—
ΔH_f°/kJ mol^{-1}	−46.1	−9.6	66.4	145.1	277.8
M-H/pm	101.7	141.9	151.9	170.7	—
∠H-M-H	107.8°	93.6°	91.8°	91.3°	—

$$PH_3 + HI \longrightarrow PH_4I$$

窒素はアンモニア以外にも N_2H_2, N_3H, N_3H_3, N_3H_5, …, N_9H_3 など多くの水素化物をつくるが**ヒドラジン**(hydrazine) N_2H_4 が最も重要である．ヒドラジンはニカワやゼラチンを添加したアンモニア水を次亜塩素酸ナトリウム NaOCl で酸化して合成される（ラッシヒ法）．

$$NH_3 + NaOCl \rightleftharpoons NH_2Cl + NaOH$$
$$2NH_3 + NH_2Cl \rightleftharpoons NH_2NH_2 + NH_4Cl$$

ヒドラジンはアルカリ溶液中で還元剤としてはたらく．

$$NH_2NH_2 + 2I_2 \longrightarrow 4HI + N_2$$
$$NH_2NH_2 + 2O_2 \longrightarrow 2H_2O_2 + N_2$$

酸性溶液中では，還元剤としてはたらくこともある．

$$NH_2NH_2 + Zn + 2HCl \longrightarrow 2NH_3 + ZnCl_2$$

ヒドラジンはメチル誘導体 $MeNHNH_2$, Me_2NNH_2 とともに誘導ミサイルやスペースシャトルなどのロケット燃料として使われる．そのさいの酸化剤としては N_2O_3, O_2, H_2O_2, HNO_3, F_2 などが用いられる．

アジ化水素(hydrogen azide) HN_3 は爆発性の化合物であるが，水溶液中では安定である．弱酸であり，塩基とアジ化物を生成する．**アジ化ナトリウム**は亜酸化窒素 N_2O とナトリウムアミド $NaNH_2$ の反応で合成できる．

$$N_2O + NaNH_2 \longrightarrow NaN_3 + H_2O$$

アジ化ナトリウムの分解は爆発的に起こるので自動車のエアバッグを瞬間的に膨らませるために利用されている．

$$2NaN_3 \longrightarrow 3N_2 + 2Na$$

アジ化鉛 $Pb(N_3)_2$ も雷管に利用されてきた．

ヒドロキシルアミン NH_2OH は硝酸塩または亜硝酸塩を SO_2 で還元したり，電気分解によって合成できる．アンモニアより弱い塩基であり，穏やかな還元剤として作用するが，ヒドラジンと同じように，条件によっては酸化剤としてもはたらく．

● **ハロゲン化物**

窒素のハロゲン化物は擬ハロゲンである N_3 基との間での化合物 XN_3 とアンモニアの置換生成物 NX_3 がある．前者は**アジ化フッ素** FN_3, **アジ化塩素** ClN_3, **アジ化臭素** BrN_3, **アジ化ヨウ素** IN_3 で，きわめて不安定で爆発性である．後者は**三フッ化窒素** NF_3, **三塩化窒素** NCl_3 および**三臭化窒素** NBr_3 が知られている．NI_3 は単離され

ていないが，アンモニアとの付加物が知られている．

三フッ化窒素 NF_3 はアンモニアとフッ素とを銅触媒で反応させて合成できる安定な気体である．

$$4NH_3 + 3F_2 \xrightarrow{Cu} NF_3 + 3NH_4F$$

三塩化窒素 NCl_3 は爆発性の液体である．水分で容易に加水分解し，次亜塩素酸 HOCl を生じるため小麦粉の漂白殺菌に大規模に使われるが，その目的には NH_4Cl の酸性溶液を電気分解して得たものが使われる．

$$NCl_3 + 3H_2O \longrightarrow NH_3 + 3HOCl$$

また亜塩素酸ナトリウムと反応して ClO_2 を生成する．

$$NCl_3 + 6NaClO_2 + 3H_2O \longrightarrow 6ClO_2 + 3NaCl + 3NaOH + NH_3$$

三臭化窒素 NBr_3 は BrCl によるビストリメチルシリルブロモアミンの臭素化によって合成された．この化合物も低温でのみ安定である．

$$(Me_3Si)_2NBr + 2BrCl \longrightarrow NBr_3 + 2Me_3SiCl$$

リン，ヒ素，アンチモンの三ハロゲン化物は容易に加水分解し，3価の酸素酸（亜──酸）を生じる．

$$PCl_3 + 3H_2O \longrightarrow H_3PO_3 + 3HCl$$

窒素は d 軌道が使えないため五ハロゲン化物をつくることができないが，PF_5, PCl_5, PBr_5, AsF_5, SbF_5, $SbCl_5$ などが知られている．いずれも D_{3h} 対称の三方両錐型構造をとる．さらにハロゲン化物イオンを受け入れて $[PF_6]^-$ や $[PCl_6]^-$ などの正八面体陰イオンを与える．PCl_5 などが加水分解するときにはリン酸を生じる．

$$PCl_5 + 4H_2O \longrightarrow H_3PO_4 + 5HCl$$

五フッ化アンチモン SbF_5 とフルオロ硫酸 HSO_3F を混ぜると，$H^+[F_5SbOSO_2F]^-$ などの化学種ができ，硫酸より強い酸となる．**超強酸**（superstrong acid）または**超酸**（super acid）とよばれ，メタンをプロトン化して CH_5^+ カルボカチオンを生成したり，アルカンから H^- を引き抜いてカルベニウムイオンを生じるなどの作用がある．$HF-SbF_5$ などの組合わせも超強酸となる．

● 酸 化 物

🔴 **窒素**は広範囲の酸化物をつくるが，いずれも熱力学的には不安定な化合物で，窒素と酸素の直接の反応で合成することはできない．エンジンなどの空気を用いる高温酸化では少量の窒素酸化物（公害問題では NO_x ノックスとよばれる）が生じる．

5・6 15族元素（窒素族）

また雷などの高圧放電でも窒素が酸化されて窒素酸化物ができる．酸化数が低いものは中性酸化物であるが，酸化数の高いものは酸性酸化物である．表 5・25 に窒素酸化物の種類と酸化数，名称，構造，特徴を示す．

一酸化二窒素 N_2O は，硝酸アンモニウム NH_4NO_3 をおだやかに加熱してつくることができる気体で，中性酸化物である．笑気として麻酔剤に使われる．またアジ化物の製造に利用される．

$$NH_4NO_3 \longrightarrow N_2O + 2H_2O$$
$$N_2O + NaNH_2 \longrightarrow NaN_3 + H_2O$$

一酸化窒素 NO は，希硝酸を銅で還元するか，亜硝酸をヨウ化物イオンで還元してつくる．

$$3Cu + 8HNO_3 \longrightarrow 2NO + 3Cu(NO_3)_2 + 4H_2O$$
$$2HNO_2 + 2I^- + 2H^+ \longrightarrow 2NO + I_2 + 2H_2O$$

奇数個の電子をもつため，常磁性の中性酸化物である．酸素と直ちに反応して NO_2 となる．NO は金属錯体中で**ニトロシル配位子**としてはたらく．最近は生体内で，情報伝達，免疫応答，循環器系調節など種々の生理作用に関係していることがわかって

表 5・25 窒素酸化物

化学式	酸化数	名称	構造	対称性	特徴
N_2O	+1	一酸化二窒素（亜酸化窒素）	N—N—O	$C_{\infty v}$	無色の気体（沸点−88.5℃）
NO	+2	一酸化窒素	N—O	$C_{\infty v}$	無色の常磁性気体（沸点 −151.8℃）
N_2O_3	+3	三酸化二窒素	O=N—N(=O)O	C_s	青い固体（融点−100.7℃），気相中で NO と NO_2 に可逆的に解離する
NO_2	+4	二酸化窒素	O=N=O	C_{2v}	褐色の常磁性気体，可逆的に二量化して N_2O_4 になる
N_2O_4	+4	四酸化二窒素	O=N—N(=O)O	D_{2h}	無色の液体．気相中で可逆的に NO_2 に解離する
N_2O_5	+5	五酸化二窒素	$[NO_2]^+[NO_3]^-$	C_{2v}	無色のイオン性固体．32.4℃で昇華して不安定な分子気体になる
NO_3	+6	三酸化窒素	O—N(=O)=O	D_{3h}	不安定な常磁性ラジカル

きた．生体内では，NO 合成酵素により L-アルギニンと酸素から合成されている．

三酸化二窒素 N_2O_3 は NO と NO_2 の反応によって得られる酸性酸化物であり，亜硝酸 HNO_2 の無水物である．

二酸化窒素 NO_2 は赤褐色の有毒気体で，硝酸製造において NO の酸化によって大規模に製造される．硝酸鉛の加熱によって合成される．

$$2Pb(NO_3)_2 \longrightarrow 2PbO + 4NO_2 + O_2$$

NO_2 を凝縮して冷却すると，二量化して無色の固体，**四酸化二窒素** N_2O_4 が得られる．NO_2 は不対電子をもち常磁性であるが，N_2O_4 は不対電子をもたず，反磁性である．N_2O_4 は水に溶解して亜硝酸と硝酸の混合物を生じる．

$$N_2O_4 + H_2O \longrightarrow HNO_2 + HNO_3$$

五酸化二窒素 N_2O_5 は，HNO_3 を P_4O_{10} で脱水してつくられるイオン性の固体 $[NO_2]^+[NO_3]^-$ である．昇華して分子として存在するが不安定である．硝酸の無水物であり，水に溶解して**硝酸** HNO_3 を生じる．

$$N_2O_5 + H_2O \longrightarrow 2HNO_3$$

硝酸は工業的には白金触媒を用いてアンモニアを空気酸化させることにより製造される（オストワルド法）．反応の途中で生じる NO, NO_2 などの窒素酸化物が重要な役割を果たしており，次に示すような多段階の反応で硝酸が生成していく．

$$4NH_3 + 5O_2 \longrightarrow 4NO + 6H_2O \quad ①$$
$$2NO + O_2 \longrightarrow 2NO_2 \quad ②$$
$$3NO_2 + H_2O \longrightarrow 2HNO_3 + NO \quad ③$$

アンモニアを白金触媒により酸化すると NO が生じる（①）．この NO は酸素により酸化され，NO_2 に変化する（②）．NO_2 を水に溶解すると硝酸 HNO_3 を生じる（③）．③で発生した NO は反応②に戻して，再度空気酸化することにより，全ての NO は硝酸に変化する．以上の反応は，(①+②×3+③×2)/4 で，全体で次式のようにアンモニアと酸素から硝酸を生じることになる．

$$NH_3 + 2O_2 \longrightarrow HNO_3 + H_2O$$

こうして得られる硝酸は 60％の濃度であるが，蒸留によって 68％定沸点硝酸が得られる．98％濃硝酸は濃硫酸によって脱水するか，72％硝酸マグネシウムと混ぜて蒸留することによって得られる．

硝酸は完全解離して硝酸イオン NO_3^- を与える．硝酸イオンは三フッ化ホウ素 BF_3，炭酸イオン CO_3^{2-} などと等電子・等構造で平面正三角形 D_{3h} の対称性をもつ．共鳴構造式はつぎのようにかける．

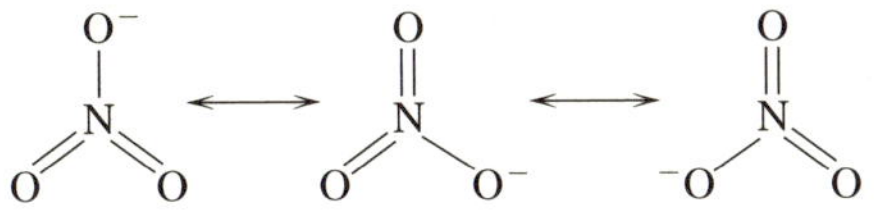

◆ リンの酸化物は白リンを空気酸化することにより得られる. リンは3価の六酸化四リン P_4O_6 および5価の十酸化四リン P_4O_{10} が重要な化合物である. P_4O_6 は空気を制限して燃焼することによって得られる. いずれも酸性酸化物で水に溶解して**亜リン酸**(phosphorous acid) H_3PO_3, **リン酸**(phosphoric acid) H_3PO_4 を生じる.

$$P_4O_6 + 6H_2O \longrightarrow 4H_3PO_3$$
$$P_4O_{10} + 6H_2O \longrightarrow 4H_3PO_4$$

P_4O_{10} は組成式が P_2O_5 となるため, かつては五酸化二リンまたは五酸化リンとよばれていたが, その二量体である. 強力な脱水剤としてさまざまな反応で利用される. 図 5・16 に P_4O_6 および P_4O_{10} の構造を示す. P_4O_6 では各 P 原子上の非共有電子対が放射方向に張り出している.

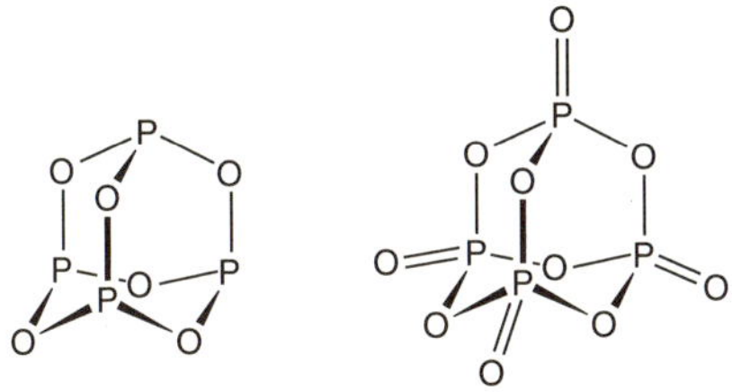

図 5・16 P_4O_6 と P_4O_{10} の構造 (いずれも T_d 対称)

リン酸 H_3PO_4 は三塩基酸としてはたらく (pK_1=2.15, pK_2=7.1, pK_3=12.4).

◆ 六酸化四ヒ素 (亜ヒ酸) As_4O_6 と Sb_4O_6 はヒ素およびアンチモンを空気中で燃焼することによって得られ, As_4O_{10}, Sb_4O_{10} まで酸化するには濃硝酸による酸化が必要である. As_4O_{10}, Sb_4O_{10} を加熱すると酸素を失い As_4O_6 と Sb_4O_6 になる.

5・7 16族元素(酸素族)
5・7・1 名称, 発見および単離
▶ $_8$O **酸素 oxygen**

元素名 ギリシャ語の酸を意味する oxys と形成するものを意味する genes から命名された. ラヴォアジェ (Lavoisier) はすべての酸はこの元素を含んでいると信じていたためこの名前を提唱した.

発見 1774年, 英国のプリーストリがHgOを加熱してO₂を単離. スウェーデンのシェーレもほぼ同時に発見していたが結果の報告が遅れた. ただし二人とも酸素は空気からフロギストンを除いたものと考えていた.

18世紀末になってラヴォアジェが新しい燃焼理論の確立して酸素の位置づけを明確にした.

▶ ₁₆S 硫黄 sulfur

元素名 サンスクリット語 sulvere (火の源) に由来するラテン語の sulphurium から. 英国では長い間 sulphur と表記していたが現在は sulfur を用いる. 日本語の硫黄は中国語から. ただし, 中国の元素名は硫.

発見 古代から知られている. 聖書の創世記にも brime stone として記されている.

▶ ₃₄Se セレン selenium

元素名 先に発見されているテルルに対比してギリシャ語の月を意味する selene にちなんで命名された.

発見 1818年, スウェーデンのベルセリウスが硫酸製造の鉛室の沈殿物から単離. 最初はテルルと思っていたが, より硫黄に近い新物質であることを確認して, テルルに対比して命名した.

▶ ₅₂Te テルル tellurium

元素名 ギリシャ語の地球を意味する tellus から命名された.

発見 1783年, オランダのライヒシュタイン男爵ミュラーが金の鉱物中にアンチモンに類似した新元素らしいものを発見.

1798年, ドイツのクラプロートが新元素であることを確認. テルルと命名.

▶ ₈₄Po ポロニウム polonium

元素名 キュリー夫人の母国であるポーランド (Poland) にちなんで命名された.

発見 1898年, キュリー夫妻がピッチブレンド (瀝青ウラン鉱) から放射能を示す元素を抽出発見したとき, 最初に見いだした元素.

5・7・2 一般的概観

16族元素の種々のデータを表5・26および表5・27に掲げた. 16族元素の電子配置の最外殻は ns^2np^4 で電気陰性度が高いため, E^{2-} のイオン化合物または原子価2の共有結合化合物をつくりやすいが, 硫黄では −2, 0, 2, 4, 6 のように広範囲の酸化数をとりうる. 酸素の電気陰性度はフッ素についで大きく, 多くのイオン化合物を

表 5・26 16族元素の電子配置, イオン化エネルギー, 電気陰性度

元素	電子配置	イオン化エネルギー/kJ mol^{-1}							電気陰性度(ポーリング)
		第一	第二	第三	第四	第五	第六	第七	
O	[He]$2s^22p^4$	1313.9	3388.2	5300.3	7469.1	10989.3	13326.2	71333.3	3.44
S	[Ne]$3s^23p^4$	999.6	2251	3361	4564	7013	8495	27106	2.58
Se	[Ar]$3d^{10}4s^24p^4$	940.9	2044	2974	4144	6590	7883	14990	2.55
Te	[Kr]$4d^{10}5s^25p^4$	869.2	1795	2698	3610	5668	6822	13200	2.10
Po	[Xe]$3f^{14}5d^{10}6s^26p^4$	812	1800	2700	3700	5900	7000	10800	2.0

表 5・27 16族元素の融点, 沸点, 気化熱, 密度, 原子半径, イオン半径

元素	融点/℃	沸点/℃	気化熱/kJ mol^{-1}	密度/g cm^{-3}	原子半径/pm	イオン半径/pm	
						E$^+$	E^{2-}
O	−218.4	−183.0	6.82	1.140†	66	22	132
S	112.8	444.7	9.62	2.07	104	37(S^{4+})	184
Se	217	685	26.32	4.790	215	69(Se^{4+})	191
Te	449.5	990	50.63	6.24	143	97(Te^{4+})	211
Po	254	962	100.1	9.32	167	65(Po^{4+})	230

† 液体 (bp).

形成する. 単体は酸素のみ常温で気体の二原子分子または三原子分子で硫黄以下はすべて固体である. セレンは金属性と非金属性の同素体が存在する.

5・7・3 自然界における存在

表5・28に16族元素の自然界における存在度を示した.

🔸 **酸素**は宇宙における元素の存在度は炭素に次いで4位である. 地殻を構成する成分としては47%を占め, 最も多い. ケイ素やアルミニウムに直接結合してケイ酸塩やアルミノケイ酸塩として含まれる. 大気中にはO_2分子として存在し, 体積比で20%を占める. 地球が生成した当時の始原大気中には酸素は存在しなかったが, 生物の進化で植物の発生により大気中に増加してきた. 二酸化炭素, 水などの蒸気圧の高い化合物としても大気中に存在する. 生体内では水, アミノ酸, タンパク質, カルボン酸, リン酸などに含まれ61%に達し, 最大の成分である.

🔸 **硫黄**は地殻中には単体の硫黄として産出するほか, 金属の硫化物, 硫酸塩鉱物などとして産出する. システインなどの必須アミノ酸の成分であるため, 生物の必須元素である.

表 5・28　16族元素の太陽系，地殻，海水，人体中の元素存在度

元素	太陽系原子数[†]	地殻/ppm	海水/ppm	人体/ppm
O	23 800 000	474 000	857 000	614 000
S	515 000	260	870	2 000
Se	62.1	0.05	0.000 000 165	0.20
Te	4.81	0.005	0.000 000 17	0.01
Po	—	—	—	—

[†] ケイ素原子 10^6 個に対する原子数．

◘ **セレン，テルル**は自然界で単体としても存在するし，鉱物も知られているが，いずれも希薄である．セレンは哺乳動物にとって必須元素である．

◘ **ポロニウム**はウランやトリウムの鉱物中に放射壊変生成物として極微量含まれるのみである．

5・7・4　元素単体の単離・製造

◘ **酸素**（二酸素）O_2 は空気を液化してから低温で分別蒸留して窒素や希ガスと分離する．

　実験室において小スケールでつくるには二酸化マンガン（酸化マンガン(Ⅳ)）MnO_2 を触媒として過塩素酸カリウム $KClO_3$ または過酸化水素 H_2O_2 の分解反応が用いられる．

$$2KClO_3 \xrightarrow{MnO_2/150\,°C} 2KCl + 3O_2$$

$$2H_2O_2 \xrightarrow{MnO_2 \text{など}} 2H_2O + O_2$$

H_2O_2 の分解反応には Fe^{3+} やカタラーゼなども触媒としてはたらく．傷口の消毒にオキシフル（過酸化水素水）を使うと酸素が発生するが，これはカタラーゼのはたらきであり，消毒というよりは土などのゴミを除く役割が大きい．

　酸素の同素体であるオゾン（三酸素）O_3 は O_2 の無声放電によってつくられる．短波長の紫外線を照射することによっても低濃度で生成する．

　成層圏に存在するオゾン層は高度 20～30 km のオゾン濃度が高い領域で，太陽からの紫外線を吸収する重要なはたらきをしている．太陽からの 242 nm 以下の紫外線によって成層圏の O_2 が O 原子に解離し，それが酸素分子と反応してオゾンが生成する．オゾンは 240～320 nm の紫外線を吸収して O_2 と O に解離する．このような反応が定常的に起こるために，オゾンの濃度が一定に保たれる（チャップマン

サイクル). 特定フロンが成層圏で紫外線により分解して塩素原子を放出するとオゾンと反応してしまうため, オゾン層の破壊が起こるが, その機構は複雑である.

🔶 **硫黄**は, かつては火山活動によって生じる硫黄単体が採取され, 利用されていたが, 石油や天然ガスに含まれる硫黄の脱硫によって大量に単離されている. また硫化鉄の焙焼(ばいしょう)によっても得られる.

🔶 **セレン, テルル**は硫化物鉱石中に不純物として少量含まれるものから単離される. また, 銅の電解精錬の際に生じる陽極泥から白金, 金, 銀などとともに得られる. 陽極泥を炭酸ナトリウムとともに高温で加熱し, 水に可溶性の Na_2SeO_3, Na_2TeO_3 にする. これに硫酸を作用すると, セレンは亜セレン酸 H_2SeO_3 として溶解し, テルルは二酸化テルル TeO_2 として沈殿することを利用してセレンとテルルを分離する. H_2SeO_3 を二酸化硫黄 SO_2 で還元することによりセレン単体を得る.

$$H_2SeO_3 + 2SO_2 + H_2O \longrightarrow Se + 2H_2SO_4$$

また TeO_2 は, 水酸化ナトリウム水溶液に溶解し, 再び $NaTeO_3$ にしてから電気分解で還元することによりテルル単体が得られる.

$$Na_2TeO_3 + H_2O \longrightarrow Te + 2NaOH + O_2$$

5・7・5 元素単体の構造

🔶 **酸素**は二酸素 O_2 と三酸素の**オゾン** O_3 が同素体として知られる.

O_2 は二重結合をもち, 常磁性のビラジカル分子であり, 反応活性が高い. 磁性については§2・2・3で分子軌道法を用いて説明した. O_2 は無色であるが, 液体および固体の O_2 は薄い青色をしている. 2分子で 634 nm の1光子を吸収するために青く着色する.

オゾンは折れ曲がった構造 C_{2v} をもつ. ∠O-O-O は 117.79°, O-O 原子間距離は 1.27 Å で単結合 (1.48 Å) と二重結合 (1.21 Å) の中間になる. オゾンは薄い青色で反磁性である.

🔶 **硫黄**以下は酸素と異なり, 多重結合はつくりにくいために, 二原子分子にはならない. 硫黄の単体は王冠型 S_8 分子 (D_{4d} 対称) が安定で結晶中での充填の違いで斜方晶系の α 硫黄, 単斜晶系の β 硫黄, γ 硫黄などの同素体がある. α 硫黄が熱力学的に最も安定で, 硫黄の蒸気を固化することによって得られ, 王冠型 S_8 分子が結晶化したものである. 高温での蒸気中には S_8, S_7, S_6 などの分子を含む. 720 °C 以上では S_2 分子が主成分になる.

◼ セレンも多形で少なくとも6種類の同素体が存在する．赤色セレンは Se_8 分子が結晶化したもので，α, β, γ 形がある．灰色セレンは金属セレンともよばれ，六方晶系でねじれた鎖の束が寄せ集められた構造をもち，半導体である．

◼ テルルは同素体がなく，金属セレンと同一の構造をもつ単体のみが知られている．半導体である．

◼ ポロニウムは単純立方格子の結晶構造をもつ．この構造は黒リンの一種でも知られているが，きわめて珍しい構造である．菱面体構造の同素体も知られている．

5・7・6 元素単体の用途

◼ 酸素は燃焼に欠かせない．金属精錬，窯業などの工業生産で必要になる高温発生にも酸素が欠かせない．液体空気から分離される酸素の大部分は溶鉱炉で消費される．アセチレン溶接や実験用，医療用には黒色の高圧ガスボンベに 150 atm で充填された酸素が利用される．

◼ 硫黄は黒色火薬，花火などの原料として使われる．加硫によって，ゴムは強度を大きく増加する．硫酸の原料にもなるが，硫酸は最も大量に製造される工業薬品である．硫黄は絶縁体として電柱の碍子などに使われた．

◼ セレンの同素体のうち "金属セレン" は実際には半導体で，光の照射により電気伝導度が1000倍も大きくなる．ゼロックスタイプのコピー機や光電計にこの性質が利用されている．セレン酸ナトリウム Na_2SeO_4，亜セレン酸ナトリウム Na_2SeO_3 はガラスに添加して色消し剤として使われる．もう一つの同素体である赤色セレンは鮮やかな赤色顔料としてペンキやエナメルなどに使われているセレン化カドミウム CdSe の製造に使われる．

◼ テルルを含む銅やステンレス鋼の合金は機械工作性が向上する．また鉛に少量添加すると硬度と耐酸性が増すため，鉛蓄電池の極板として利用される．

5・7・7 化学的性質と化合物

● 酸 化 物

酸素はほとんどすべての元素と酸化物を形成する．電気陰性度がフッ素に次いで大きいため，周期表の左方の元素とはイオン結晶を生成し，右側の電気陰性度が高い元素とは共有結合の分子性化合物を形成する．

金属の酸化物は，一般に，水に溶解して酸化物イオンが水酸化物イオンになり，塩基性水溶液をつくる．また酸と反応して塩をつくるため，**塩基性酸化物**（basic

5・7 16族元素（酸素族）

oxide）とよばれる．アルカリ金属，アルカリ土類金属の酸化物は典型的な塩基性酸化物である．

一方，非金属の酸化物は水に溶解して，水が付加して酸素酸をつくり，酸性水溶液となるものが多い．また塩基と反応して塩を形成するため，**酸性酸化物**（acidic oxide）とよばれる．たとえば，二酸化炭素 CO_2 は水に溶解して弱酸の炭酸 H_2CO_3 を生じ，三酸化硫黄 SO_3 は強酸の硫酸 H_2SO_4 を生じる．一酸化炭素 CO のように水にほとんど溶解して酸も塩基も生成しない酸化物は**中性酸化物**（neutral oxide）とよばれる．水 H_2O，酸化二窒素 N_2O も中性酸化物である．

周期表の中間にある金属元素の酸化物，たとえば酸化亜鉛 ZnO，酸化アルミニウム Al_2O_3 などは酸，塩基の両方に反応して塩をつくる．

$$Al_2O_3 + 6HCl \longrightarrow 2AlCl_3 + 3H_2O$$
$$Al_2O_3 + 2NaOH + 3H_2O \longrightarrow 2Na[Al(OH)_4]$$

このような酸化物は**両性酸化物**（amphoteric oxide）とよばれる．スズ，ヒ素，アンチモンなどの酸化物も両性酸化物である．

◆ 硫黄の酸化物は S_2O, SO_2, SO_3, SO_4 が知られるが，このうち SO_2 と SO_3 が特に重要である．

二酸化硫黄（sulfur dioxide）SO_2 は硫黄を空気中で酸化することにより得られる刺激臭のある気体であり，**亜硫酸ガス**（sulfurous acid gas）ともよばれる．硫化物鉱物の酸化によっても発生するため，銅製錬所などではその鉱害が問題になる．C_{2v} 対称の折れ曲がった構造をしている．水に溶解するが，亜硫酸 H_2SO_3 は単離することはできない．酸性溶液中でおだやかな還元剤としてはたらき，アルカリ性水溶液では強い還元剤としてはたらく．SO_2 は硫酸製造の原料として重要である．

三酸化硫黄 SO_3 は SO_2 と O_2 の直接反応で製造されるが，反応は遅いため，白金または五酸化二バナジウム（酸化バナジウム(V)）V_2O_5 などの触媒が利用される．気体分子は平面三角形 D_{3h} の対称性をもつ．SO_3 は室温で固体であり，三量体や鎖状ポリマーとして存在する．水に溶解して**硫酸**（sulfuric acid）H_2SO_4 を生じる．硫酸は工業的に最も重要な化合物の一つである．肥料，薬品，繊維，鉄鋼，金属，食品などの工業で広く利用されている．硫酸は強酸の二塩基酸であり，硫酸イオン SO_4^{2-} は T_d 対称の正四面体構造をもつ．濃硫酸は 96％の水溶液で，水で希釈して希硫酸をつくる際には大量の熱が発生するので注意が必要である．また強い脱水作用がある．

硫酸の酸素の一つが硫黄に置き換わったものは**チオ硫酸**(thiosulfuric acid) $H_2S_2O_3$ である．チオ硫酸は単離できないが塩は亜硫酸塩水溶液と硫黄を加熱して得られる．

$$Na_2SO_3 + S \longrightarrow Na_2S_2O_3$$

チオ硫酸ナトリウム $Na_2S_2O_3$ は**ハイポ**ともよばれる．銀イオンと結合して可溶性の銀錯塩をつくるので，ハロゲン化銀を溶解するため，銀の定量分析および写真に利用される．ヨウ素と定量的に反応してテトラチオン酸ナトリウム $Na_2S_4O_6$ とヨウ化ナトリウム NaI を生成するため，ヨウ素滴定に用いることができる．

$$2Na_2S_2O_3 + I_2 \longrightarrow Na_2S_4O_6 + 2NaI$$

また水道水の残留塩素の除去も同様の反応が利用される．

◻ セレンの酸化物は SeO_2，SeO_3 が知られている．前者は気体状態では SO_2 と同じ構造をもつが，固体では鎖状のポリマーになっている．SeO_3 は Se と O_2 の無声放電で得られ，水に溶解してセレン酸 H_2SeO_4 を生成する．

● 水 素 化 合 物

◻ **酸素**の水素化合物で最も重要なものは**水** H_2O と**過酸化水素**(hydrogen peroxide) H_2O_2 である．水は C_{2v} の折れ曲がった構造をしており，∠H–O–H 104.5°，H–O 0.958 Å である．水素結合により，硫化水素などの同族の水素化合物に比べ異常に高い融点，沸点をもつ(§4・1参照)．

過酸化水素は二面角∠H–O–O–H 111.5°の C_2 対称の分子で，強い酸化力があり，多くの重金属イオンが触媒となって水と酸素に分解してしまうため，水溶液はポリビンに保存する．アントラキノンの自動酸化が工業的製造法として重要である．

◻ **硫化水素** H_2S は硫化鉄などの硫化物と塩酸などの酸との反応で得られる．

$$FeS + 2HCl \longrightarrow FeCl_2 + H_2S$$

有毒で不快臭をもつ．セレン化水素 H_2Se，テルル化水素 H_2Te も有毒である．いずれも水より酸性度が高い二塩基酸である．

硫黄の水素化合物には H–S–S–H，H–S–S–S–H，H–S–S–S–S–H などのポリ硫化物も存在する．H_2S_2 は H_2O_2 と異なり酸化剤としてははたらかない．また水酸化物イオンの存在で分解が促進されるため，不安定である．

$$H_2S_2 \longrightarrow H_2S + S$$

● ハロゲン化物

16族元素のハロゲン化物として重要なものを表5・29に示す．フッ化物以外の酸素のハロゲン化物については§5・8・6で解説する．

表5・29 16族元素のハロゲン化物

	F	Cl	Br	I
O	O_2F_2, OF_2	Cl_2O, ClO_2, Cl_2O_6, Cl_2O_7	Br_2O, BrO_2, BrO_3	I_2O_4, I_4O_9, I_2O_5
S	S_2F_2, SF_4, SF_6, S_2F_{10}	S_2Cl_2, SCl_2, SCl_4	S_2Br_2	
Se	Se_2F_2, SeF_4, SeF_6	$SeCl_2$, $SeCl_4$	$SeBr_2$, $SeBr_4$	
Te		$TeCl_2$, $TeCl_4$	$TeBr_2$, $TeBr_4$	TeI_4

二フッ化酸素 OF_2 は F_2 を水酸化ナトリウム水溶液に通じると得られる無色の気体で，金属や硫黄，リンなどと激しく反応してフッ化物と酸化物を生じる．

$$2F_2 + 2NaOH \longrightarrow 2NaF + H_2O + OF_2$$

二フッ化二酸素 O_2F_2 は低圧で液体空気の温度で F_2 と O_2 の混合ガスを放電しながら通過させることにより合成できるが，きわめて不安定である．

硫黄，セレンの四ハロゲン化物は一つの非共有電子対を含め三角両錐形で非共有電子対はエクアトリアル位に位置するため，シーソー型 C_{2v} 対称の構造をもつ．六フッ化物 SF_6，SeF_6 は正八面体 O_h 対称の構造をもつ．

5・8 17族元素（ハロゲン）

5・8・1 名称，発見および単離

▶ $_9$F フッ素 fluorine

元素名　ラテン語の"流れる"，"フラックス"を意味する fluore から命名．

発　見　アグリコラは "De Re Metallica"(1529) で Fluorspar（CaF_2：蛍石）を冶金のさいのフラックス（融剤：鉱石の不純物を溶かし合わせて除去を容易にする）として用いられることを記述している．

1670年，ニュルンベルクのシュヴァンハルトが蛍石と硫酸を反応させで出てくる気体がガラスが腐食することを見いだした．シェーレ，デイヴィー，ゲー・リュサック，ラヴォアジェ，テナールらはフッ化水素酸で実験を行っている．フッ化水素の毒性によって，それらの実験で多くの化学者が，命を落とす寸前までの被害を受けたり，あるいはルイエットのように亡くなった化学者もいる．

単離 1886 年，モアッサン（仏）が金属または蛍石中で KHF_2 を含む HF 溶液（融点 70～100 ℃）を電気分解して得た．

▶ $_{17}Cl$ **塩素　chlorine**

元素名　ギリシャ語 chloros（黄緑色）から．

単離　1774 年，スウェーデンのシェーレが天然の二酸化マンガン（軟マンガン鉱）と塩酸との反応によって単体を単離した．ただし，彼は元素と認識していないで，脱フロギストン海酸，あるいは脱フロギストン塩酸とよんでいる．彼は水にわずかに溶けて酸の味を与え，草花の色や緑を晒したり，金属を腐食させることに気づいている．

1810 年，デイヴィー（英）が元素であると認め，chlorine と名付けた．

▶ $_{35}Br$ **臭素　bromine**

元素名　ギリシャ語 bromos（悪臭）から．

単離　1825 年，レーヴィッヒ（独）が塩泉水に塩素を通じ，エーテル抽出することにより赤い液体として単離した．

1826 年，レーヴィッヒが研究を中断している間にバラール（仏）が海藻を焼いてできた灰（海藻灰）に塩素水処理をして臭素を単離して報告したため，バラールが臭素の発見者と見なされている．量的に得られるのは 1860 年以降．

▶ $_{53}I$ **ヨウ素　iodine**

元素名　ギリシャ語 iodes（錆色）から．

発見　1811 年，フランスのクルトアにより発見された．海草灰に硫酸処理したところ紫色の煙が出ること，塩素のように刺激的な臭気をもつことを見いだした．この蒸気は冷たい物体に触れて凝縮すると液体をつくらずに金属状の光沢をもった黒ずんだ結晶を生じた．

▶ $_{85}At$ **アスタチン　astatine**

元素名　ギリシャ語 astatos（不安定）から．

発見　1940 年，カリフォルニア大学コーソン，マッケンジー，セグレらが Bi に α 粒子をぶつけて生成した．

5・8・2　一般的概観

ハロゲンはいずれも反応性が高く，天然では元素単体で産出することはない．表 5・30 および表 5・31 に 17 族元素の種々の性質を掲げた．原子の最外殻の電子配置

表 5・30　17族元素の電子配置，イオン化エネルギー，電気陰性度

元素	電子配置	イオン化エネルギー/kJ mol^{-1}								電気陰性度(ポーリング)
		第一	第二	第三	第四	第五	第六	第七	第八	
F	[He]2s^{2}2p^5	1681	3374	6050	8408	11023	15164	17867	92036	3.98
Cl	[Ne]3s^{2}3p^5	1251.1	2297	3826	5158	6540	9362	11020	33610	3.16
Br	[Ar]3d^{10}4s^{2}4p^5	1139.9	2104	3500	4560	5760	8550	9940	18600	2.96
I	[Kr]4d^{10}5s^{2}5p^5	1008.4	1845.9	3200	4100	5000	7400	8700	16400	2.66
At	[Xe]3f^{14}5d^{10}6s^{2}6p^5	930	1600	2900	4000	4900	7500	8800	13300	2.2

表 5・31　17族元素の融点，沸点，気化熱，密度，原子半径，イオン半径

元素	融点/°C	沸点/°C	気化熱/kJ mol^{-1}	密度/g cm^{-3}	原子半径/pm	イオン半径/pm(E$^-$)
F	−219.6	−188.16	6.548	1.516†	70.9	133
Cl	−101.0	−34.0	20.4033	1.507†	99	181
Br	−7.3	58.8	30.0	3.1226	114	196
I	113.6	184.4	41.67	4.930	133	196
At	302	336	—	—	—	227

† 液体 (bp).

は ns^2np^5 であり，電気陰性度が大きいため，−1価イオンが安定である．より高い電気陰性度をもつハロゲンや酸素とは結合したとき +1, +3, +5, +7 の酸化数をとりうる．元素単体はいずれも単結合をもつ二原子分子であり，融点，沸点ともに周期表の下にいくに従い上昇する．これは，周期表の下にいくほど分子間のファンデルワールス力が大きくなることによる．常温で，フッ素，塩素は気体，臭素は液体，ヨウ素は固体である．いずれも有色で，フッ素は淡黄色，塩素は黄緑色，臭素は褐色，ヨウ素は金属光沢をもった黒紫色であり，蒸気は紫色である．アスタチンは半減期の短い放射性元素であり，その性質はほとんどわかっていない．

5・8・3　自然界における存在

表 5・32 に 17 族元素の自然界における存在度を示した．

◘ フッ素は蛍石 CaF_2 やフッ化リン酸カルシウム（フルオロアパタイト）Ca_5F-$(PO_4)_3$，氷晶石 $Na_3[AlF_6]$ などに含まれる．

◘ 塩素は海水中に塩化物イオンとして大量に溶解しており，生物の体内にも高い濃度で含まれる．また岩塩として地中から採掘される．

表 5・32　17族元素の太陽系，地殻，海水，人体中の元素存在度

元素	太陽系原子数[†]	地殻/ppm	海水/ppm	人体/ppm
F	843	950	0.00004	(40〜80)
Cl	5240	130	18000	1400
Br	11.8	0.37	65	3.7
I	0.90	0.14	0.058	0.1〜0.2
At	—	—	—	—

[†] ケイ素原子 10^6 個に対する原子数．

■ 臭素も海水中に臭化物イオンとして溶解している．生物種の中には有機臭素化合物を含んでいるものもある．巻き貝の一種であるアキガイからとれるインジゴによく似た構造をもつ帝王紫（貝紫）という色素は臭素化合物である．ヒトの体にも微量含まれるが生物学的役割は未知である．

■ ヨウ素は海藻中に濃縮されている．ヒトでは甲状腺に集まっており，2種類のホルモン，チロキシンとトリヨードチロニンに含まれる．

5・8・4　元素単体の単離・製造

■ フッ素はモアッサンが開発したフッ化水素 HF の電気分解法で得られる．蛍石 CaF_2 と硫酸を反応させて HF の水溶液をつくり，その蒸留により無水 HF を得る．液体の HF に $K[HF_2]$ を溶解して電気分解を行う．F_2, HF ともに腐食性が高いため，電解槽はモネル合金（Cu-Ni 合金）が使われる．水素が発生する陰極には鉄，フッ素が発生する陽極にはグラファイトが用いられる．

$$CaF_2 + H_2SO_4 \longrightarrow CaSO_4 + 2HF$$

$$KF + HF \longrightarrow K[HF_2]$$

$$2HF \xrightarrow[K[HF_2]]{\text{電気分解}} H_2 + F_2$$

■ 塩素は NaCl 水溶液の電気分解による NaOH 製造，または融解 NaCl の電気分解による Na 製造のさいに得られる．かつては副産物としてどちらかというと厄介ものであったが，ポリ塩化ビニルなどの製造に伴い，塩素製造が主体となってきた．

$$2NaCl + 2H_2O \xrightarrow{\text{電気分解}} 2NaOH + 2H_2 + Cl_2$$

$$2NaCl \xrightarrow{\text{電気分解}} 2Na + Cl_2$$

5・8 17族元素（ハロゲン）

実験室では大量に使う場合は塩素ボンベ（黄色）が使われるが，少量の場合，HCl と二酸化マンガン（酸化マンガン(Ⅵ)）との反応で発生させることができる．

$$4HCl + MnO_2 \longrightarrow MnCl_2 + 2H_2O + Cl_2$$

この反応は，過マンガン酸カリウム $KMnO_4$ による酸化還元滴定に用いたビュレットなどの汚れとして付着している二酸化マンガンを除くのに便利な反応でもある．

◪ **臭素**は海水やかん水中に存在する臭化物イオン Br^- を塩素で酸化することにより得られる．

$$2Br^- + Cl_2 \longrightarrow Br_2 + 2Cl^-$$

この反応は周期表の上のハロゲンの方が酸化力が強いことを利用している．

◪ **ヨウ素**は海水中や天然ガスとともに産出するかん水中のヨウ化物イオン I^- を塩素によって酸化することによって得られる．日本の生産量は世界の生産量の 40% を占める．

$$2I^- + Cl_2 \longrightarrow I_2 + 2Cl^-$$

チリ硝石中に含まれるヨウ素酸ナトリウム $NaIO_3$ からも得られる．この場合は亜硫酸水素ナトリウム $NaHSO_3$ が還元剤として使われる．

$$2NaIO_3 + 5NaHSO_3 \longrightarrow 2Na_2SO_4 + 3NaHSO_4 + H_2O + I_2$$

5・8・5 元素単体の用途

◪ **フッ素**の最初の用途はアルミニウム電解製錬に用いられる氷晶石 $Na_3[AlF_6]$ を製造することであったが，その需要はあまり大きくはなく，第二次世界大戦前のフッ素製造量は少なかった．

原子爆弾開発のマンハッタン計画が始まった 1940 年代になって，フッ素の需要は一気に高まり製造量が増加した．核分裂を起こす ^{235}U の濃縮に，揮発性の高い六フッ化ウラン UF_6 が利用されたためである．フッ素の核種は ^{19}F のみであるため，UF_6 の質量差は U 同位体の質量差のみを反映するので，遠心分離によりウランの同位体濃縮に利用された．

C-F 結合をもつ有機化合物**フルオロカーボン**は，F_2 や HF を原料にして合成される．C-F 結合はきわめて強く，分子間力が小さいという特徴をもつ．テトラフルオロエテン $CF_2=CF_2$ の重合により得られる**テフロン樹脂**は化学的にきわめて安定であるため，化学反応の容器，焦げつかないフライパンなどに利用される．**フロン**はアルカンの水素をフッ素に置換した化合物の総称であるが，冷蔵庫やエアコンの冷

媒に用いられるフロンのうち特定フロンとよばれる塩素を含むフロン類はオゾン層破壊の原因となるため，現在は生産と使用が禁止されている．塩素を含まないフロンが代替えフロンとして使われているが温室効果ガスとしての問題点もある．

◧ **塩素**の大部分は 1,2-ジクロロエタンや塩化ビニルなどの有機塩素化合物の合成に利用される．また漂白作用を利用して，パルプ，紙の脱色に使われる．漂白剤として使われる**さらし粉**は消石灰に塩素を作用させてつくられる．

$$Ca(OH)_2 + Cl_2 \longrightarrow CaCl(OCl) \cdot H_2O$$

塩素を水に溶解すると塩素の一部は水と反応して**塩化水素** HCl と**次亜塩素酸** HClO を生じる．

$$H_2O + Cl_2 \rightleftharpoons HCl + HClO$$

HClO は酸化力がつよく，漂白剤や殺菌剤として使われる．水道水の製造には塩素の殺菌作用が利用されているが，最近はオゾンによる殺菌も併用されている．

◧ **臭素**は有機臭素化合物の合成に用いられる．**臭化メチル** CH_3Br はメチブロンともよばれ，穀物の害虫や菌類を殺すために使われるが，オゾン層破壊物質であり，2005 年には使用が禁止された．かつてアンチノック剤として四エチル鉛 $PbEt_4$ がガソリン添加物として使われていたときには，鉛がスパークプラグに沈着することを防ぐために，**1,2-ジブロモエタン** CH_2BrCH_2Br が大量につくられていたことがある．**臭化銀** AgBr は写真の感光材として利用されているが，デジタルカメラなどの普及により，その用途は急激に落ちている．

◧ **ヨウ素**は殺菌剤としてヨードチンキ（ヨウ素のアルコール溶液）に使われる．うがいなどに使われるイソジン液は水溶性高分子ポピドンにヨウ素を結合させたものである．いずれもヨウ素の酸化力が利用されている．ヨウ素はデンプンと反応して濃い青色に呈色するので，デンプンの検出に使われる．

5・8・6　化学的性質と化合物

ハロゲンは電子親和力が高く，電気陰性度が高いため，反応性が高く，He, Ne, Ar などを除いて，ほとんどすべての元素と反応する．ハロゲン単体が他の元素と反応するときは，酸素の場合を除いて，酸化数が -1 になる場合が多いため，酸化剤としてはたらく場合が多い．特にフッ素と塩素に酸化される場合は，その族の元素としては最高酸化数まで酸化される場合が多い．PF_5, PCl_5, SF_6, など．

5・8 17族元素（ハロゲン）

● **ハロゲン化水素**

すべてのハロゲンは水素と直接反応して**ハロゲン化水素**（hydrogen halide）を生成する．特に，フッ素，塩素と水素の反応は爆発的に進むが，ヨウ素との反応は穏やかである．

フッ化水素（hydrogen fluoride）HF はフッ化物と硫酸との反応で得られる．普通は蛍石（フッ化カルシウム）CaF_2 が利用される．

$$CaF_2 + H_2SO_4 \longrightarrow 2HF + CaSO_4$$

塩化水素（hydrogen chloride）HCl も塩化物と硫酸の反応で得られる．塩化ナトリウムが使われ得る場合が多いが，塩化アンモニウムを使う方が生成する硫酸水素アンモニウム NH_4HSO_4 が硫酸に溶解するので反応がおだやかである．

$$NaCl + H_2SO_4 \longrightarrow HCl + NaHSO_4$$
$$NH_4Cl + H_2SO_4 \longrightarrow HCl + NH_4HSO_4$$

臭化水素（hydrogen bromide）HBr，**ヨウ化水素**（hydrogen iodide）HI は硫酸によって酸化されて，それぞれ Br_2, I_2 になってしまうため，臭化物やヨウ化物と硫酸の反応は使えない．

$$2HBr + H_2SO_4 \longrightarrow Br_2 + 2H_2O + SO_2$$

HBr は臭化物とリン酸 H_3PO_4 との反応で得られるが，赤リンと水の混合物に臭素を添加して発生させる方法が便利である．

$$2P + 3Br_2 \longrightarrow 2PBr_3$$
$$PBr_3 + 3H_2O \longrightarrow H_3PO_3 + 3HBr$$

HI もリンとヨウ素の混合物に水を加えてつくることができる．

ハロゲン化水素の物理的性質を表 5・33 に示す．

HCl, HBr, HI はいずれも常温で気体であるが，HF は沸点 19.5℃ の液体である．HF 分子間の強い水素結合によって沸点は異常に高い．液体 HF は 0℃ で $K_{dissoc}=$

表 5・33 ハロゲン化水素の物理的性質

	HF	HCl	HBr	HI
融点/℃	−83.5	−114.2	−88.6	−51.0
沸点/℃	19.5	−85.1	−67.1	−35.1
生成熱 ΔH/kJ mol^{-1}	−271.12	−92.31	−36.40	26.48
ΔH_{dissoc}(H-X)/kJ mol^{-1}	573.98	431.62	362.50	294.58
原子間距離/pm	92	127.5	141.5	161
双極子モーメント μ/D	1.86	1.11	0.788	0.382
pK_a	3.45	−7	−9	−11

2×10^{-12} で自己解離する非水溶媒として用いられる.

$$3HF \rightleftarrows [H_2F]^+ + [HF_2]^-$$

液体 HF 中では $[H_2F]^+$ が酸としてはたらき,$[HF_2]^-$ が塩基としてはたらく.実際には,HF の反応性が高いために溶媒としては取扱いが難しい.HCl 以下ではファンデルワールス力の増加に伴い,周期表の下に行くほど,融点,沸点は高くなる.

原子間距離と双極子モーメントから算出される $H^{\delta+}$-$X^{\delta-}$ の電気的偏りは周期表の下に行くほど小さくなる.これはハロゲンの電気陰性度の違いに依存する.

ハロゲン化水素はいずれも水に溶解して,酸としてはたらく.それぞれフッ化水素酸(フッ酸ともいう),塩酸,臭化水素酸,ヨウ化水素酸とよばれる.pK_a は周期表の下に行くほど小さくなり,酸として強くなる.水溶液中では HCl 以下はほとんど完全解離する強酸であり,その差は実質的にはない.このような現象を**水平効果**という.フッ化水素は弱酸である.ハロゲン化水素酸の強さの順はハロゲンの電気陰性度から単純に予想される酸の強さとは逆転している.この食い違いは主として H-X の結合エンタルピーの違いで説明できる.図 5・17 は水に溶解したハロゲン化水素 HX が H^+ と X^- に解離する過程をいくつかの段階に分けて表したエネルギーサイクルであり,表 5・34 はそれぞれの段階のエンタルピー変化と水溶液中での全エンタルピー変化 ΔH(解離エンタルピー変化),自由エネルギー変化 ΔG($=\Delta H-T\Delta S$)を示したものである.ΔG の絶対値が大きいほど平衡は解離にかたより,強い酸になる.ΔG に対するエントロピー項 $T\Delta S$ はハロゲンによってほとんど違いがなく,ΔH の違いが酸の強さに効いているが,その違いに最も大きな寄与をしているのは解離エンタルピーであることがわかる.

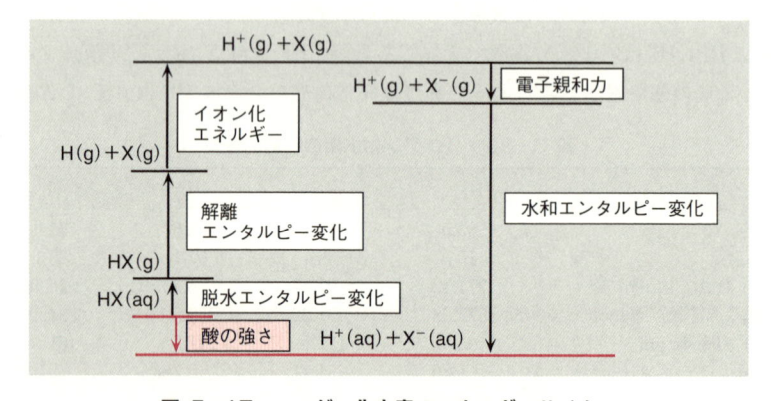

図 5・17 ハロゲン化水素のエネルギーサイクル

表 5・34 ハロゲン化水素のエネルギーサイクル〔単位はすべて kJ mol^{-1}〕

	脱水エンタルピー変化	解離エンタルピー変化	イオン化エネルギー H→H$^+$	X の電子親和力 X→X$^-$	水和エンタルピー変化 H$^+$	水和エンタルピー変化 X$^-$	全エンタルピー変化 ΔH	$-T\Delta S$	ΔG
HF	48	574	1311	−338	−1091	−513	−9	−51	−60
HCl	18	432	1311	−355	−1091	−370	−59	−56	−115
HBr	21	363	1311	−331	−1091	−339	−66	−59	−125
HI	23	295	1311	−302	−1091	−394	−158	−62	−220

● 酸 化 物

酸素のフッ化物についてはすでに§5・7・7で述べた．塩素以下のハロゲンは酸素より電気陰性度が小さいのでハロゲンと酸素の化合物は酸化物として記述される．表 5・35 は酸化物の酸化数と組成を示しているハロゲンの酸化物は多数報告されているが，多くのものは不安定であり，かっこを付けて示している．

このほかにヨウ素では I_2O_4, I_4O_4 が知られているが，それぞれ $IO^+ \cdot IO_3^-$ および $I_3^+ \cdot (IO_3^-)_3$ の塩である．

酸化二塩素 Cl_2O, **酸化二臭素** Br_2O は，酸化水銀とハロゲンの気体を加熱してできる．

$$2Cl_2 + 2HgO \longrightarrow HgCl_2 \cdot HgO + Cl_2O$$

Cl_2O は気体，Br_2O は液体で，還元剤と触れたり，加熱すると爆発する．Cl_2O, Br_2O は C_{2v} 対称の折れ曲がった構造をしており，VSEPR では非共有電子対を含めて四面体型構造と考えることができる．Cl_2O は酸性酸化物であり，水に溶解して**次亜塩素酸** HOCl を生じる．また NaOH と反応して次亜塩素酸塩 NaOCl をつくる．Br_2O も NaOH との反応で NaOBr を生成する．

表 5・35 ハロゲンの酸化物†

酸化数	Cl	Br	I
+1	Cl_2O	Br_2O	
+2	(ClO)		
+4	ClO_2	BrO_2	
+5			I_2O_5
+6	Cl_2O_6	BrO_3	
+7	(Cl_2O_7)	(Br_2O_7)	
+8	(ClO_4)		

† 不安定な酸化物はかっこをつけて示す．

二酸化塩素 ClO_2 は塩素酸カリウムとシュウ酸の反応または塩素酸銀と塩素の反応で合成できる．

$$2KClO_3 + 2(COOH)_2 \longrightarrow 2ClO_2 + 2CO_2 + (COOK)_2 + 2H_2O$$

$$2AgClO_3 + Cl_2 \longrightarrow 2AgCl + 2ClO_2 + O_2$$

ClO_2 は奇数電子をもち，常磁性である．酸化剤，塩素化剤として用いられる．水およびアルカリと反応して亜塩素酸塩および塩素酸塩をつくる．

$$2ClO_2 + 2NaOH \longrightarrow NaClO_2 + NaClO_3 + H_2O$$

五酸化二ヨウ素 I_2O_5 はヨウ素酸 HIO_3 を 170 ℃ で加熱脱水してつくることができる．

$$2HIO_3 \xrightarrow{170\,℃} I_2O_5 + H_2O$$

I_2O_5 は 300 ℃ に加熱するとヨウ素と酸素に分解する．

$$2I_2O_5 \xrightarrow{300\,℃} 2I_2 + 5O_2$$

I_2O_5 は CO を定量的に CO_2 に酸化し，ヨウ素を遊離するので，このヨウ素をチオ硫酸ナトリウム $Na_2S_2O_3$ で滴定することにより CO の定量分析ができる．

$$I_2O_5 + 5CO \longrightarrow 5CO_2 + I_2$$

六酸化二塩素 Cl_2O_6 は ClO_2 とオゾン O_3 から合成される赤色の液体で，$O_3ClOClO_2$ のように非等価な塩素を含む．固体は $[ClO_2]^+$ と $[ClO_4]^-$ から成るイオン結晶である．強力な酸化剤であり，グリースと接触すると爆発する．水と反応して過塩素酸と塩素酸に分解する．

$$Cl_2O_6 + H_2O \longrightarrow HClO_4 + HClO_3$$

三酸化臭素 BrO_3 は白色の固体で，オゾンと臭素から合成する．また無声放電下，酸素と臭素から合成する．奇数電子であり，常磁性分子である．

七酸化二塩素 Cl_2O_7 はかなり安定な液体で，過塩素酸 $HClO_4$ を十酸化四リン（五酸化リン）P_4O_{10} で脱水してつくる．これは水と反応して過塩素酸をつくる．

$$2HClO_4 \underset{}{\overset{P_4O_{10}}{\rightleftarrows}} Cl_2O_7 + H_2O$$

● **オキソ酸**

フッ素はオキソ酸をつくらないが，塩素，臭素，ヨウ素は HOX, HXO_2, HXO_3 および HXO_4 の四つのオキソ酸をつくる．X=Cl の場合，それぞれ**次亜塩素酸** (hypochlorous acid)，**亜塩素酸** (chlorous acid)，**塩素酸** (chloric acid)，**過塩素酸** (perchloric acid）とよぶ．それぞれの酸解離指数 pK_a は 7.4，2.0，−1.0，−10 でしだいに強い酸となる．過塩素酸はほとんど完全解離する．

次亜ハロゲン酸，HOCl，HOBr，HOI はいずれも弱い酸で，水溶液中にのみ存在する．

● **ハロゲン間化合物**

異なるハロゲンの間で形成される化合物を**ハロゲン間化合物**とよぶ．表 5・36 にハロゲン間化合物を示す．

AX_3 で表される分子は C_{2v} 対称の T 字型，AF_5 で表される分子は C_{4v} 対称の四角錐型，IF_7 は D_{5h} 対称の五方両錐型の構造をもつ．

表 5・36 ハロゲン間化合物

	F	Cl	Br
Cl	ClF		
Br	BrF, BrF$_3$, BrF$_5$	BrCl	
I	IF$_5$, IF$_7$	ICl, (ICl$_3$)$_2$	IBr

5・9　18 族元素（希ガス，貴ガス）

5・9・1　名称，発見および単離

▶ $_2$He　ヘリウム　helium

元素名　ギリシャ語の helios（太陽）にちなむ．

発　見　1868 年，フランスのジャンサンがインドの皆既日食の際に太陽のスペクトル中に未知のスペクトル線（黄色）を発見した．ロッキアー卿およびフランクランドがスペクトル線を未知の新元素であるとして helium として命名．（金属元素と考えたため ium の接尾語をつけた）

1889 〜 90 年，米国の地質学者ヒレブランドがウラン鉱物を酸で処理することにより気体を分離していたが，ヘリウムとは同定していなかった．

1896 年，英国の**ラムゼー**（Ramsey）がウラン鉱物クレーヴェ石から気体成分としてヘリウムを単離した．同じころ，スウェーデンのクレーヴェとルンクレットもクレーヴェ石から発見している．

▶ $_{10}$Ne　ネオン　neon

元素名　ギリシャ語の neos（新しい）から命名．

発見 1898年，ラムゼーと**トラヴァーズ**（Travers）が不純なアルゴンの液体状態から揮発しやすい成分として発見した．その名前のインスピレーションはラムゼーの息子による．

▶ $_{18}$Ar　アルゴン　argon

元素名　ギリシャ語の aergon（不活発）から命名．

発見　1785年　英国のキャヴェンディッシュが空気に酸素を加えアルカリ溶液上でスパークをとばし，窒素を酸化物として吸収させたのちにも少量の不活性の気体が残ることを報告した．

1894年，英国のレイリーとラムゼーがキャヴェンディッシュの記載している不活性のガスが元素であることを確かめる．（空気から酸素を除いて得た窒素ガスがアジド化合物から製造した窒素ガスより密度が 0.5 % 大きいことを見いだした．）密度から分子量 40．定圧，定積比熱より単原子分子であると結論した．

▶ $_{36}$Kr　クリプトン　krypton

元素名　ギリシャ語の kryptos（隠れた）から命名．

発見　1898年　ラムゼーとトラヴァーズが液体空気をほとんど気化させた残渣から（空気中に 0.00011 %）単離した．

▶ $_{54}$Xe　キセノン　xenon

元素名　ギリシャ語の xenon（見知らぬもの）から命名．

発見　1898年，ラムゼーとトラヴァーズが液体空気をほとんど気化させた残渣から（空気中に 0.00005 %）単離した．

▶ $_{86}$Rn　ラドン　radon

元素名　ラジウム radium から発生する気体成分であることから命名された．

発見　キュリー夫妻（仏）がラジウムと接触した空気が放射能を帯びることを見いだす．

1899年，ラザフォード（英）がトリウムの放射能が風に影響されることを見いだし，放射性の気体元素の存在を確認した（トロン＝^{220}Rn）．

1900年，ドルン（独）がラジウムからの気体成分としてラドン（^{222}Rn）を発見した．

1910年，ラムゼーが最も重い希ガスであることを証明した．

5・9・2 一般的概観

18族元素はすべて常温で単原子分子の気体であり，無色，無臭である．**希ガス** (rare gas)，**貴ガス** (noble gas)，**不活性ガス** (inert gas) などとよばれる．日本語の正式名称は希ガスであるが，IUPAC の命名では noble gas が採用されている．

表5・37, 5・38 に18族元素の種々の性質が示されている．最外殻の電子配置はヘリウムを除いてすべて ns^2np^6 でいわゆる希ガスの電子配置になっている．族番号が増えていくに従い，np 軌道のエネルギーは低下していくため，希ガスのイオン化エネルギーは同一周期のすべての族の中で最大になる．第八イオン化エネルギーまでは徐々に増加していくが第九イオン化エネルギーでは内殻の電子がイオン化されるため，大きく変化する．

融点，沸点，気化熱は周期表の下にいくに従ってしだいに高くなっていく．これはファンデルワールス力が電子数の増加とともに大きくなるためである．

ヘリウムは常圧では固体にはならない唯一の元素である．これは原子間の引力が小さいため，零点エネルギーがそれを超えてしまうためであり，固体にするには

表 5・37 18族元素の電子配置，イオン化エネルギー，電気陰性度

元素	電子配置	イオン化エネルギー/kJ mol^{-1}									電気陰性度(ポーリング)
		第一	第二	第三	第四	第五	第六	第七	第八	第九	
He	$2s^2$	2372.3	5250.4								
Ne	$[He]2s^22p^6$	2080.6	3952.2	6122	9370	12177	15238	19998	23069	115377	
Ar	$[Ne]3s^23p^6$	1520.4	2665.2	3928	5770	7238	8811	12021	13844	40759	
Kr	$[Ar]3d^{10}4s^24p^6$	1350.7	2350	3565	5070	6240	7570	10710	12200	22229	
Xe	$[Kr]4d^{10}5s^25p^6$	1170.4	2046	3097	4300	5500	6600	9300	10600	19800	2.6
Rn	$[Xe]3f^{14}5d^{10}6s^26p^6$	1040	1930	2890	4250	5310					

表 5・38 18族元素の融点, 沸点, 気化熱, 密度, ファンデルワールス半径, イオン半径

元素	融点/°C	沸点/°C	気化熱/kJ mol^{-1}	密度[†1]/g cm^{-3}	ファンデルワールス半径/pm	E$^+$イオン半径/pm
He	−272.2[†2]	−268.9	0.082	0.1248	122	
Ne	−248.7	−246.1	1.736	1.2073	160	
Ar	−189.4	−185.9	6.53	1.38	191	
Kr	−156.6	−152.3	9.05	2.413	198	169
Xe	−111.9	−107.1	12.65	2.939	216	190
Rn	−71	−61.8	18.1	4.40		

†1 液体 (bp)　†2 圧力下

25 atm の圧力が必要となる．また−270.98 ℃ 以下では粘性を失い，器壁を登り，外に出てしまう超流動の現象を示す．

5・9・3 自然界における存在

表 5・39 に 18 族元素の自然界における存在度を示した．

表 5・39 18族元素の太陽系, 地殻, 海水, 大気中の元素存在度

元素	太陽系原子数†	地殻/ppm	海水/ppm	大気/ppm (体積)
He	2 720 000 000	0.008	0.000 004	5.24
Ne	3 440 000	0.000 07	0.000 2	18.18
Ar	1 010 000	1.2	0.45	9340
Kr	45	0.000 01	0.31	1.14
Xe	4.7	0.000 002	0.066	0.087
Rn	—	—	—	—

† ケイ素原子 10^6 個に対する原子数．

◘ **ヘリウム**の宇宙における元素の存在度は，質量で 23 % あり，水素の 76 % に続く．しかし地球上のヘリウムは地殻中，大気中にもきわめて少量である．45 億年前に宇宙の物質が集合して地球ができたときにヘリウムがそれなりに集まったとしても，地球の質量は太陽などに比べるときわめて小さいため，質量の小さいヘリウム分子を引力で引きつけておくことができず，宇宙空間に拡散してしまっている．現在地球上で得られるヘリウムは地球内部でウランなどの放射性元素が α 崩壊して生じる α 粒子起源のヘリウムであり，アメリカ南西部の天然ガスの主要成分の一つとして産出するものが，世界でほぼ唯一のヘリウム供給源である．

◘ **アルゴン**は大気中に 0.9 % も存在し，最も存在度の高い希ガスであるが，その大部分は 12.6 億年の半減期をもつ ^{40}K の β 崩壊によって生じた ^{40}Ar であり，地球生成後にしだいに増加してたまってきたものである．いずれの元素も人体にはほとんど含まれない．

5・9・4 元素単体の単離

◘ **ヘリウム**はアメリカ南西部で得られる天然ガスを液化，分別蒸留（分留）して得られる．実験室などで使用されるヘリウムはほとんどすべてが回収され，液化されて再利用される．

5・9　18族元素（希ガス，貴ガス）

◪　ネオン，アルゴン，クリプトン，キセノンは液体空気の分別蒸留によって得られる．

5・9・5　元素単体の用途

◪　ヘリウムの沸点はあらゆる物質の中で最も沸点が低いために，極低温を必要とする超伝導などには寒剤として液体ヘリウムは欠かせない．気体としては密度が水素についで小さく，また爆発性がないため，飛行船に利用される．潜水作業では空気の代わりに酸素とヘリウムの混合気体が利用される．空気を用いると，潜水夫が潜水から戻るさいに，高圧で血液中に溶解した窒素が急速に気化して血管に気泡をつくり，血流を止めてしまうが，ヘリウムではそのようなことがないことを利用している．

◪　ネオンは放電管中の気体成分として利用され，赤いネオンサインやネオンランプとして用いられる．またレーザー光源としても使われる．

◪　アルゴンは大気中に1％近く存在するため，希ガスの中では最も廉価である．白熱電球や蛍光ランプに封入される．白熱電球ではタングステンフィラメントが気化するのを抑えるため，電球の寿命が延びることを利用している．蛍光ランプ中のアルゴンは放電開始を容易にするためである．いずれもアルゴンが不活性ガスで他の物質と一切反応しないことが重要である．レーザー光源としても用いられる．溶接や金属精錬のさいにも不活性ガスとして使われ，金属が高温で空気と反応して劣化するのを防ぐ．実験室でも空気中で不安定な化合物を取扱うさいに用いられる．

◪　クリプトンもネオンサインや白熱電球の封入ガスとして用いられる．

◪　キセノンは放電管の封入ガスとして利用される．キセノンランプは青から紫外部にわたり発光するため，日焼けサロンや誘蛾灯，殺菌灯に使われる．ストロボライトはキセノンガスに高電圧をかけたときに瞬間的に発光する白色光を利用したものである．またキセノンは麻酔にも使用される．キセノンは安定な水和物の結晶を形成するが，そのような水和物が脳内にでき，水のはたらきが異常になるためと考えられている．

◪　ラドンはラジウム由来の放射性気体であり，温泉成分などとして知られているが，その効用と毒性についてはいろいろな議論がある．

5・9・6 化学的性質と化合物

希ガスはいずれも，イオン化エネルギーがきわめて大きく，また $n+1$ 殻や n 殻の d 軌道や f 軌道への励起に要するエネルギーも大きいため，混成軌道も取りにくく，反応性はきわめて低い．元素単体も単原子分子である．

He に高エネルギーの電子を衝突させて He^+ イオンを生成させることができる．

$$He + e^- \longrightarrow He^+ + 2e^-$$

He^+ イオンは高真空中では安定であるが，容器の壁と衝突して，器壁から容易に電子を奪い He になる．質量分析器中では電場，磁場により器壁から離れて検出器まで達する．He_2^+ イオンのような二原子分子イオンの結合次数は 0.5 であり，ある程度の安定性をもつ．He_2^+, Ne_2^+, Ar_2^+, Kr_2^+, Xe_2^+ の結合エネルギーはそれぞれ 126, 67, 104, 96, 88 kJ mol^{-1} もあり，意外に大きい．Xe_2^+ イオンは次式の反応で緑色の常磁性イオンとして溶液中に得られている．

$$Xe + 2[O_2]^+[SbF_6]^- \longrightarrow [XeF]^+[Sb_2F_{11}]^- + 2O_2$$
$$3Xe + [XeF]^+[Sb_2F_{11}]^- + 2SbF_5 \rightleftharpoons 2[Xe_2]^+[Sb_2F_{11}]^-$$

類似の化合物 $[Xe_2]^+[Sb_4F_{21}]^-$ の結晶中では Xe-Xe 結合距離が 3.09 Å と求められており，典型元素の等核原子間距離としては最大である．

1962 年のバートレットの研究まで希ガスの化合物は知られていなかった．彼は PtF_6 で酸素 O_2 を酸化して $[O_2]^+[PtF_6]^-$ を単離した．O_2 と Xe のイオン化エネルギーが同程度であることから，Xe^+ の化合物もできると考え，Xe と PtF_6 との反応により "$Xe^+[PtF_6]^-$" の生成を報告した．実際にはこの化合物は現在もまだ何であるか判明していないが，この報告がきっかけとなり，Xe と F_2 との反応により，二フッ化キセノン XeF_2，四フッ化キセノン XeF_4，六フッ化キセノン XeF_6 が合成された．XeF_2 は $D_{\infty h}$ の直線分子で，XeF_4 は平面四角形（D_{4h}）の分子であり，これは VSEPR で予測される構造と一致する．XeF_6 の分子構造は正八面体ではなく，C_{3v} の対称性をもつことが赤外スペクトルから示されるが，これも一つの非共有電子対を含む 7 電子対の構造として VSEPR と矛盾しない．

XeF_6 または XeF_4 を加水分解すると三角錐型（C_{3v}）の XeO_3 が得られる．Na_4XeO_6 と濃硫酸の反応で正四面体（T_d）の XeO_4 分子が得られる．

これまでに合成されている希ガスと他の原子との間の結合は Xe-F, Xe-Cl, Xe-O, Xe-N, Xe-C, Kr-F, Kr-N, Kr-O, Rn-F などであるが，最近極低温マトリックス法を用いて，Xe-H, Xe-Br, Xe-S などの結合をもつ分子もつくられている．この方法では，5 K で Xe を 1000 倍過剰で HY(Y=Cl, Br, OH, SH, CN, NC) を共凝縮さ

せる。そのあと，紫外線照射により HY を解離させると，H と Y は遠く離ればなれになる。30〜50 K に温度を上げると H 原子が動くことができるようになり，Y の近くの Xe 原子にまで到達すると HXeY 分子を生成することが赤外スペクトルで確認されている。Xe のまわりは直線状になっている。この方法では $D_{\infty h}$ の H-Xe-H 分子の生成も見られる。また，Kr でも同様の分子の生成が見られる。ただし，これらの化合物は極低温で確認できるだけで，単離することはできない。

Xe を配位原子として含む $[AuXe_4]^+$ 錯体の結晶構造も報告されており，希ガスの化学の領域は着実に広がってきている。

He, Ne, Ar は Kr 以下の希ガスより反応性は低く，化合物の生成は知られていない（$[HHe]^+$, $[ArH]^+$, $[HeLi]^+$ のようなイオンは知られている）。

XeF_2 はフッ素化剤として利用される。

$$(C_6H_5)_2S + XeF_2 \longrightarrow (C_6H_5)_2SF_2 + Xe$$
$$(CH_3)_3As + XeF_2 \longrightarrow (CH_3)_3AsF_2 + Xe$$
$$C_6F_5I + XeF_2 \longrightarrow C_6F_5IF_2 + Xe$$

XeF_2 は市販されており，副生成物は希ガスのみであるので，きれいなフッ素化剤として利用される。アルキルやアリールの多くはフッ素化に対して安定であり，有機基に結合した，15, 16, 17 族元素の酸化，フッ素化が選択的に進む。

6

遷移元素の単体と化合物の性質

　遷移元素（transition element）は典型元素の s ブロック元素と p ブロック元素の間に位置し，内殻の d 軌道，f 軌道に電子が占有されていく元素で，基底状態の電子配置は，例外を除いて最外殻が ns^2 になっている．電子を放出してイオン化するさいには s 軌道の電子が優先的に放出される．遷移元素の厳密な定義としては，元素またはイオンの内殻の軌道が不完全に占有されている元素であり，3〜11 族が相当する．12 族は電子配置が $d^{10}s^2$ であって，2 価陽イオンで d^{10} の電子配置をもち，d 軌道が完全に満たされているため，遷移元素には含めず，典型元素に分類されるが，遷移元素に準じた扱いを受けることが多い．本書でも遷移元素と一緒に本章で扱う．なお，すべての遷移元素は金属であるため，遷移元素と同義で遷移金属という語も用いる．

6・1 遷 移 元 素
6・1・1 遷移元素の地殻での存在度

　宇宙，地殻，海水中での元素の存在度は各族ごとに表としてまとめているが，そのうち遷移元素の地殻における存在度をまとめたものが表 6・1 である．

　図 1・4 に示した宇宙における元素の存在度を反映して，遷移元素の中では鉄の存在度が飛び抜けて高い．ただし，鉄は地殻より地核に高濃度で濃縮している．チタン，マンガンがそれについで多く，宇宙における存在度のパターンからずれている．Ti^{4+} や Mn^{4+} は硬い酸であり，酸素との親和性が高く，ケイ酸塩岩石中に高濃度で分布している．4d, 5d 元素の存在度は同族の 3d 元素に比べるとずっと少なくなっている．特に Ru, Os, Rh, Ir, Pd, Pt の白金族元素の存在度は低い．貴金属として珍重される一つの要因である．ランタン La 以下の希土類元素はその名称にかかわらず比較的多量に地殻に存在している．希土類のイオンも酸化数が+3 と高く，酸素との親和性の高い硬い酸であり，ケイ酸塩岩石中に広く分布している．

6・1 遷 移 元 素

表 6・1　地殻における遷移元素の存在度 (ppm)

d ブロック元素									
Sc	Ti	V	Cr	Mn	Fe	Co	Ni	Cu	Zn
16	5600	160	100	950	41000	20	80	50	75
Y	Zr	Nb	Mo	Tc	Ru	Rh	Pd	Ag	Cd
30	190	20	1.5	—	0.001	0.0002	0.0006	0.07	0.11
La	Hf	Ta	W	Re	Os	Ir	Pt	Au	Hg
32	3.3	2	1	0.0004	0.0001	0.000003	0.001	0.0011	0.05
f ブロック元素									
Ce	Pr	Nd	Pm	Sm	Eu	Gd	Tb	Dy	Ho
68	9.5	38	—	7.9	2.1	7.7	1.1	6	1.4
Er	Tm	Yb	Lu		Th	U			
3.8	0.48	5.3	0.51		12	2.4			

6・1・2　遷移元素の一般的概観

典型元素の場合は族によって最外殻の電子配置が異なるため，その性質は大きく異なるが，遷移元素では族による違いは典型元素ほど大きくない．遷移元素はすべて金属で，融点，沸点は s ブロックの金属に比べると高い．s ブロックの元素と p ブロックの元素の間で，イオン化エネルギーが徐々に変化していく．電気的陽性は 1 族，2 族に比べて低く，イオン結合だけでなく，共有結合も形成する．遷移元素の化合物の特徴として色と磁性の問題がある．これについては §2・3 で議論した．

d ブロック元素の酸化数は表 6・2 に示すように広範囲に広がる．金属カルボニルや有機金属化合物では負の酸化数もとりうる．最高酸化数は酸化物またはフッ化物で得られるが，7 族または 8 族までは族番号（すなわち，最外殻の s 電子の数と内殻の d 電子の数の和）と一致する．この酸化数のイオンの電子配置は希ガスの電子配置に対応する．7 族または 8 族を頂点として，酸化数の分布はピラミッド状になって，最高酸化数はしだいに小さくなっていく．表 6・3 には d ブロック元素の二元酸化物，表 6・4 には二元フッ化物，表 6・5 には二元塩化物を示す．Fe_3O_4, Nb_6Cl_{16} のように整数の酸化状態をとらない（混合酸化状態）ものも多数あるが，表には省略されている．

遷移元素が多くの酸化数を取りうるという特徴は，遷移金属化合物が酸化還元触媒としてはたらく大きな要因の一つとなっている．

表 6・2 遷移元素の電子配置と化合物の酸化数[†1, †2]

Sc	Ti	V	Cr	Mn	Fe	Co	Ni	Cu	Zn
3d¹4s²	3d²4s²	3d³4s²	3d⁵4s¹	3d⁵4s²	3d⁶4s²	3d⁷4s²	3d⁸4s²	3d¹⁰4s¹	3d¹⁰4s²
			−4						
				−3					
			−2	−2	−2				
		−1	−1	−1	−1				
	0	0	0	0	0	0	0		
	+1	+1	+1	+1	+1	+1	+1	+1	+1
+2	+2	+2	+2	+2	+2	+2	+2	+2	+2
+3	+3	+3	+3	+3	+3	+3	+3	+3	
	+4	+4	+4	+4	+4	+4	+4		
		+5	+5	+5	+5	+5			
			+6	+6	+6				
				+7					

Y	Zr	Nb	Mo	Tc	Ru	Rh	Pd	Ag	Cd
4d¹5s²	4d²5s²	4d⁴5s¹	4d⁵5s¹	4d⁵5s²	4d⁷5s¹	4d⁸5s¹	4d¹⁰5s⁰	4d¹⁰5s¹	4d¹⁰5s²
		−3							
	−2		−2		−2				
		−1	−1		−1	−1			
	0	0	0	0	0	0	0		
		+1	+1	+1	+1	+1	+1	+1	
	+2	+2	+2	+2	+2	+2	+2	+2	+2
+3	+3	+3	+3	+3	+3	+3	+3	+3	
	+4	+4	+4	+4	+4	+4	+4		
		+5	+5	+5	+5	+5			
			+6	+6	+6	+6			
				+7	+7				
					+8				

La	Hf	Ta	W	Re	Os	Ir	Pt	Au	Hg
5d¹6s²	3d²4s²	3d³4s²	3d⁴4s²	3d⁵4s²	3d⁶4s²	3d⁷4s²	3d⁹4s¹	3d¹⁰4s¹	3d¹⁰4s²
		−3							
	−2		−2						
		−1	−1	−1		−1			
	0	0	0	0	0	0	0		
		+1	+1	+1	+1	+1	+1	+1	+1
+2	+2	+2	+2	+2	+2	+2	+2	+2	+2
+3	+3	+3	+3	+3	+3	+3	+3	+3	
	+4	+4	+4	+4	+4	+4	+4		
		+5	+5	+5	+5	+5	+5	+5	
			+6	+6	+6	+6	+6		
				+7	+7				
					+8				

†1 赤字の電子配置は不規則であることに注意.
†2 ■の酸化数は特に重要な酸化数. □はそれに準ずる酸化数.

6・1 遷移元素

表 6・3 遷移元素の二元酸化物[†]

酸化数	Sc	Ti	V	Cr	Mn	Fe	Co	Ni	Cu	Zn
+1									Cu_2O	
+2		TiO	VO		MnO	FeO	CoO	NiO	CuO	ZnO
+3	Sc_2O_3	Ti_2O_3	V_2O_3	Cr_2O_3	Mn_2O_3	Fe_2O_3				
+4		TiO_2	VO_2	CrO_2	MnO_2			NiO_2		
+5			V_2O_5							
+6				CrO_3						
+7					Mn_2O_7					

酸化数	Y	Zr	Nb	Mo	Tc	Ru	Rh	Pd	Ag	Cd
+1									Ag_2O	
+2			NbO					PdO	AgO	CdO
+3	Y_2O_3						Rh_2O_3	Pd_2O_3		
+4		ZrO_2	NbO_2	MoO_2	TcO_2	RuO_2	RhO_2	PdO_2		
+5			Nb_2O_5	Mo_2O_5						
+6				MoO_3	TcO_3					
+7					Tc_2O_7					
+8						RuO_4				

酸化数	La	Hf	Ta	W	Re	Os	Ir	Pt	Au	Hg
+2										HgO
+3	La_2O_3				Re_2O_3		Ir_2O_3	Pt_2O_3	Au_2O_3	
+4		HfO_2	TaO_2	WO_2	ReO_2	OsO_2	IrO_2	PtO_2		
+5			Ta_2O_5		Re_2O_5					
+6				WO_3	ReO_3	OsO_3	IrO_3	PtO_3		
+7					Re_2O_7					
+8						OsO_4				

[†] Fe_3O_4, Co_3O_4 のような混合酸化数の酸化物は省く.

● 金属カルボニルと 18 電子則

ほとんどの遷移金属は一酸化炭素と二元金属カルボニル化合物をつくる. (3 元素から成り立っている化合物であるから三元が正確な表現ではあるが, カルボニルをひとまとまりと見なして二元という表現が使われる.) 一般に金属カルボニルの中心金属は 0 価などの低酸化状態のものが多い. 単核の $M(CO)_n$ だけでなく, 2〜6 核の**金属カルボニル** (metal carbonyl) も知られている.

最初の金属カルボニルは, 1890 年に英国のモンド (ドイツ生まれ) が一酸化炭素ボンベのニッケル製減圧弁が腐食しやすい原因を調べる中で発見した. 1 気圧の一

表 6・4 遷移元素の二元フッ化物[†]

酸化数	Sc	Ti	V	Cr	Mn	Fe	Co	Ni	Cu	Zn
+2			VF_2	CrF_2	MnF_2	FeF_2	CoF_2	NiF_2	CuF_2	ZnF_2
+3	ScF_3	TiF_3	VF_3	CrF_3	MnF_3	FeF_3	CoF_3			
+4		TiF_4	VF_4	CrF_4	MnF_4					
+5			VF_5	CrF_5						
+6				CrF_6						

酸化数	Y	Zr	Nb	Mo	Tc	Ru	Rh	Pd	Ag	Cd
+1									AgF	
+2								PdF_2	AgF_2	CdF_2
+3	YF_3	ZrF_3	NbF_3	MoF_3		RuF_3	RhF_3			
+4		ZrF_4	NbF_4	MoF_4		RuF_4	RhF_4	PdF_4		
+5			NbF_5	MoF_5		RuF_5	RhF_5			
+6				MoF_6	TcF_6	RuF_6	RhF_6			

酸化数	La	Hf	Ta	W	Re	Os	Ir	Pt	Au	Hg
+1										Hg_2F_2
+2										HgF_2
+3	LaF_3						IrF_3		AuF_3	
+4		HfF_4			ReF_4	OsF_4		PtF_4		
+5			TaF_5		ReF_5	OsF_5	IrF_5	PtF_5	AuF_5	
+6				WF_6	ReF_6	OsF_6	IrF_6	PtF_6		
+7					ReF_7					

[†] 混合酸化数のフッ化物は省く.

酸化炭素が金属ニッケルと直接反応することにより無色の揮発性化合物**テトラカルボニルニッケル** $Ni(CO)_4$ を生じることが突き止められ，最初の金属カルボニルが合成された．翌年には**ペンタカルボニル鉄** $Fe(CO)_5$ が褐色液体化合物として単離された．ニッケル以外の遷移金属カルボニルは直接金属と反応するにしても，還元剤の

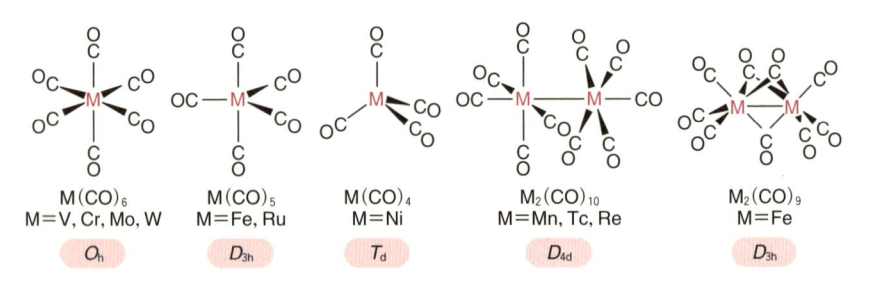

$M(CO)_6$
M=V, Cr, Mo, W
O_h

$M(CO)_5$
M=Fe, Ru
D_{3h}

$M(CO)_4$
M=Ni
T_d

$M_2(CO)_{10}$
M=Mn, Tc, Re
D_{4d}

$M_2(CO)_9$
M=Fe
D_{3h}

図 6・1 代表的金属カルボニルの構造とその対称点群

6・1 遷移元素

表 6・5 遷移元素の二元塩化物[†]

酸化数	Sc	Ti	V	Cr	Mn	Fe	Co	Ni	Cu	Zn
+1									CuCl	
+2		$TiCl_2$	VCl_2	$CrCl_2$	$MnCl_2$	$FeCl_2$	$CoCl_2$	$NiCl_2$	$CuCl_2$	$ZnCl_2$
+3	$ScCl_3$	$TiCl_3$	VCl_3	$CrCl_3$	$MnCl_3$	$FeCl_3$				
+4		$TiCl_4$	VCl_4	$CrCl_4$						

酸化数	Y	Zr	Nb	Mo	Tc	Ru	Rh	Pd	Ag	Cd
+1									AgCl	
+2		$ZrCl_2$	$NbCl_2$	$MoCl_2$		$RuCl_2$		$PdCl_2$		$CdCl_2$
+3	YCl_3	$ZrCl_3$	$NbCl_3$	$MoCl_3$		$RuCl_3$	$RhCl_3$			
+4		$ZrCl_4$	$NbCl_4$	$MoCl_4$	$TcCl_4$					
+5			$NbCl_5$	$MoCl_5$						
+6				$MoCl_6$						

酸化数	La	Hf	Ta	W	Re	Os	Ir	Pt	Au	Hg
+1									AuCl	Hg_2Cl_2
+2				WCl_2		$OsCl_2$		$PtCl_2$		$HgCl_2$
+3	$LaCl_3$		$TaCl_3$	WCl_3	$ReCl_3$	$OsCl_3$	$IrCl_3$		$AuCl_3$	
+4		$HfCl_4$	$TaCl_4$	WCl_4	$ReCl_4$	$OsCl_4$		$PtCl_4$		
+5			$TaCl_5$	WCl_5	$ReCl_5$					
+6				WCl_6	$ReCl_6$					

[†] Ta_2Cl_5, Nb_6Cl_{14} のような混合酸化数の塩化物は省く.

表 6・6 二元金属カルボニル化合物

$V(CO)_6$	$Cr(CO)_6$	$Mn_2(CO)_{10}$	$Fe(CO)_5$ $Fe_2(CO)_9$ $Fe_3(CO)_{12}$	$Co_2(CO)_9$ $Co_4(CO)_{12}$	$Ni(CO)_4$
	$Mo(CO)_6$	$Tc_2(CO)_{10}$	$Ru(CO)_5$ $Ru_3(CO)_{12}$	$Rh_4(CO)_{12}$ $Rh_6(CO)_{16}$	
	$W(CO)_6$	$Re_2(CO)_{10}$	$Os_2(CO)_9$ $Os_3(CO)_{12}$	$Ir_4(CO)_{12}$	

共存下,金属塩化物などの化合物から合成するにしても,一般に高圧の一酸化炭素を必要する.

表6・6は二元金属カルボニルの組成を示す. 図6・1は代表的な金属カルボニルの構造と対称性を示す.

Cr, Fe, Ni などの単核の遷移金属カルボニルの金属の原子価電子(ゼロ価の場合,族番号と一致する)と配位子 CO からの電子(各2個)を足すと,希ガスの電子数

18 に一致する．このような規則は一般的になりたつため，**18 電子則**（eighteen electron rule）とよばれる．

たとえば $Ni(CO)_4$ では $10+2\times4=18$，$Fe(CO)_5$ では $8+2\times5=18$．18 電子則は典型元素のオクテット則に対応する．18 電子則はデカカルボニル二マンガン $Mn_2(CO)_{10}$，ノナカルボニル二鉄 $Fe_2(CO)_9$ のような複核の金属カルボニルにも成立する．$Mn_2(CO)_{10}$ では一つの Mn には 5 個の CO が配位し，さらに Mn-Mn の直接の結合をもっている．Mn-Mn 結合では一つの電子を互いに一つずつ供与すると考えると，Mn まわりの電子数は $7+2\times5+1=18$ となる．$Fe_2(CO)_9$ では三つの CO 配位子はそれぞれ二つの Fe 間を架橋しており，1 電子ずつをそれぞれの Fe 原子に供与し，Fe-Fe 間も共有結合を仮定すると Fe まわりの電子数は $8+2\times3+1\times3+1=18$ となる．18 電子則の例外はヘキサカルボニルバナジウム $V(CO)_6$ のみで，この化合物は奇数電子をもつ．

金属カルボニルは一般に疎水性で，非極性の溶媒によく溶け，通常の無機化合物とは異なる性質をもつ．また金属と直接炭素で結合する有機基，たとえばシクロペンタジエニル基 $Cp(=C_5H_5)$，メチル基 CH_3 などを導入して，有機金属化合物を合成するさいの出発物質として広範に利用されている．有機金属化合物は有機物の炭素と金属の間に直接の結合がある化合物をさし，CO は有機化合物ではないため，金属カルボニルは，本来，有機金属化合物ではないが，有機金属化合物として分類されることも多い．

Cp 基と CO 基を含む化合物もほとんどのものが 18 電子則を満たす．そのさいに有機基の電荷をどのように見なすかで，電子数の数え方が二通りあることに注意する必要がある．たとえば第一の方法では，$CpMn(CO)_3$ では Cp 基を -1 価と考え，Mn の酸化数を $+1$ と見なす．この場合，Mn の価電子は $6(=7-1)$ となる．Cp^- 基は 6 電子供与すると考えられるので，Mn まわりの電子数は $6+6+2\times3=18$ となる．第二の方法は，有機基を中性ラジカルと見なし，Mn を 0 価と見なす方法である．この場合，Mn は 0 価でその価電子が 7，Cp 基は 5 電子供与と考えるので Mn まわりの電子数は $7+5+2\times3=18$ となる．どちらの場合も 18 電子則が成り立つことがわかる．第一の数え方は，電気陰性度の高い原子に負の電荷を割り当てるという無機化学における形式荷電の数え方を適用したものである．

金属と一酸化炭素との結合は一酸化炭素の炭素上の非共有電子対が金属の空軌道に供与される **σ 供与結合**（σ-donation）（通常の配位結合）だけでなく，金属の π 性の d 電子が一酸化炭素の反結合性軌道に与えられる **π 逆供与結合**（π-back donation）

が存在する（図6・2）．そのために，金属と炭素の間は多重結合性をもち，C–O結合は遊離の一酸化炭素より弱くなることがCO伸縮振動の振動数からも示される．

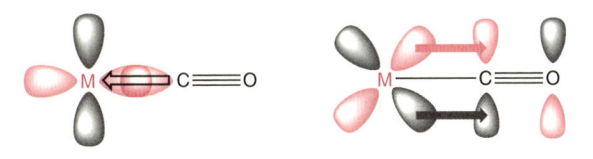

図 6・2 金属カルボニルの配位結合様式 σ 供与結合（左）と π 逆供与結合（右）

6・2　3族元素（スカンジウム族）

3族元素にはランタノイド，アクチノイドも含まれるが，それらは§6・12にまとめる．

6・2・1　名称，発見および単離

▶ $_{21}$Sc　スカンジウム　scandium

　元素名　スカンジナビアを意味するラテン語 Scandia に由来する．

　発　見　1871年，メンデレーエフが ekaboron として存在を予言していた．原子量 44（実際には 44.9），酸化物の密度 $3.5\,\mathrm{g\,cm^{-3}}$（3.86），炭酸塩は水に不溶性（実際に不溶性）などと予測しており，発見されてからその予測がよくあっていることが示された．

　1879年，ニルソン（スウェーデン）がその当時見つかった希土類元素の精密な測定のために，ユークセナイトという鉱物を研究している中で，純粋な酸化イッテルビウムを単離，同時に痕跡量の未知の金属の酸化物（スカンジウムの酸化物）を発見し，新元素と確認した．

　1937年，$ScCl_3$ の電気分解により金属が単離された．

▶ $_{39}$Y　イットリウム　yttrium

　元素名　スウェーデンの鉱山町イッテルビー（Ytterby）に由来する．

　発　見　1794年，7年前にイッテルビーで発見された黒い鉱石ガドリナイト中にフィンランドのガドリンが未知の元素の酸化物が 30% 含まれていることを発見してその酸化物をイットリア，元素をイットリウムと命名した．

1843 年，スウェーデンのムーサンデルが，イットリアがイットリウム，テルビウム，エルビウムの酸化物の混合物であることを示し，より純粋な形でイットリウムを抽出した．

▶ $_{57}$La　ランタン　lanthanum

元素名　ギリシャ語の lanthancin（隠れたもの）に由来する．日本語のランタンはドイツ語の Lanthan に起因．

発　見　1839 年，スウェーデンのムーサンデルが硝酸セリウムを加熱して酸化セリウムとし，硝酸で新しい元素成分を抽出し，酸化物ランタナを得た．

▶ $_{89}$Ac　アクチニウム　actinium

元素名　ギリシャ語の aktinos（光線）に由来する．

発　見　1899 年，フランスのドビエルヌにより瀝青ウラン鉱（ピッチブレンド）から抽出分離された．

6・2・2　一 般 的 概 観

3 族元素の各種データを表 6・7，表 6・8 に示す．スカンジウム族元素の外殻電子配置は $nd^1(n+1)s^2$ で 3+ イオンが希ガスの電子配置をもって安定である．スカンジウムはイオン半径も小さく，化学的挙動はある程度アルミニウムに似ている．

表 6・7　3 族元素の電子配置，イオン化エネルギー，電気陰性度

元素	電子配置	イオン化エネルギー /kJ mol^{-1}				電気陰性度（ポーリング）
		第一	第二	第三	第四	
Sc	[Ar]3d^{1}4s^2	631	1235	2389	7089	1.36
Y	[Kr]4d^{1}5s^2	616	1181	1980	5963	1.22
La	[Xe]5d^{1}6s^2	538.1	1067	1850	4819	1.10
Ac	[Rn]6d^{1}7s^2	499	1170	1900	4700	1.1

表 6・8　3 族元素の融点，沸点，気化熱，密度，原子半径，イオン半径

元素	融点/°C	沸点/°C	気化熱/kJ mol^{-1}	密度/g cm^{-3}	原子半径/pm	イオン半径/pm(E^{3+})
Sc	1541	2831	304.8	2.989	161	83
Y	1522	3338	393.3	4.469	181	106
La	921	3457	399.6	6.145	188	122
Ac	1050	3200	418	10.06	188	118

6・2・3 自然界における存在

3族元素の自然界における存在度を表6・9に示した.スカンジウムは,地殻での存在度はヒ素と同程度であり,比較的ありふれた元素ではあるが,利用できる鉱石がなく,分離が困難である.3族元素はいずれも3価のイオンとして産出するが,硬い酸として挙動するため,酸素酸塩などに含まれる.ランタンとイットリウムの地殻中の存在度はそれぞれ28,29位でネオジムにつぐ.Sc, Y, La は生体内中に微量に存在するが,とくに生物学的な役割は知られていない.

表6・9 3族元素の太陽系,地殻,海水,人体中の元素存在度

元素	太陽系原子数†	地殻/ppm	海水/ppm	人体/ppm
Sc	34.2	16	0.00000079	0.003
Y	4.64	30	0.000009	0.07
La	0.4460	32	0.0000069	0.01
Ac	—	痕跡量	—	—

† ケイ素原子 10^6 個に対する原子数.

6・2・4 3族元素の単離

◼ **スカンジウム**の鉱石はケイ酸塩鉱物のトルトバイト石 $Sc_2Si_2O_7$ があるが,ウラン抽出のさいの副産物として得られるほか,タングステン精錬の副産物として得られる.金属は $ScCl_3$ と塩化アルカリ混合物の融解塩電解でつくる.あるいは,Sc_2O_3 と HF あるいは NH_4F から ScF_3 をつくり,1300℃ の高温でカルシウムにより金属に還元する.

$$Sc_2O_3 + 6HF \longrightarrow 2ScF_3 + 3H_2O$$
$$2ScF_3 + 3Ca \longrightarrow 2Sc + 3CaF_2$$

◼ **イットリウム**はランタンなどの他の希土類とともに,バストネス石 $M^{III}CO_3F$,モナズ石 $M^{III}PO_4$ などの鉱物中に産出する.内殻の f 軌道の電子配置が違うだけなので,化学的性質が互いにきわめてよく似ているため,これらの鉱物から元素を相互に分離することはきわめて難しい.水溶液にしてから,イオン交換法や溶媒抽出法などの方法が用いられる.スカンジウムと同様の方法で金属が得られる.

◼ **ランタン**はモナズ石に含有量が多い.金属ランタンは LaF_3 と Ca との反応で得られる.

◆ アクチニウムの最も安定な同位体である ^{227}Ac は ^{235}U の放射性崩壊で生じるが，半減期は 21.8 年で短いため，量的にきわめて少なく，ウラン鉱石から得るのは難しい．^{226}Ra の中性子照射で得られる．金属は酸化物を還元して得る．

$$^{226}\text{Ra} + ^{1}\text{n} \longrightarrow \, ^{227}\text{Ra} \xrightarrow{\beta} \, ^{227}\text{Ac}$$

6・2・5 3族元素の用途

◆ スカンジウムの用途はほとんどないが，ScI_3 を封入したランプは太陽光に近い発光スペクトルが得られるため，野球場などの夜間照明に利用されている．0.3％のスカンジウムを含むアルミニウム合金は鋳造や溶接のさいに結晶粒が成長しにくく，Al_3Sc 粒子が析出して強度が増す．この合金は旧ソ連の戦闘機などに使われた．

◆ ユウロピウムをドープした酸化硫化イットリウムは赤色蛍光体としてブラウン管テレビに利用される．イットリウムガーネット（YAG：$Y_3Al_5O_{12}$）は発振波長 1.06 μm のレーザー材料として重要．YIG（Y-Fe ガーネット）は光学機器用，記憶磁気媒体として利用される．金属 Y は合金材料としても利用される．

◆ ランタンは金属自身も使われるが合金としてライターの発火材ミッシュメタルの成分として利用される．また映画撮影などの炭素アーク照明の電極芯材に使われる．アーク照明の明るさが増して，スペクトルが太陽光に近くなるためである．ニッケルとの合金 $LaNi_3$ は粉末にすると自分の体積の 400 倍の水素を吸蔵することができ，水素吸蔵合金として注目されている．酸化ランタン Ln_2O_3 は屈折率を大きくするので，ガラス製造に用いられる．

◆ アクチニウムは研究上の用途以外にはほとんど用途はない．

6・2・6 化学的性質と化合物

金属はいずれも反応性が高く，下に行くほど反応性が増す．空気中で表面が酸化されるため，すぐに金属光沢を失い，酸素中で燃焼して M_2O_3 の酸化物を与える．イットリウムは表面に安定な酸化物皮膜ができるため，反応性は低い．

$$4La + 3O_2 \longrightarrow 2La_2O_3$$

金属は水と反応して，水素を発生し，水酸化物または塩基性酸化物をつくる．

$$2La + 6H_2O \longrightarrow 2La(OH)_3 + 3H_2$$

$$\mathrm{La(OH)_3 \longrightarrow LaO(OH) + H_2O}$$

スカンジウムはアルミニウムに似て両性であり，水酸化ナトリウムに溶解して水素を放出する．

$$\mathrm{2Sc + 6NaOH + 6H_2O \longrightarrow 2Na_3[Sc(OH)_6] + 3H_2}$$

$\mathrm{Y(OH)_3}$, $\mathrm{La(OH)_3}$ は塩基性が強くなり両性ではない．

水酸化物，炭酸塩，硝酸塩，硫酸塩を加熱して酸化物をつくることができる．

$$\mathrm{Y_2(CO_3)_3 \longrightarrow Y_2O_3 + 3CO_2}$$

$$\mathrm{Y_2(SO_4)_3 \longrightarrow Y_2O_3 + 3SO_2 + \frac{3}{2}O_2}$$

$\mathrm{M^{3+}}$ は硬い酸であり，酸化物は非常に安定であるため，テルミット反応で金属を取出すことはできない．（$\mathrm{Al_2O_3}$ の生成熱が $1675\,\mathrm{kJ\,mol^{-1}}$ であるのに対して $\mathrm{Sc_2O_3}$, $\mathrm{Y_2O_3}$, $\mathrm{La_2O_3}$ の生成熱はそれぞれ 1909, 1905, 1794 $\mathrm{kJ\,mol^{-1}}$）．

金属は水素と反応して，電気伝導性をもつ水素化物 $\mathrm{MH_2}$ を与える．Y, La ではさらに水素を吸蔵して不定比化合物 $\mathrm{MH_{<3}}$ を与える．

ハロゲン化物は $\mathrm{MX_3}$ が安定であるが，$\mathrm{LaI_2}$, $\mathrm{M^I ScX_3}$ のような2価の化合物も存在する．

6・3　4族元素（チタン族）
6・3・1　名称，発見および単離

▶ $_{22}$Ti　チタン　titanium

　元素名　ギリシャ神話の巨人タイタン（Titans）にちなむ．

　発　見　1795年，ドイツのクラプロートが，ルチル（金紅石）が新元素チタンの酸化物 $\mathrm{TiO_2}$ であることを明らかにした．

　単　離　1910年，米国のGE社のハンターが四塩化チタンをナトリウム還元することにより金属を初めて単離した．

$$\mathrm{TiCl_4 + 4Na \longrightarrow Ti + 4NaCl}$$

▶ $_{40}$Zr　ジルコニウム　zirconium

　元素名　聖書の時代から知られていた鉱物ジルコン（zircon）に由来する．

　発　見　1824年，スウェーデンのベルセリウスが鉱物ジルコン（$\mathrm{ZrSiO_4}$）から発見した．

　単　離　ベルセリウスは $\mathrm{ZrF_4}$ を K 還元して金属を得ているがハフニウムなどの不純物を含む．

高純度金属は 1925 年, オランダのアーケルとドボーアによって ZrI_4 の熱分解により単離された.

▶ ₇₂Hf　ハフニウム　hafnium

元素名　コペンハーゲンのラテン語名 Hafnia に由来する.

発　見　1923 年, コペンハーゲン大学でコスター (オランダ), ヘヴェシー (ハンガリー) らが X 線分光分析でジルコン中に 72 番元素の存在を発見. イオン半径がほとんど等しいため Zr と常に一緒に存在する.

1924 年, アーケルとドボーアによって HfI_4 をタングステンフィラメント上で熱分解して金属単体が単離された.

▶ ₁₀₄Rf　ラザホージウム　rutherfordium

元素名　原子核を発見したニュージーランド生まれの英国の物理学者ラザフォード (Rutherford) にちなむ.

発　見　1964 年, ソ連ドブナの原子核研究連合研究所 (JINR) のフレーロフらは ^{244}Pu に ^{22}Ne 原子核を加速衝突させ, 質量数 260 の 104 番元素をつくった. 半減期 0.3 秒. Kurchatovium (Ku) と命名.

1969 年, カリフォルニア大学バークレー校ローレンス研究所のギオルソらが ^{249}Cf に ^{12}C および ^{13}C の原子核を加速衝突させ質量数 257 と 259 の 104 番元素を得た. 半減期はそれぞれ 4.7 秒と 3.1 秒で ^{253}No および ^{255}No に α 崩壊する. rutherfordium (Rf) と命名.

その後 105, 106, 107 番元素などが発見 (合成) され, その間元素の名称について統一ができないまま, 二つの名称がそれぞれに通用していた. 特に 106 番元素に米国が seaborgium という名前を提案したのに対して, IUPAC が生存者の名前であることから反対したため, 混乱した. さらに原子番号をそのまま元素名とする系統的命名法も提案された. たとえば 104 番元素 Un-nil-quadium として元素記号も Unq のように 3 文字を使うことにした.

1994 年, IUPAC は 104 番元素から 108 番元素に対して dubnium, joliotium, rutherfordium, bohrium, hahnium を提案. アメリカ化学会が IUPAC 案を拒否し, 106 番元素に seaborgium を主張した. 1996 年, 米ロ間で合意ができ 104 番 rutherfordium, 105 番 dubnium, 106 番 seaborgium とし, 1997 年, IUPAC が追認して確定した.

6・3・2 一般的概観

4族元素は最高酸化数+4で希ガスの電子配置をもち,この酸化数の化合物が最も安定である.その場合 d 電子をもたないため無色の化合物が多いが,ルチル TiO_2 などでは不純物や格子欠陥などにより黒色,金色などに着色する. 4価の水和物は強い酸で水酸化物,さらに酸化物を生じるため,水に対する溶解度がきわめて低い.ハロゲン化物たとえば $TiCl_4$ は $SiCl_4$ などの14族元素化合物に似るが,SiO_2 中の Si は四面体4配位であるのに対して,TiO_2 中の Ti は八面体6配位であるなどの違いもでてくる. 4族元素の各種データを表6・10および表6・11に示した.

表 6・10 4族元素の電子配置,イオン化エネルギー,電気陰性度

元素	電子配置	イオン化エネルギー /kJ mol^{-1}					電気陰性度(ポーリング)
		第一	第二	第三	第四	第五	
Ti	[Ar]3d^{2}4s^2	658	1310	2652	4175	9573	1.54
Zr	[Kr]4d^{2}5s^2	660	1267	2218	3313	7860	1.33
Hf	[Xe]4f^{14}5d^{2}6s^2	642	1440	2250	3216	6596	1.3

表 6・11 4族元素の融点,沸点,気化熱,密度,原子半径,イオン半径

元素	融点/°C	沸点/°C	気化熱/kJ mol^{-1}	密度/g cm^{-3}	原子半径/pm	イオン半径/pm	
						E^{2+}	E^{4+}
Ti	1660	3287	428.9	4.54	145	80	69
Zr	1852	4377	581.6	6.506	160	109	87
Hf	2230	5197	661.1	13.31	156		84

6・3・3 自然界における存在

4族元素の自然界における存在度を表6・12に示した.地殻中でのチタンの存在度は9位で遷移元素としては鉄につぎ2位で,豊富に存在する.ヒトは食物を通し

表 6・12 4族元素の太陽系,地殻,海水,人体中の元素存在度

元素	太陽系原子数†	地殻/ppm	海水/ppm	人体/ppm
Ti	2400	5600	0.00048	10
Zr	11.4	190	0.000009	0.01
Hf	0.154	3.3	0.000007	—

† ケイ素原子 10^6 個に対する原子数.

て1日約 0.8 mg 程度のチタンを摂取しているが，そのまま排泄される．生物学的な役割は知られていない．

ジルコニウムの地殻中での存在度は 19 位で比較的多い．ハフニウムはジルコニウムと一緒に挙動しているが，存在度はずっと少ない．ジルコニウム，ハフニウムも生物学的役割は知られていない．

6・3・4 4 族元素の単離

◆ **チタン**鉱石としてはルチル（金紅石）TiO_2，チタン鉄鉱（イルメナイト）$FeTiO_3$ などが利用される．高温では酸素や炭素と反応しやすいため，炭素還元によって金属を単離することはできない．チタン鉄鉱あるいはルチルを赤熱時 C および Cl_2 と反応させて得られる四塩化チタン $TiCl_4$ を利用する．蒸留により $FeCl_3$ などの不純物を除いたあと，1300 ℃ で金属マグネシウムと加熱して単離する（クロール（Kroll）法）．

$$TiO_2 + C + 2Cl_2 \longrightarrow TiCl_4 + CO_2$$
$$TiCl_4 + 2Mg \longrightarrow Ti + 2MgCl_2$$

得られたチタンはスポンジ状固体として得られる．過剰のマグネシウムおよび塩化マグネシウムを 1000 ℃ で蒸留させ除いてからアーク炉中で融解し，インゴットにする．

◆ **ジルコニウム**はジルコン $ZrSiO_4$ またはジルコニア ZrO_2 として産出する．ジルコンを炭素と塩素とともに加熱して得られる四塩化ジルコニウム $ZrCl_4$ をクロール法で還元して金属ジルコニウムが得られる．

$$ZrCl_4 + 2Mg \longrightarrow Zr + 2MgCl_2$$

◆ **ハフニウム**はジルコニウムとイオン半径がほとんど同じで，化学的挙動が同じため，ジルコニウム鉱石中に不純物としてジルコニウムの 1～2% 含まれている．ジルコニウムとハフニウムの分離は非常に困難であり，イオン交換樹脂や溶媒抽出などの方法を用いなくてはならない．

6・3・5 4 族元素の用途

◆ 金属**チタン**の表面には丈夫な酸化保護膜が形成されるため，過酷な条件でも安定である．比較的高価ではあるが，特殊な用途がある．生産される金属チタンの3分の2は飛行機のエンジンや機体に使われ，残りが化学プラントや熱交換器などに使

用される．人体の組織と反応しないため，骨折治療用のピンやボルトなどにも使われる．建築材料としても利用され，最近は社寺の銅ぶき屋根にかわってチタン葺き屋根が使われ始めている．

　チタンの水素吸蔵性を利用する用途も開発されている．Ni-Ti 合金は形状記憶合金として利用される．化合物では二酸化チタン TiO_2 が白色顔料や光触媒として利用される．またチタン酸バリウム（通称：チタバリ）$BaTiO_3$ は強誘電体としての需要が高い．三塩化チタン $TiCl_3$ はアルキルアルミニウムとともにオレフィン重合の**チーグラー–ナッタ触媒**（Ziegler–Natta catalyst）として使われる（p.217 参照）．

🔶 **ジルコニウム**は熱中性子捕獲断面積が非常に小さいため，ウラン燃料の被覆材や原子炉内の配管として利用される．ただし，ハフニウムは熱中性子捕獲断面積が大きいため，不純物としてハフニウムが含まれることは避けなくてはならない．かつてはフラッシュバルブのフィラメントにも利用されたが，現在は需要がほとんどない．真空管のゲッターとして利用される．合金の添加材料としても利用され，鉄鋼に添加すると，強度と加工性が向上する．ジルコン $ZrSiO_4$ は無色で屈折率が非常に高いため，人工ダイヤモンドとして利用される．酸化物であるジルコニア ZrO_2 はセラミックス材料として高速度切削用の材料などに使われる．

🔶 **ハフニウム**は熱中性子捕獲断面積が大きいことを利用して中性子吸収材として原子炉に利用される．また耐熱合金，耐熱セラミックスなどにも使われる．

6・3・6 化学的性質と化合物

　チタン，ジルコニウム，ハフニウムは 600 ℃ 以上の温度で，酸素，ハロゲン，窒素，炭素，水素などとそれぞれ直接に反応して酸化物 MO_2，ハロゲン化物 MX_4，侵入型窒化物 MN，侵入型炭化物 MC を生成する．金属粉末は水素を吸収して侵入型水素化物 $MH_{<2}$ を生成する．吸蔵する水素の量は温度，圧力に依存する．

　金属チタンは表面にできる酸化物被膜により，**不動態**（passive state）になり，常温では酸およびアルカリによって侵されない．熱濃塩酸，熱硝酸には徐々に溶解する．フッ化水素酸には溶解してヘキサフルオロチタン(IV)酸を生じる．

$$Ti + 6HF \longrightarrow H_2[TiF_6] + 2H_2$$

　四塩化チタンは，チタン単体と塩素の直接の反応，または TiO_2 と炭素および塩素との反応で合成される．無色の液体（沸点 136 ℃）で，蒸気圧が高く，分子構造は正四面体である．ルイス酸であり，エーテルやアミンなどとが配位子 L として配位

し付加物 TiCl$_4$L, TiCl$_4$L$_2$ を形成する．湿った空気中で加水分解して発煙する．水によって激しく加水分解する．これらの性質は SiCl$_4$ などの 14 族元素の塩化物とよく似ている．

$$TiCl_4 + 2H_2O \longrightarrow TiO_2 + 4HCl$$

二酸化チタン TiO$_2$ はルチル，アナタース，板チタン石の三つの形がある．人工的には TiCl$_4$ を酸素で気相酸化することによって得られる．白色顔料としてペンキに大量に用いられる．食品の白色顔料としても利用される．半導体であり，紫外線によって光触媒としてはたらき，水から酸素を発生させたり（**本多・藤嶋効果**），吸着した有機物などを酸化させることが知られており，脱臭，抗菌，環境浄化など多くの用途が開発されている．

TiO$_2$ は両性酸化物で，**チタン酸カルシウム** CaTiO$_3$ などの複合酸化物を生じる．CaTiO$_3$ は灰チタン石（ペロブスキー石，ペロブスカイトともいう）とよばれる立方晶系の結晶である．この構造は多くの複合酸化物の基本構造であり，強誘電体が多数開発されている．カルシウムの代わりにバリウムが入った**チタン酸バリウム** BaTiO$_3$ は対称心のない結晶になり，圧電（ピエゾエレクトリック）効果を示す．すなわち，圧力をかけて変形させると結晶の両端に電場を生じ，逆に電場をかけることにより，結晶が変形する（図 6・3）．

三塩化チタン TiCl$_3$ にはいくつかの結晶系がある．TiCl$_4$ 蒸気を 500〜1200°C で水素還元することにより紫色の α 型が得られる．TiCl$_4$ をアルキルアルミニウムで

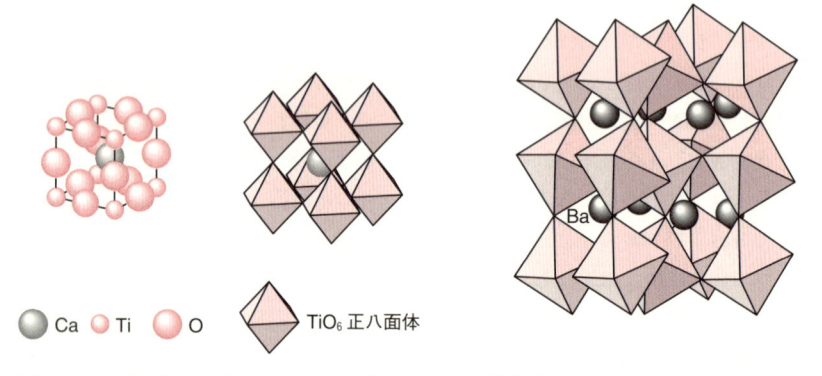

図 6・3 灰チタン石（ペロブスキー石）CaTiO$_3$ の構造（左と中央）とチタン酸バリウムの構造（右）［右二つの図は TiO$_6$ を正八面体で表しており，酸素原子は八面体の頂点に位置する］

還元すると褐色のβ型を生じる．α型は八面体 $TiCl_6$ を含む層状格子であり，β型は八面体 $TiCl_6$ が面を共有した単一鎖の繊維状をしている．β型はオレフィンの低圧重合触媒（チーグラー–ナッタ触媒）として重要である．この触媒は，チタンに配位したオレフィンにアルキル基が移動してアルキル鎖が伸び，さらに空いたチタンの配位サイトにオレフィンが新たに配位する，という過程の繰返しで重合反応が進むと考えられている（図 6・4）．

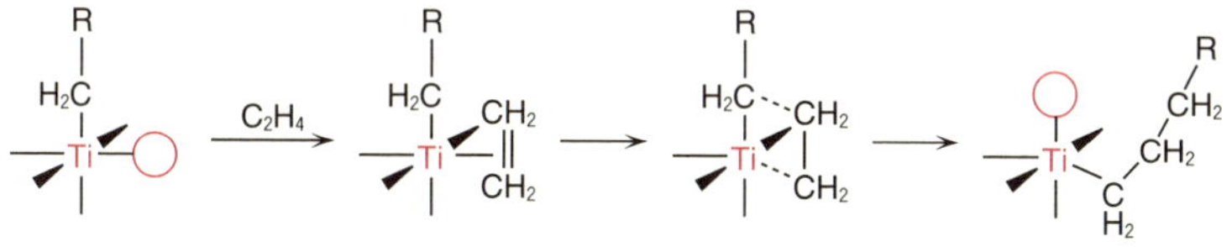

図 6・4　チーグラー–ナッタ触媒によるオレフィン重合機構
（○ はチタン上の空のサイトを示す）

Ti^{3+} のアクアイオン $[Ti(H_2O)_6]^{3+}$ は Ti^{4+} の水溶液を電解還元または亜鉛による還元で得られる．d^1 錯体であり，可視部に吸収をもち，赤紫色である（図 2・19 参照）．
　二塩化チタンは高温で四塩化チタンとチタンとの反応または三塩化チタンの不均化反応で得られる．

$$TiCl_4 + Ti \longrightarrow 2TiCl_2$$
$$2TiCl_3 \longrightarrow TiCl_2 + TiCl_4$$

0, −1 価の酸化状態はビピリジル錯体 $[Ti(bpy)_3]$, $Li[Ti(bpy)_3]\cdot3.5C_4H_8O$ に見いだされる．

ジルコニウムとハフニウムは原子半径，イオン半径がほとんど同じため，その化学はきわめて似ており，化合物の性質もごくわずかの違いしかない．
　Ti とはいくつかの点で異なる．

❶ +3 価以下の化合物はほとんどない．
❷ Ti^{4+} が 4〜6 配位構造を取るのに対して，7, 8 の配位数をとりやすい．
　ジルコニウムは熱濃硫酸，熱王水に溶解する．
　四塩化ジルコニウム $ZiCl_4$ は $TiCl_4$ と同じ反応で合成される．気体では四面体であるが，固体中では Cl が架橋して $ZrCl_6$ の八面体がつながっている構造をもつ．水によって部分的に加水分解され，$ZrOCl_2$ を生成する．この化合物はロールオンタイプの汗止めに使われる．

ジルコニウム,ハフニウムはチタンと同様,二酸化物 MO_2 を形成するが,TiO_2 が両性であるのに対して,ZrO_2, HfO_2 は塩基性が強くなる.ZrO_2 は融点が 2700 °C もあり,耐火性で,耐食性に優れるため,るつぼや炉の内張りなどに利用される.

6・4 5族元素(バナジウム族)
6・4・1 名称,発見および単離

▶ $_{23}V$　バナジウム　vanadium

元素名　化合物が美しい色であることからスウェーデンの若さと美の女神 Vanadis にちなんで命名された.

発　見　1830年,スウェーデンのセフストレームがターベルク地方の鉄鉱石でつくった鉄が特に軟らかいことから新元素の存在を発見した.同時期にドイツのヴェーラーも発見しているが別途研究していたフッ化水素による重い中毒症状のため研究を中断せざるをえなかった.

単　離　1920年,米国 Westinghouse 社のマーデンとリッチが V_2O_5 と $Ca/CaCl_2$ との反応で純金属を得た.

▶ $_{41}Nb$　ニオブ　niobium

元素名　同族の元素タンタルにちなんでギリシャ神話タンタルス神の娘の名前 Niobe から命名された.日本語名はドイツ語の Niob に起因する.

発　見　1801年,英国のハチェットが鉱物コロンバイトから発見して Columbium と命名した.

1844年,ドイツのローゼが鉱物コロンバイトからタンタル類似の新元素を発見.Niob と命名した.1949年になってそれまでの名前の混乱を整理してニオブが正式名称として認められた.

単　離　1866年,スイスのマリニャクが塩化ニオブを水素還元して金属単体を得た.

▶ $_{73}Ta$　タンタル　tantalum

元素名　鉱石から単体を分離抽出することが困難であったため,地獄で苦しめられることになっているギリシャ神話の神タンタルス(Tantalus)の名にちなむ.日本語名はドイツ語の Tantal に起因する.

発　見　1802年,スウェーデンのエーケベリにより発見された.イットロタンタル石を分析して新元素の酸化物を得た.

6・4 5 族元素（バナジウム族）

単 離　1866 年，マリニャクによってフッ化物の分別結晶でニオブと分離する方法が開発されて，塩化物の水素還元により初めて高純度のものが単離された．

▶ ₁₀₅Db ドブニウム dubnium

元素名　ソ連の Dubna 研究所にちなんで命名された．

元素名　1967 年，ソ連のフレーロフらが ^{243}Am に ^{22}Ne 原子核を加速衝突させ，質量数 260 と 261 の 105 番元素をつくり，1970 年，Nielsbohrium（Ns）と命名した．

1970 年，米国のギオルソらが ^{249}Cf に ^{15}N 原子核を加速衝突させ半減期 1.5 秒の質量数 260 の 105 番元素をつくった．核分裂を発見したドイツのハーン（Otto Hahn）にちなんで，Hahnium（Ha）と命名した．

1997 年，それまでの混乱を整理して IUPAC で Dubnium と決定（p.212 参照）．

6・4・2 一 般 的 概 観

表 6・13 および表 6・14 に 5 族元素の各種データを示す．この族の元素は＋5 までのいろいろの酸化数をとることができる．酸化数が高くなるとイオン性，塩基性は減少していく．V^{2+}, V^{3+} はそれぞれ Fe^{2+}, Fe^{3+} に類似する．下の元素ほど高い酸化状態が安定であり，V^{5+} は酸化剤としてはたらくが Nb^{5+}, Ta^{5+} は安定である．M_2O_5 はバナジウムで両性であるが，Nb，Ta は塩基性が強くなる．ランタノイド収縮のために Nb, Ta は原子半径，イオン半径がほとんど同じのため，化学的挙動はきわめて

表 6・13 5 族元素の電子配置，イオン化エネルギー，電気陰性度

元素	電子配置	イオン化エネルギー /kJ mol^{-1}						電気陰性度（ポーリング）
		第一	第二	第三	第四	第五	第六	
V	[Ar]3d^{3}4s^2	650	1414	2828	4507	6294	12326	1.63
Nb	[Kr]4d^{4}5s^1	664	1382	2416	3695	4877	9899	1.6
Ta	[Xe]4f^{14}5d^{3}6s^2	761	1500	2100	3200	4300		1.5

表 6・14 5 族元素の融点，沸点，気化熱，密度，原子半径，イオン半径

元素	融点/°C	沸点/°C	気化熱 /kJ mol^{-1}	密度/g cm^{-3}	原子半径/pm	イオン半径/pm		
						E^{3+}	E^{4+}	E^{5+}
V	1887	3377	458.6	6.11	132	65	61	59
Nb	2468	4742	696.6	8.57	143		74	69
Ta	2996	5425	753.1	16.654	143	72	68	64

よく似ている．

6・4・3 自然界における存在

5族元素の自然界における存在度を表6・15に示した．5族元素は原子番号が偶数の元素に比べて存在度は低いが，酸素との親和性の高いバナジウムは地殻中に広範に存在する．地殻における存在度は19位でジルコニウムにつぐ順位．ベネズエラの原油にはVO^{3+}がポルフィリンに結合した形で高濃度で含まれる．原索動物ホヤの一種にはバナジウムが血液中に1.5%もの濃度で存在するが，役割はわかっていない．ヒトを含めある種の生物にとって必須元素である．成長促進効果をもっていることがわかっている．ヒトの食事には1日あたりの必要量40μgのバナジウムが含まれ，必要量を大幅に超えているため，欠乏症のおそれはない．

ニオブとタンタルは希少な元素であり，生物学上の役割もない．

表6・15 5族元素の太陽系，地殻，海水，人体中の元素存在度

元素	太陽系原子数[†]	地殻/ppm	海水/ppm	人体/ppm
V	293	160	0.0018	0.001
Nb	0.698	20	0.000 000 9	0.02
Ta	0.0207	2	0.000 002	0.003

[†] ケイ素原子10^6個に対する原子数．

6・4・4 5族元素の単離

🔶 バナジウムの鉱石としては褐鉛鉱 $PbCl_2 \cdot 3Pb_3(VO_4)_2$ などがあるが，他の金属を精錬する際の副産物として得られる．ベネズエラやカナダの原油はバナジウムを高濃度で含むため，燃えかすの灰からもバナジウムが抽出される．

バナジウムを含む灰などを処理して得た五酸化二バナジウム V_2O_5 を封管中でカルシウムと加熱する．また，三塩化バナジウム VCl_3 を金属マグネシウムで還元するクロール法も用いられる．

$$V_2O_5 + 5Ca \longrightarrow 2V + 5CaO$$
$$2VCl_3 + 3Mg \longrightarrow 2V + 3MgCl_2$$

バナジウムは酸化物，窒化物，炭化物をつくりやすいため，特に高純度の金属を得ることはむずかしい．現在は VI_2 の蒸気を熱線に接触させて熱分解することによ

り高純度の金属 が得られる．

🔶 ニオブの鉱石としてはコロンバイト $CaNaNb_2O_6F$ が重要である．元素発見の歴史からわかるように，ニオブとタンタルはきわめてよく似た化学的挙動をするため，タンタルも必ず含まれ，両者を分離することはかなり困難である．アルカリ融解または酸によって水に可溶性にしてから，溶媒抽出によって相互分離される．金属単体は，五酸化物 M_2O_5 をナトリウムで還元するか，$K_2[NbF_7]$ のようなフルオロ錯体の融解塩電解により得られる．タンタルはスズ精錬の副産物としても得られる．

6・4・5　5族元素の用途

🔶 バナジウム鋼はさびにくく，耐衝撃性，耐振動性があるため，バネや工具鋼，耐熱鋼，ジェットエンジンなどに使われる．目的によって 1～3% のバナジウムが鋼に加えられる．鋼に用いる場合は純粋な金属である必要がなく，V_2O_5 とフェロシリコン (Fe-Si 合金) を加熱して Fe-V 合金 (フェロバナジウム) をつくり，それが利用される．

　五酸化二バナジウム V_2O_5 は硫酸製造の触媒として SO_2 を SO_3 に酸化するのに用いられる．その他，有機物の酸化触媒としても重要である．V_3Ga は 16.8 K 以下で超伝導性を示し，臨界磁場がきわめて高い．バナジウム V^{5+} あるいは V^{4+} 化合物ではインスリンと同様に血糖値をコントロールする作用があることがわかっており，医薬品への応用も期待されている．

🔶 ニオブを含むステンレス鋼は高温に耐えるため，原子炉の燃料を入れる容器に使われる．単体としては最も高い温度 9.25 K で超伝導性を示す．Nb_3Sn, Nb_3Ge なども超伝導材料として重要であり，核磁気共鳴 (NMR) や医療用磁気共鳴イメージング (MRI) の強磁場をつくるのに用いられる．

🔶 タンタルの融点は非常に高いため，白熱電球のフィラメントとして用いられたことがあるが，タングステンにとって替わられた．表面に形成される Ta_2O_5 の被膜が密であり，腐食に強く，ほとんどの化学薬品に侵されることがないため，化学工業の反応容器において薄膜で内壁を保護するために使われる．また，生体に無害であるため，外科用インプラントとしても用いられる．

6・4・6 化学的性質と化合物

◨ **バナジウム**は化学量論的には 15 族のリンなどとよく似るが，化合物の性質の類似性はほとんどない．たとえばバナジン酸イオン $[VO_4]^{3-}$ はリン酸イオン $[PO_4]^{3-}$ に似ていない．金属バナジウムは空気，アルカリあるいは HF 以外の非酸化性の酸には侵されない．

5 族金属は高温で酸素と反応して五酸化物 M_2O_5 を生じるが，バナジウムでは VO_2 も生成する．バナジウムの場合は条件によって VO, V_2O_3, VO_2, V_2O_5 を生成する．V_2O_5 は酸化触媒として工業的に重要である．組成が一定しない，不定比化合物 $VO_{0.94-1.12}, VO_{1.35-1.5}$ も存在する．

五酸化二バナジウム V_2O_5 が最も重要な酸化物である．d^0 であるにもかかわらず格子欠陥により赤橙色である．V_2O_5 は両性酸化物である．塩基性酸化物としては酸と反応して $VOCl_3$ または VCl_5 のような化合物をつくる．酸性酸化物としてはバナジン酸塩をつくる．バナジン酸アンモニウム $(NH_4)_3[VO_4]$ の水溶液に希硫酸を加えると，れんが赤色の V_2O_5 の沈殿が生じる．この酸化物は NaOH に溶解し，バナジン酸イオン $[VO_4]^{3-}$ を含む無色の溶液を生じる．バナジン酸イオンは強アルカリ溶液中のみに存在し，pH が下がっていくと，水が抜けて，縮合して二バナジン酸（ピロバナジン酸）イオン $V_2O_7^{4-}$，四バナジン酸イオン $H_2V_4O_{13}^{4-}$ などの複雑なイオンを形成する．

5 価のハロゲン化物は五フッ化バナジウム VF_5 のみが知られている．沸点 44 ℃ の液体で VF_6 八面体がフッ素架橋で鎖状になっている．気体では単量体である．四塩化バナジウム VCl_4 は，バナジウムと塩素との直接の反応または赤熱した V_2O_5 と CCl_4 との反応で得られる暗赤色の油状物質である．水によって激しく加水分解して $VOCl_2$ を生じる．VCl_4 はゆっくり分解し，また，沸騰させることにより急速に分解して紫色の VCl_3 になる．VCl_3 はさらに分解して安定な VCl_2 に変化する．

V^{5+} は穏やかな還元剤で還元されて V^{4+} をバナジルイオン VO^{2+} として含む青色のオキソバナジウムイオン $[VO(H_2O)_5]^{2+}$ をつくる．VO^{2+} を含む化合物は正方錐 5 配位，あるいはひずんだ八面体 6 配位で V–O の結合距離は 1.56〜1.59 Å で短く，VO 間に多重結合性があると考えられる．V^{3+}, V^{2+} の水溶液も電解還元あるいは化学的還元で得られるが，安定ではない．

◨ 金属**ニオブ**および**タンタル**は高融点で酸に強い．HNO_3–HF 混合物には激しく溶ける．Nb_2O_5 および Ta_2O_5 はニオブ化合物やタンタル化合物を灼熱することによっ

て得られる．フッ化水素酸以外の酸にはほとんど侵されない．

NbF_5 および TaF_5 は金属とフッ素との直接の反応で得られる．八面体 MF_6 がフッ素により架橋され，四量体になっている．$NbCl_5, TaCl_5$ は八面体 MCl_6 が稜を共有して二量体になっている．四塩化物 $NbCl_4, TaCl_4$ もよく知られており，ホスフィンなどのルイス塩基と付加物をつくる．

6・5 6族元素（クロム族）
6・5・1 名称，発見および単離
▶ $_{24}$Cr　クロム　chromium

元素名　クロムの化合物がさまざまな色をもつことからギリシャ語の chroma（色）に由来する．日本語名はドイツ語の Chrom に起因する．

発　見　1797年，ヴォークラン（仏）が鉱石クロコイト $PbCrO_4$ の炭素還元により金属を単離した．

▶ $_{42}$Mo　モリブデン　molybdenum

元素名　輝水鉛鉱（molybdenite）からとられたが，この鉱物名はギリシャ語の molybdos（鉛）に由来する．輝水鉛鉱は黒鉛と混同されてきたために，このような名称がついた．日本語はドイツ語の Molybdän に起因する．かつては水鉛ともよばれた．

発　見　1778年，スウェーデンのシェーレが輝水鉛鉱 MoS_2 から白色の酸化物を得，新元素の酸化物と考えた．

単　離　1781年，スウェーデンのイェルムが酸化物の炭素還元により金属を単離し，原鉱石名から molybdenum と命名した．報告された密度は $7.40\,\mathrm{g\,cm^{-3}}$ であるが，純金属の 10.22 に比べずっと小さいので，炭化物をかなり含んでいたと思われる．

▶ $_{74}$W　タングステン　tungsten

元素名　灰重石（tungsten）に由来する．

発　見　1755年，スウェーデンのクロンステッドが $CaWO_4$ を鉱物名 tungsuten（灰重石）と名付けた．スウェーデン語で"重い石"を意味する．

1781年，シェーレは灰重石が新しい元素の酸とカルシウムの塩であることを認めた．以後，鉱物名をシェーライト，元素名をタングステンとよんだ．

タングステン鉱石としてシェーライトのほかにウォルフラムまたウォルフラマイトとよばれる $FeWO_4$ と $MnWO_4$ との混合物があり，これからドイツ語の元素名 Wolfram がつけられた．元素名はタングステンで統一されたが，元素記号には Wolfram の W が用いられる．

単　離　1783年，スペインのエルイヤール兄弟がタングステン酸を炭素還元して金属単体を得た．

▶ $_{106}$Sg　シーボーギウム　seaborgium

元素名　米国の超ウラン元素の研究者シーボルグ (Seaborg) にちなむ．1994年，106番元素に scaborgium の名前が提案されたが，IUPAC は存命中の科学者の名前であるとして否定した．ソ連崩壊後，再度命名が検討され，1996年米ロで合意ができ，1997年 IUPAC が追認した（p.212 参照）．

発　見　1974年米国のギオルソらが，サイクロトロンで加速した ^{18}O 原子核を ^{249}Cf に衝突させ質量数263の106番元素（半減期0.8秒）をつくった．Sg(VI) が安定で，SgO_4^{2-} の形のオキソ酸イオン，SgO_2Cl_2 のようなタイプの化合物をつくることが示唆されている．これらの研究はわずか7個の Sg 原子を用いて，溶液内，気相中で行われた．

6・5・2　一般的概観

6族元素の最高酸化数は+6で，そのとき，希ガスまたはそれに準じた電子配置になる．Cr は+3が最も安定であり，Cr^{6+} は強い酸化力をもつ．Mo, W では+6が安定であるため，酸化力はもたない．ランタノイド収縮のために，Mo と W は原子半径，イオン半径がそれぞれ同程度であるため，化学的挙動はよく似ているが，その類似性は4族のジルコニウムとハフニウム5族のニオブとタンタルほどではない．W はすべての金属元素の中で融点，沸点が最も高い物質である．6族元素の各種データを表6・16および表6・17にまとめた．

表6・16　6族元素の電子配置，イオン化エネルギー，電気陰性度

元素	電子配置	イオン化エネルギー /kJ mol^{-1}							電気陰性度 (ポーリング)
		第一	第二	第三	第四	第五	第六	第七	
Cr	[Ar]3d^{5}4s^1	652.7	1592	2987	4740	6690	8738	15550	1.66
Mo	[Kr]4d^{5}5s^1	685.0	1558	2621	4480	5900	6560	12230	2.16
W	[Xe]4f^{14}5d^{4}6s^2	770	1700	2300	3400	4600	5900		2.36

表 6・17 6族元素の融点,沸点,気化熱,密度,原子半径,イオン半径

元素	融点/°C	沸点/°C	気化熱/kJ mol^{-1}	密度/g cm^{-3}	原子半径/pm	イオン半径/pm			
						E^{2+}	E^{3+}	E^{4+}	E^{6+}
Cr	1860	2672	348.78	7.19	125	84	64	56	
Mo	2617	4612	594.1	10.22	136	92			62
W	3410	5657	799.1	19.3	137			68	62

6・5・3 自然界における存在

クロムは地殻における存在度は21位で比較的存在度の多い元素であり,遷移元素としてはバナジウムについで6位である.モリブデン,タングステンの存在度はずっと少ない.モリブデンは水には MoO_4^{2-} イオンとして溶解している.クロムはコレステロールや糖の代謝に必要な微量必須元素であるが,+6のクロムの毒性が高く1970年代に"6価クロム"として公害問題として大きく取上げられた.モリブデンもキサンチンオキシダーゼなどの酵素に含まれており,必須元素である.窒素固定細菌のニトロゲナーゼも活性部位として重要である.モリブデンの毒性は重金属の中では低い.タングステンは哺乳動物にとっては必須元素ではないが,ある種の嫌気性細菌などでは酵素中に見いだされている.

表 6・18 6族元素の太陽系,地殻,海水,人体中の元素存在度

元素	太陽系原子数†	地殻/ppm	海水/ppm	人体/ppm
Cr	13500	100	0.00025	0.01〜0.03
Mo	2.55	1.5	0.0100	0.07
W	0.133	1	0.000 092	0.0003

† ケイ素原子 10^6 個に対する原子数.

6・5・4 6族元素の単離

🔶 クロムの鉱石として利用されるのはもっぱらクロム鉄鉱 $FeCr_2O_4$ である.これには Cr は+3価として含まれる.ほかに $PbCrO_4$ や Cr_2O_3 も利用されるが,量的には少ない.

鉱石からクロムを取出す際に,鉄-クロム合金として取出す場合と純粋なクロムを取出す場合がある.前者はクロム鉄鉱を電気炉中で炭素還元することにより得られ,

ステンレス鋼などの合金をつくるために使われる．この合金には炭素が含まれる．

$$FeCr_2O_4 + 4C \xrightarrow{\text{電気炉}} \underset{\text{鉄-クロム合金}}{Fe + 2Cr + 4CO}$$

　純粋なクロムを取出すためには鉄との分離が不可欠であるが，そのためには何段階かの複雑な過程が必要になる．空気中で酸化させながら NaOH と融解することにより，クロム酸ナトリウム Na_2CrO_4 と三酸化二鉄 Fe_2O_3 に酸化する．Na_2CrO_4 は水溶性であるが，Fe_2O_3 は不溶性であることを利用して，Na_2CrO_4 を水で抽出する．得られた溶液を酸性にして，溶解度の低い二クロム酸ナトリウム $Na_2Cr_2O_7$ にかえてクロムを取出す．$Na_2Cr_2O_7$ を炭素還元により三酸化二クロム Cr_2O_3 に還元して，さらにアルミニウムまたはケイ素によって還元して（テルミット反応），最終的に金属クロムを得る．

$$4FeCr_2O_4 + 16NaOH + 7O_2 \xrightarrow{1100\,°C} 8Na_2CrO_4 + 2Fe_2O_3 + 8H_2O$$

$$2Na_2CrO_4 + 2H^+ \longrightarrow Na_2Cr_2O_7 + 2Na^+ + H_2O$$

$$Na_2Cr_2O_7 + 2C \longrightarrow Cr_2O_3 + Na_2CO_3 + CO$$

$$Cr_2O_3 + 2Al \longrightarrow 2Cr + Al_2O_3$$

🔴 **モリブデン**は輝水鉛鉱 MoS_2 として産出する鉱石が原料として使われる．硫化銅 CuS の不純物として MoS_2 が含まれる場合もある．MoS_2 を空気中で焙焼（ばいしょう）して三酸化モリブデン MoO_3 に変える．MoO_3 をアンモニア水に溶解してから二モリブデン酸アンモニウム $(NH_4)_2Mo_2O_7$ として沈殿させ，それを水素中で加熱して還元する．

$$MoS_2 + \frac{7}{2}O_2 \longrightarrow MoO_3 + 2SO_2$$

$$MoO_3 + 2NH_3 + H_2O \longrightarrow (NH_4)_2MoO_4$$

$$2(NH_4)_2MoO_4 + 2H^+ \longrightarrow (NH_4)_2Mo_2O_7 + 2NH_4^+ + H_2O$$

$$(NH_4)_2Mo_2O_7 + 6H_2 \longrightarrow 2Mo + 7H_2O + 2NH_3$$

また，MoO_3 を鉄に直接加えたり，鉄，アルミニウムとともに加熱することにより鉄-モリブデン合金ができる．これを鋼に加えると，硬度の高い合金が得られる．

🔴 **タングステン**の製造には鉄マンガン重石 $(Fe, Mn)WO_4$ または灰重石 $CaWO_4$ が用いられる．炭酸ナトリウムと融解することによってタングステン酸ナトリウムとして水に抽出し，塩酸を加えて，酸化物の水和物に変える．これを加熱して三酸化タングステン WO_3 にしてから，水素気流中で加熱することによって金属タングステンを得る．

$$WO_3 + 3H_2 \xrightarrow{850\,°C} W + 3H_2O$$

◆ モリブデンやタングステンは炭化物をつくるので，炭素還元で金属を製造することはできない．水素還元で得られるモリブデンやタングステンは粉末であるが，融点が高いため，融解して加工することは困難である．そのため，水素気流中で焼結（融点より低い温度で焼き固めること）することにより整形して用いられる．

6・5・5　6族元素の用途

◆ クロムは単体で用いられることは少なく，クロムめっきや合金の原料として用いられる．クロムめっきは，クロムの金属表面に安定な酸化被膜ができ不動態が形成されるために耐食性が高いことを利用している．クロムを含む鉄合金 Fe-Cr, Fe-Cr-Ni はステンレス鋼として広範に利用されている．また Ni-Cr 合金（ニクロム）は高温でも酸化されず，電熱器の抵抗に用いられる．ルビーの紅色は Al_2O_3 中の Cr^{3+} による．クロム酸や二クロム酸の Cr^{6+} は強い酸化剤で皮なめしなどに使われる．$PbCrO_4$, $ZnCrO_4$ は黄色の顔料（クロムイエロー）としてペンキ材料に利用される．

◆ モリブデンの金属単体は X 線の対陰極として用いられる．銅を対陰極とする X 線管球に比べると波長は約半分になるので，多数の回折線を測定できる．石油化学工業の触媒として利用されている．合金にも用いられており，モリブデン鋼（Fe + Mo, C, Cr, Ni, W）は高級機械用材料として使われる．二硫化モリブデン MoS_2 はグラファイトと同じように層状の結晶であり，潤滑剤としてグリースやエンジンオイルに利用される．

◆ タングステンは白熱電球などのフィラメントへの利用が重要である．白熱電球はフィラメントの温度が高いほど太陽光に近い光が得られる．タングステンはすべての金属中で最も融点が高く，蒸気圧が低いためフィラメントに利用されている．高温では酸素と容易に反応してしまうため，空気を除去しなくてはならないが，フィラメントの蒸発速度を抑えるために，アルゴン，ネオンなどの希ガスを入れて用いられる．ガラスと熱膨張率がほぼ同じため，タングステン線はガラス封入線として使うことができる．炭化タングステン WC は硬度がきわめて高いため，ボーリングヘッドや刃物などに利用される．

6·5·6 化学的性質と化合物

　6族金属は硬く，融点は非常に高い．特にタングステンは炭素についで融点が高い．常温ではいずれの金属も反応性に乏しい．クロムは希塩酸と硫酸に溶解し，Cr^{2+} を生じる．硝酸などの酸化性の酸では丈夫な酸化被膜を形成するため溶解しない．強アルカリには溶解する．モリブデンとタングステンは酸には溶けない．

　最高酸化数のクロムの酸化物は暗赤色の**三酸化クロム** CrO_3 で**無水クロム酸**ともよばれる．水に溶けて，**クロム酸** H_2CrO_4 を生じるためこの名でよばれるが，同時に**ニクロム酸** $H_2Cr_2O_7$ も生じる．これからわかるように CrO_3 は酸性酸化物であり，多くの塩基とクロム酸塩をつくる．また CrO_3 は強い酸化剤としてはたらく．

　黄色のクロム酸イオン $[CrO_4]^{2-}$ は pH が下がると縮合して橙色のニクロム酸イオン $[Cr_2O_7]^{2-}$ を生じる．さらに pH が下がると三核，四核のポリ酸イオンを生じる．これらのポリ酸イオンは正四面体の CrO_4 が酸素を架橋原子として連結したものである．

$$[CrO_4]^{2-} \longrightarrow [Cr_2O_7]^{2-} \longrightarrow [Cr_3O_{10}]^{2-} \longrightarrow [Cr_4O_{13}]^{2-}$$

モリブデン酸イオン $[MoO_4]^{2-}$，タングステン酸イオン $[WO_4]^{2-}$ も酸性にすると多くの種類のポリ酸を生じる．

　クロムの酸化状態で最も重要なものは+3 である．**三酸化二クロム** Cr_2O_3 は緑色の化合物で，ニクロム酸アンモニウムの熱分解により合成することができる．また高温でクロムと酸素とを反応させてもできる．結晶構造は Al_2O_3 と同一である．

$$(NH_4)_2Cr_2O_7 \longrightarrow Cr_2O_3 + N_2 + 4H_2O$$

　三ハロゲン化物は無水塩および水和した塩が知られている．$CrCl_3$，$CrBr_3$ は層状格子を形成し，架橋配位子としてはたらくハロゲンにより正八面体に囲まれた層が互いにファンデルワールス力で結びついている．

　d^3 の Cr^{3+} は d^6 の Co^{3+} と同様多くの安定な錯体が合成されている．

　モリブデンは MoF_6 を，タングステンは WF_6，WCl_6，WBr_6 を形成する．

　Mo は+6 価のほかに+4 価も安定で二酸化モリブデン MoO_2 もできる．

　二硫化モリブデン MoS_2（鉱物は輝水鉛鉱）は平面最密充填した S の2層にはさまれて Mo が位置し，Mo は6個の S によって三角プリズム型6配位構造を取っている．S-Mo-S の二次元シートはつぎのシートとの間では S⋯S 間のファンデルワールス力しかはたらいていないため，グラファイトのようにはがれやすく，潤滑剤としてエンジンオイルなどに混ぜて利用される．

タングステンの炭化物には W_2C と WC があり，いずれも硬い物質であるが，とくに WC はきわめて硬く，石油掘削のボーリングヘッドなどに用いられる．

6族金属カルボニル $[Cr(CO)_6]$，$[Mo(CO)_6]$，$[W(CO)_6]$ はいずれも 0 価の酸化状態をもち，正八面体 O_h 対称の分子であり，蒸気圧が高く昇華しやすい．ジベンゼンクロム $Cr(C_6H_6)_2$ は二つの平行なベンゼンによって Cr が配位されたサンドイッチ構造の分子である．これらの化合物はいずれも 18 電子則を満足する．

6・6　7族元素（マンガン族）

6・6・1　名称，発見および単離

▶ $_{25}$Mn　マンガン　manganese

元素名　ラテン語の magnes（磁石）に由来するが，これは軟マンガン鉱（ピロルサイト）が磁性を示すと考えられたため（本当は一緒に産出する鉄鉱石のため）である．古くからガラスの不純物，鉄による茶色の着色を消すために用いられていたためギリシャ語の manganize（浄化）に由来するとの説もある．

発　見　1774 年，スウェーデンのシェーレが MnO_2 の研究から，新元素として発見した．

単　離　1774 年，シェーレの弟子ガーンが MnO_2 の炭素還元により金属を単離しているが，純度は低く，高純度のマンガンは 1930 年代に Mn(Ⅱ) 溶液の電気分解で得られた．

▶ $_{43}$Tc　テクネチウム　technetium

元素名　人工的につくられたことからラテン語の tekhnikos（人工）に由来して命名された．

発　見　この元素はメンデレーエフによりエカマンガンとして予測されていた．何人かの化学者がそれぞれ発見したと主張したが，いずれも再確認できていない．小川正孝が 1908 年に発見し，Nipponium として報告したが，この元素は本当はのちにドイツのノダック，タッケによって報告されたレニウムであり，原子価を間違えたため，43 番元素として報告してしまったことが最近になってわかった．1925 年ノダックらがレニウムを発見した際，同時に 43 番元素に相当する X 線を報告し，masurium（Ms）と命名したが，その後 Ms は単離できず否定されている．

1937 年イタリアのセグレおよびペリエがカリフォルニア大学で重陽子を Mo に衝突させ新しい放射性元素を単離した．

$${}^{98}_{42}\text{Mo} + {}^{2}\text{H} \longrightarrow {}^{99}_{42}\text{Mo} + {}^{1}\text{H}, \qquad {}^{99}_{42}\text{Mo} \xrightarrow{\beta} {}^{99m}_{43}\text{Tc} \xrightarrow{\gamma} {}^{99}_{43}\text{Tc}$$

最初に生成する ^{99}Mo は半減期 66 h で β 崩壊して $^{99m}_{43}$Tc を生じる．この核種は準安定状態 (metastable) であるため半減期 6.0 h で γ 崩壊して，^{99}Tc を生成する．^{99}Tc も β 崩壊するが半減期は 2.1×10^5 y で比較的長い．これまでに 20 種類以上の同位体がつくられているがいずれも放射性である．比較的新しい恒星のスペクトル中には Tc のスペクトルが観測されている．

▶ ₇₅Re レニウム rhenium

元素名 ライン川のラテン語名 Rhenus に由来する．

発 見 1925 年，ノダック，タッケ（翌年ノダックと結婚）らが X 線分析によりコロンバイト中の微量成分として発見した．安定元素としては一番最後に発見された元素である．

▶ ₁₀₇Bh ボーリウム bohrium

元素名 デンマークの物理学者ボーア (Niels Bohr: 水素のボーアモデルの提唱者) にちなんで命名された．

発 見 1976 年，ソ連のグループが ^{209}Bi に加速した ^{54}Cr 原子核を衝突させ合成したと報告したが証拠薄弱とされている．

1981 年，ドイツのダルムシュタット重イオン研究所のグループが，同じく ^{209}Bi に加速した ^{54}Cr 原子核を衝突させて合成した．

1982 年，ソ連が ^{260}Bh を合成して，76 年の実験を確認．

2000 年，スイスで 6 個の原子を用いて化学的性質を明らかにし，揮発性の BhO_3Cl が合成され，7 族に属することが確認された．

6・6・2 一般的概観

最高酸化数 +7 で希ガスまたはそれに準じた電子配置をとる．マンガンは $-3 \sim +7$ のあらゆる酸化数を取りうるが，特に +2, +4, +7 が重要な酸化状態である．テクネチウム，レニウムは $-1 \sim +7$ までのあらゆる酸化数を取りうる．テクネチウムは放射性元素であるため，詳しい研究がなされているわけではない．レニウムは +7 の酸化状態が最も普通で，安定である．下に行くほど高い酸化状態が安定であるため，過マンガン酸イオン $[MnO_4]^-$ は強い酸化剤としてはたらくが，過レニウム酸イオン $[ReO_4]^-$ は安定である．

6・6 7族元素（マンガン族）

表6・19および表6・20に7族元素の各種データを示す．

表6・19 7族元素の電子配置，イオン化エネルギー，電気陰性度

元素	電子配置	イオン化エネルギー /kJ mol^{-1}							電気陰性度（ポーリング）
		第一	第二	第三	第四	第五	第六	第七	第八	
Mn	[Ar]3d^{5}4s^2	717.4	1509.0	3248.4	4940	6990	9200	11508	18956	1.55
Tc	[Kr]4d^{5}5s^2	702	1472	2850	4100	5700	7300	9100	15600	1.9
Re	[Xe]4f^{14}5d^{5}6s^2	760	1260	2510	3640	4900	6300	7600		1.9

表6・20 7族元素の融点，沸点，気化熱，密度，原子半径，イオン半径

元素	融点/°C	沸点/°C	気化熱/kJ mol^{-1}	密度/g cm^{-3}	原子半径/pm	イオン半径/pm			
						E^{2+}	E^{3+}	E^{4+}	E^{7+}
Mn	1244	1962	219.7	7.44	124	91	70	52	60
Tc	2172	4877	585.22	11.5	136	95		72	56
Re	3180	5597	707.1	21.02	137			72	60

6・6・3 自然界における存在

表6・21に7族元素の自然界における存在度を示す．

🔸 マンガンは花コウ岩などに低濃度ではあるが広く分布している元素であり，地殻中での存在度は12位で，遷移元素としては鉄，チタンについで多く存在する．原子番号が奇数の元素としては例外的に多い．鉱石としては軟マンガン鉱 MnO_2 が重要である．この鉱石は火山岩中のマンガンがアルカリ性の水によって抽出され，MnO_2 として沈殿したものである．海底で採取されるマンガン団塊にはマンガン，鉄などの金属の酸化物が含まれ，資源として注目されている．

表6・21 7族元素の太陽系，地殻，海水，人体中の元素存在度

元素	太陽系原子数[†]	地殻/ppm	海水/ppm	人体/ppm
Mn	9550	950	0.00004	0.17
Tc	—	—	—	—
Re	0.0517	0.0004	0.000004	—

† ケイ素原子10^{6}個に対する原子数．

マンガンは生物の必須元素である．光合成の末端の反応である水を酸化して酸素を発生させるヒル反応において，酵素中のマンガン4原子，カルシウム1原子，酸素4原子のクラスターが関与している．人体にも約 12 mg のマンガンが含まれ，結合すると発育不良や生殖能低下につながるが，欠乏症はめったに見られない．マンガンを扱う鉱山や工場などでは過剰症として頭痛，倦怠感，言語障害などをひき起こす．

◪ **テクネチウム**は半減期の短い放射性同位体しかないため，地殻には見いだされない．したがって，医療などで使われる以外，生物学的な役割はない．

◪ **レニウム**は地殻にはきわめてわずかしか存在せず，輝水鉛鉱 MoS_2 中に微量に存在する．生物学的な役割はない．

6・6・4 7族元素の単離

◪ **マンガン**は，かつては MnO_2 や Mn_3O_4 とアルミニウムとの反応（テルミット反応）によって製造された．

$$3MnO_2 + 4Al \longrightarrow 3Mn + 2Al_2O_3$$

現在は硫酸マンガン $MnSO_4$ 水溶液の電気分解によって得られる．ステンレス陰極に析出したマンガン（99.9％）を板材の形で取出し，マンガンの特殊化学品やアルミニウムや銅との合金製造に利用する．

◪ **テクネチウム**の金属単体は七硫化二テクネチウム Tc_2S_7 を水素気流中 1000 ℃ に加熱して得られる．

◪ **レニウム**は輝水鉛鉱 MoS_2 中に少量含まれるため，モリブデン精錬のさいに生じる煙道煤から七酸化二レニウム Re_2O_7 として取出される．酸化物を NaOH に溶解して過レニウム酸ナトリウム $NaReO_4$ の溶液とし，この溶液に KCl を加えて沈殿する $KReO_4$ を水素還元することによって金属単体が得られる．

6・6・5 7族元素の用途

◪ **マンガン**は純粋な金属としての用途はほとんどないが，鉄の合金に利用される．その場合金属マンガンは使わず Fe_2O_3 と MnO_2 の適当な混合物を溶鉱炉中で炭素により還元するか，アーク放電により合金が直接得られる．マンガンを含む鉄は大きな引張強度をもつ．マンガンは非鉄合金にも利用される．たとえばビルの外壁に用

いるアルミニウム板材は1% Mn合金にすると強度があがる.

二酸化マンガン(manganese dioxide) MnO_2 はルクランシェ電池（いわゆるマンガン電池）の正極剤として利用されている．フェライトなどの電子材料に使われるが，天然には軟マンガン鉱として産出する．高品質の軟マンガン鉱はガボンやブラジルなど小数の国に産出するだけで，硝酸マンガンの熱分解またはマンガンイオンの陽極酸化により二酸化マンガンが合成されている．ガラスの鉄の脱色にも使われる． $KMnO_4$ は酸化剤として化学実験，漂白，油脂の脱色などに使われる.

◆ **テクネチウム**は放射性のトレーサーとして特殊な医療診断の目的に使われるが，放射性のために，一般的な用途はない.

◆ **レニウム**はタングステンにつぐ高融点をもつため質量分析のフィラメントに用いられる．ペン先，電気接点，精密機械のベアリングなどの用途もある．有機化合物の水素添加触媒としても使われる.

6・6・6 化学的性質と化合物

◆ マンガンは反応性に富む金属であり，希酸に溶解して水素と Mn^{2+} を生じる.

$$Mn + 2HCl \longrightarrow MnCl_2 + H_2$$

ハロゲンとの反応では MnX_2 を生じる．フッ素の場合は MnF_3 も生じる．酸素との反応では Mn_3O_4, 硫黄との反応では MnS を与える.

正八面体配位された Mn^{2+} イオンは d^5 で高スピン状態であるため，ラポルテ禁制に加えてスピン禁制がはたらくため，可視光線の吸収による励起はきわめて起こりにくい．薄いピンクに着色するだけであり，水溶液は無色に近い.

Mn^{2+} イオンはアルカリ溶液中では容易に酸化されて黒色の二酸化マンガン MnO_2 を生じる． MnO_2 は塩酸と反応して塩素と Mn^{2+} を生じる.

$$MnO_2 + 4HCl \longrightarrow MnCl_2 + Cl_2 + 2H_2O$$

この反応は小規模で塩素を発生するのに使われる．また過マンガン酸カリウムによる酸化還元反応に用いたビュレットに付着した二酸化マンガンを溶解して洗浄するのに便利な反応である.

MnO_2 をアルカリ溶融して酸化すると，緑色のマンガン酸イオン $[MnO_4]^{2-}$ を生じる．このイオンは $Mn(VI)$ を含むが不安定で希釈するか酸性にすると不均化反応を起こして，二酸化マンガンと過マンガン酸イオンを生じる.

$$3[MnO_4]^{2-} + 4H^+ \longrightarrow MnO_2 + 2[MnO_4]^- + 2H_2O$$

過マンガン酸カリウム (potassium permanganate) K[MnO$_4$] は Mn(Ⅶ) を含み，強い酸化剤である．K$_2$[MnO$_4$] を電解酸化することによって合成される．酸性条件では Mn^{2+} まで還元される．

$$[MnO_4]^- + 8H^+ + 5e^- \longrightarrow Mn^{2+} + 4H_2O \qquad E° = +1.51\,V$$

過マンガン酸イオンは電荷移動吸収により濃赤紫色に着色しているが，Mn^{2+} はほとんど無色のため，終点の判定には指示薬を必要としない．塩基性では MnO$_2$ まで還元される．

$$[MnO_4]^- + 2H_2O + 3e^- \longrightarrow MnO_2 + 4OH^- \qquad E° = +1.23\,V$$

Mn(0) の化合物としては二量体のカルボニル Mn$_2$(CO)$_{10}$ が知られている．ナトリウムアマルガム Na-Hg などで還元すると，Mn(−I) のカルボニル陰イオン [Mn(CO)$_5$]$^-$ が得られ，次式で示すように有機金属化合物の合成原料として利用される．

$$Na[Mn(CO)_5] + CH_3Cl \longrightarrow CH_3Mn(CO)_5 + NaCl$$

◆ 金属レニウムはマンガンに比べると安定で，希酸には溶解しない．ハロゲンとの反応では ReF$_6$, ReCl$_5$, ReBr$_3$, 酸素との反応では Re$_2$O$_7$, 硫黄との反応では ReS$_2$ を生じ，いずれもマンガンより高酸化状態まで酸化される．Re$_2$O$_7$ を KOH で中和すると過レニウム酸カリウム K[ReO$_4$] を生じる．K[ReO$_4$] は K[MnO$_4$] に比べて安定であり，酸化能力は低い．アルカリ溶液中では [ReO$_4$]$^-$ は安定であり，酸性溶液中では弱い酸化剤としてはたらき，ReO$_2$ に還元される．

6·7　8族元素（鉄族）

6·7·1　名称，発見および単離

▶ $_{26}$Fe　鉄　iron

　元素名　iron はアングロサクソン語の iren に由来する．元素記号 Fe はラテン語の鉄を意味する ferrum からきている．

　発　見　鉄は紀元前3000年ごろから利用され始める．自然鉄あるいは隕鉄が利用された．

紀元前1400年ごろ，カフカス地方およびカスピ海の近くで製鉄技術が開発された．

▶ $_{44}$Ru　ルテニウム　ruthenium

　元素名　ロシアの古名 Ruthenia にちなむ．

6・7 8族元素（鉄族）

発　見　1822年，ロシアのオサンがウラル山地産の白金から3種類の新元素を発見した．その一つがルテニウムであるが，他の2種類はその後確認できていない．1844年，ロシアのクラウスがオサンの実験を追試して改めて新しい貴金属を取出し，ルテニウムの存在を証明した．また，王水に侵されないことを見いだした．

▶ $_{76}$Os　オスミウム　osmium

元素名　OsO_4 の強い臭いから臭いを意味するギリシャ語の osme にちなんで命名された．

発　見　1803年，英国のテナントが粗白金の中に王水に溶解しない成分を酸やアルカリの処理をすることによりイリジウムと一緒に発見した（一方，ウラストン（英）はテナントと手分けして王水に溶解する白金に含まれる成分の研究し，ロジウム，パラジウムを発見した）．

▶ $_{108}$Hs　ハッシウム　hassium

元素名　ドイツの重イオン研究所のある州 Hessen から．

発　見　1984年，ドイツヘッセン州ダルムシュタットの重イオン研究所（GSI）のアルムブルスター，ミュンゼンベルクらが ^{208}Pb をターゲットとして ^{58}Fe 原子を加速して衝突させ，^{264}Hs（半減期0.08秒）および ^{265}Hs（半減期0.0018秒）を合成した．

1984年，ロシアのドブナ研究所でも同じ方法で Hs を1個合成した．

6・7・2　一般的概観

+8の酸化状態で希ガスまたはそれに準じた電子配置になるが，鉄では+6が最高酸化数であり，+2，+3が最も安定である．ルテニウム，オスミウムでは+8の状態もとりうる．ルテニウムは+3が安定であるが，オスミウムでは+4，+8の状態で安定であり，周期表の下に行くほど高い原子価状態を取りやすいことに対応している．

表 6・22　8族元素の電子配置，イオン化エネルギー，電気陰性度

元素	電子配置	イオン化エネルギー /kJ mol^{-1}								電気陰性度（ポーリング）
		第一	第二	第三	第四	第五	第六	第七	第八	
Fe	[Ar]3d^{6}4s^2	759.3	1561	2957	5290	7240	9600	12100	14575	1.83
Ru	[Kr]4d^{7}5s^1	711	1617	2747	4500	6100	7800	9600	11500	2.2
Os	[Xe]4f^{14}5d^{6}6s^2	840	1600	2400	3900	5200	6600	8100	9500	2.2

表 6・23　8 族元素の融点, 沸点, 気化熱, 密度, 原子半径, イオン半径

元素	融点/°C	沸点/°C	気化熱/kJ mol^{-1}	密度/g cm^{-3}	原子半径/pm	イオン半径/pm			
						E^{2+}	E^{3+}	E^{4+}	E^{5+}
Fe	1535	2750	351.0	7.874	124	82	67		
Ru	2310	3900	567.8	12.37	134		77	65	54
Os	3054	5027	627.6	22.59	135	89	81	67	

Ru, Os は Rh, Ir, Pd, Pt と並んで白金族元素に分類される.
表 6・22 および表 6・23 に 8 族元素の各種データを示す.

6・7・3　自然界における存在

表 6・24 に 8 族元素の自然界における存在度を示す.

表 6・24　8 族元素の太陽系, 地殻, 海水, 人体中の元素存在度

元素	太陽系原子数†	地殻/ppm	海水/ppm	人体/ppm
Fe	900 000	41 000	0.000 1	60
Ru	1.86	0.001	0.000 000 005	—
Os	0.675	0.000 1	0.000 000 000 13	—

† ケイ素原子 10^6 個に対する原子数.

🔲 鉄は金属元素中ではアルミニウムについで地殻中の多く存在する. ただし, 地球の鉄の大部分はニッケルとともに地核を形成している. 鉄は微生物から哺乳動物まで生物の必須元素である. 成人では体内に 4 g の鉄を保有している. 血液中のヘモグロビンや筋肉中のミオグロビンは鉄イオンを含むポルフィリン骨格をもつタンパク質で, それぞれ酸素の運搬や貯蔵の役割を果たしている. 多核の鉄-硫黄骨格をもつタンパク質も電子移動に役割を果たしている. 根粒バクテリアの窒素固定もモリブデンと鉄の硫黄クラスターを含む酵素によってなされている.

🔲 ルテニウム, オスミウムはいずれも希少な元素である. ルテニウムは遊離金属状態, 硫化物, ヒ化物としても産出するが, 希産であり, 資源としては利用できない. オスミウムは金属状態あるいはイリジウムとの合金状態で産出する. ルテニウム, オスミウムは生物学的な役割はないが, 毒性が問題になる.

◪ **ハッシウム**の知られている同位体の中では ^{273}Hs の半減期が 20 秒で最も長く，118 番元素の崩壊系列にも含まれる．化学的性質については研究されていない．

6・7・4 8 族元素の単離

◪ 金属**鉄**の鉱石としては，おもに赤鉄鉱 Fe_2O_3 や磁鉄鉱 Fe_3O_4 などの酸化物が用いられる．鉄鉱石とコークス，石灰岩を溶鉱炉の上から加え，下からは高温の空気を吹き込む．高温のコークスと酸素で発生する一酸化炭素が還元剤となって酸化鉄が還元され，溶鉱炉の下部に融解した鉄として出てくる．石灰石はケイ素などの不純物をスラグとして取除くために加える．

$$Fe_2O_3 + 3CO \longrightarrow 2Fe + 3CO_2$$

溶鉱炉から得られる鉄は銑鉄（pig iron）で，炭素，ケイ素，硫黄，リンなどを不純物として相当量含んでおり，もろいため，そのまま利用されることは少ない．転炉を用いて，酸素を吹き込むことにより，不純物を酸化して除き純度の高い鋼（steel）にしてから利用される．

◪ **ルテニウム，オスミウム**は 9 族のロジウム，イリジウム，10 族のパラジウム，白金とともに**白金族元素**とよばれる．化学的性質がこの 6 元素でよく似ているため，常に一緒に産出する．また，白金族元素はニッケルや銅の電解製錬のさいに，陽極の下にたまる泥（陽極泥）から得られる．王水処理で Pd, Pt, Ag, Au は溶解するが，Re, Os, Rh, Ir は溶解しないで残る．さらに複雑な化学処理をしてこれらの金属を互いに分離する．

またオスミウムとイリジウムは合金（オスミリジウム）の形態で白金族から分離される．オスミリジウムの亜鉛合金は酸に溶解するので，それから OsO_4 を分離し，還元して金属 Os を得ることができる．

6・7・5 8 族元素の用途

◪ **鉄**は硬くて強く，価格も金属の中で最も安いため，構造材などとして広範に利用されている．最大の欠点は湿った空気中で酸化されさびることである．そのため，亜鉛めっきしたトタンまたはスズめっきしたブリキとして利用されることが多い．トタンは鉄より電気陰性度が小さい亜鉛を犠牲にして鉄を保護する．ステンレス鋼は鉄，クロム，ニッケルの合金であり，表面が酸化被膜により不動態になるため優れた材質であるが，鉄に比べると加工しにくい．

🔴 金属**ルテニウム**は電子工業や化学工業に利用されている．電子工業では電気接点用やチップの抵抗器に使われる．化学工業では食塩水電解の陽極にはかつては黒鉛が使われていたが，現在は，チタンの表面を二酸化ルテニウム RuO_2 で被覆したものが欠かせない．この電極は腐食性の条件下でも長時間運転可能で，塩素の発生効率も高い．野依良治がノーベル賞を受賞した不斉水素添加反応に用いた触媒はルテニウム金属錯体である．

🔴 **オスミウム**は化学工業の触媒として利用されている．Os と Ir の合金（オスミリジウム）はほとんどの酸，アルカリに侵されない．きわめて硬いため，万年筆のペン先に使用される．かつてはコンパスの指針用のベアリング，長寿命のレコード針などにも使われた．揮発性の四酸化オスミウム OsO_4 は猛毒であるが，生物細胞の顕微鏡観察の染色剤として用いられる．

6・7・6 化学的性質と化合物

🔴 金属**鉄**は空気中で高い湿度，水の存在により酸素と結合して三酸化二鉄 Fe_2O_3 を生じ，さびていく．さびを防ぐために，ペンキが使われるほか，亜鉛めっき（トタン），スズめっき（ブリキ），リン酸鉄(II) の被膜をつくるなどの方法がとられる．

　鉄は多くの酸に溶解して，Fe^{2+} イオンになるが，濃硝酸には反応しない．これは表面がいったん酸化されて酸化被膜ができると，内部まで酸化されにくくなるためである．このような状態を**不動態**という．鉄は王水に対しても不動態を形成し，溶解しない．ステンレス鋼は空気中の酸素により安定な酸化膜が形成されるため，さびにくい．

　鉄の酸化物としては Fe_2O_3 のほかに FeO, Fe_3O_4 などが知られる．酸化数が増加すると塩基性は低下する．FeO, Fe_3O_4 は塩基性であるが，Fe_2O_3 は両性である．四酸化三鉄 Fe_3O_4 は天然には磁鉄鉱として産出する黒色の酸化物である．Fe^{2+} イオンと Fe^{3+} イオンが 1：2 の混合酸化物であり，Fe_2O_3 を $1400\,°C$ で灼熱するとつくることができる．酸素は立方最密充填しており，より大きな Fe^{2+} イオンが正八面体の穴の 4 分の 1 を占め，小さい Fe^{3+} イオンの半分は正八面体の穴の 4 分の 1 を占め，あとの半分が正四面体の穴の 8 分の 1 を占めている．この構造は**スピネル** (spinel) $MgAl_2O_4$ でみられる．スピネルの場合には Mg^{2+} が正四面体の穴，Al^{3+} が正八面体の穴を占めており，Fe_3O_4 では 2 価イオンと 3 価イオンの位置が一部逆転するために逆スピネル型構造とよばれる．

6・7 8族元素（鉄族）

　MFe_2O_4 の組成をもつ酸化物は一般に**フェライト**（ferrite）とよばれ，磁性材料として広い用途がある．フェライト中に重金属を取込ませる方法によって重金属廃液から重金属を除き，磁性材料にリサイクルする方法が確立している．また対応する酸化物はないが，鉄酸バリウム $BaFeO_4$ のような＋6価の酸素酸塩が知られている．

　水酸化物は淡青色の $Fe(OH)_2$，褐色の $Fe(OH)_3$ が鉄塩とアルカリとの反応で得られる．いずれもゲル状の沈殿である．$[Fe(H_2O)_6]^{3+}$ は高スピン d^5 であるため，Mn^{2+} と同様，スピン禁制によりほとんど無色であるが，容易に加水分解して水酸化物やコロイド状の酸化鉄を生じるため，黄褐色の溶液になる．

　ハロゲン化物は FeX_2, FeX_3 ができるが，ヨウ化物は FeI_2 のみである．これは I^- が Fe^{3+} により酸化されてしまうためである．FeX_3 は金属鉄とハロゲンとの直接の反応で得られる．$FeBr_2, FeI_2$ も鉄とハロゲンとの直接の反応で得られるが，$FeF_2, FeCl_2$ の合成にはハロゲン化水素を用いて反応し，FeX_3 の生成を防ぐ．結晶水を含む水和物はハロゲン化水素酸に金属鉄を溶かすことにより合成される．

　Fe^{2+}, Fe^{3+} はそれぞれシアン化物イオン CN^- と錯体を形成して安定な**ヘキサシアノ鉄(Ⅱ)酸イオン**〔hexacyanoferrate(Ⅱ)：**フェロシアン酸イオン**（ferrocyanate）ともいう〕$[Fe(CN)_6]^{4-}$，**ヘキサシアノ鉄(Ⅲ)酸イオン**〔hexacyanoferrate(Ⅲ)：**フェリシアン酸イオン**（ferricyanate）ともいう〕$[Fe(CN)_6]^{3-}$ を生じる．$[Fe(CN)_6]^{4-}$ は Fe^{3+} と反応して暗青色の**プルシアンブルー**（Prussian blue）$Fe_4[Fe(CN)_6]_3 \cdot nH_2O$ を与える．一方 Fe^{2+} とは白色の $K_2Fe[Fe(CN)_6]$ を与えるため，鉄イオンの検出に用いられる．$[Fe(CN)_6]^{3-}$ と Fe^{2+} も暗青色の**ターンブルブルー**（Turnbull's blue）を与えるが，これはプルシアンブルーと同一であることがわかっている．$K_4[Fe(CN)_6], K_3[Fe(CN)_6]$ はそれぞれ**黄血塩，赤血塩**とよばれ，錬金術の時代に血液を処理して得られた最も古くから知られている錯体である．チオシアン酸イオン（thiocyanate）SCN^- も Fe^{3+} と濃赤色の錯体 $[Fe(SCN)(H_2O)_5]^{2+}$ を生成するため，Fe^{3+} の検出に利用される．

　$Fe(0)$ は金属カルボニル $Fe(CO)_5, Fe_2(CO)_9, Fe_3(CO)_{12}$ で知られており，有機金属錯体の出発物質として利用される．$Fe(CO)_5$ をナトリウムナフタレニド $NaC_{10}H_8$ で還元すると－2価まで還元され $Na_2[Fe(CO)_4]$ を生じる．この化合物は**コールマン試薬**とよばれ，有機ハロゲン化物などとの反応で有機金属化合物の合成に利用される．鉄の有機金属で最も重要なものは**ビスシクロペンタジエニル鉄** $Fe(C_5H_5)_2$ で通常**フェロセン**（ferrocene）とよばれる．$FeCl_2$ とナトリウムシクロペンタジエニ

ド NaC_5H_5 との反応などで合成される．平行な二つのシクロペンタジエニル基 C_5H_5 に鉄がはさまれたサンドイッチ型の構造をもつ（図 6・5）．

図 6・5 フェロセンの構造（炭素についた水素原子は省いている．気体電子回折では重なり形配座を（D_{5h}）をとることが示されている）

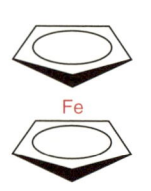

🔶 **ルテニウム**は王水にも溶解しない．重要な酸化状態は＋2, ＋3, ＋4 である．金属ルテニウムを 1000 ℃ で酸化すると青から黒色の二酸化ルテニウム RuO_2 が得られる．これはルチル構造をもつ結晶である．ルテニウムを含む酸性溶液を過マンガン酸イオンなどで酸化すると橙赤色の四酸化ルテニウム RuO_4 を生成する．RuO_4 は融点 40 ℃ の正四面体分子である．ルテニウム酸 $[RuO_4]^{2-}$, 過ルテニウム酸 $[RuO_4]^{-}$ も知られており，それぞれマンガン酸イオン $[MnO_4]^{2-}$ や過マンガン酸イオン $[MnO_4]^{-}$ に似ている．金属ルテニウムと F_2, Cl_2 との直接の反応では $RuF_5, RuCl_3$ を与える．市販品の $RuCl_3 \cdot 3H_2O$ は HCl ガスの気流中で RuO_4 の塩酸溶液を蒸発することにより得られる．$[Ru(CN)_6]^{4-}$ は $[Fe(CN)_6]^{4-}$ に類似する．

🔶 **オスミウム**は白金族元素としては酸化されやすく，王水で酸化されて四酸化オスミウム OsO_4 になる．OsO_4 は融点 40 ℃，沸点 131 ℃ の正四面体の揮発性分子で，強い酸化剤としてはたらき，グリースなどでも容易に還元されて OsO_2 になる．毒性が高く，取扱いには注意が必要である．金属オスミウムと F_2, Cl_2 との直接の反応では $OsF_6, OsCl_4$ を与える．

6・8 9 族元素（コバルト族）
6・8・1 名称，発見および単離
▶ $_{27}$Co　コバルト　cobalt

元素名　中央ヨーロッパの地の妖精 Kobold に由来する．スクッテルド鉱 $CoAs_2$ を精錬しても毒性の強いヒ素の蒸気が発生するばかりで，求める銀が得られないため，地中に住む意地悪な魔物によるものとしてこの鉱石を Kobold と名付けたことに起源がある．

発　見　1742年，ドイツのブラントが暗青色の鉱石中から未知の金属元素を発見し，Kobaldとケイ砂を焼いて生じるガラスの青色を与える物質に含まれる元素と同一であるとしてコバルトと命名したが，長い間他の化学者には認められなかった．

▶ $_{45}$Rh　ロジウム　rhodium

元素名　塩化ロジウムがバラ色のため，ギリシャ語のrhodon（バラ）に由来する．

発　見　1804年，英国のウラストンが粗白金を酸に溶かし，溶液から白金，パラジウムを沈殿させ回収したのち，沪液からバラ色の塩化ロジウムを単離した．塩化ロジウムを水素気流中で加熱することにより金属ロジウムを得た．

▶ $_{77}$Ir　イリジウム　iridium

元素名　化合物や塩類がきわめて多彩な色調を示すことから，ギリシャ語のiris（虹）にちなんで命名された．

発　見　1804年，英国のテナントが王水に不溶な粗白金の成分を酸やアルカリの処理を繰返してオスミウムとイリジウムを単離した．

▶ $_{109}$Mt　マイトネリウム　meitnerium

元素名　プロトアクチニウムの発見，ウラン核分裂の理論的提案などの功績を残したオーストリア生まれのスウェーデンの女性物理学者マイトナー（Lise Meitner）にちなむ．

発　見　1982年，ドイツのダルムシュタット重イオン研究所のグループにより発見された．^{209}Biに^{58}Feの原子核を1週間ほどの継続照射の結果，質量数266の109番元素を1原子のみつくった．5msでボーリウムにα崩壊，さらにドブニウムにα崩壊することがわかった．

1988年，ダルムシュタットでさらに2個の原子がつくられ，半減期は3.4ms．

6・8・2　一般的概観

コバルトは+2または+3の酸化状態が安定である．特に+3のコバルト錯体は多数合成され，ウェルナーの配位説（§2・3）につながり化学史上でも重要である．ロジウムは+1または+3の酸化状態をとりやすい．イリジウムは+3および+4の酸化状態が安定である．ロジウム，イリジウムでは+6まで酸化されるが，希ガスの電子配置になるまでは酸化されない．

表6・25および表6・26に9族元素の各種データを掲げる．

表 6・25 9族元素の電子配置, イオン化エネルギー, 電気陰性度

元素	電子配置	イオン化エネルギー /kJ mol^{-1}								電気陰性度(ポーリング)
		第一	第二	第三	第四	第五	第六	第七	第八	
Co	[Ar]3d^{7}4s^2	760.0	1646	3232	4950	7670	9840	12400	15100	1.88
Rh	[Kr]4d^{8}5s^1	720	1744	2997	4400	6500	8200	10100	12200	2.28
Ir	[Xe]4f^{14}5d^{7}6s^2	880	1680	2600	3800	5500	6900	8500	10000	2.20

表 6・26 9族元素の融点, 沸点, 気化熱, 密度, 原子半径, イオン半径

元素	融点/°C	沸点/°C	気化熱/kJ mol^{-1}	密度/g cm^{-3}	原子半径/pm	イオン半径/pm		
						E^{2+}	E^{3+}	E^{4+}
Co	1495	2870	382.4	8.90	125	82	64	
Rh	1966	3695	495.4	12.41	134	86	75	67
Ir	2410	4130	563.6	22.56	136	89	75	66

6・8・3 自然界における存在

表6・27に自然界における9族元素の存在度を示す.

表 6・27 9族元素の太陽系, 地殻, 海水, 人体中の元素存在度

元素	太陽系原子数[†]	地殻/ppm	海水/ppm	人体/ppm
Co	2250	20	0.0000011	0.01〜0.03
Rh	0.344	0.0002	0.00000008	—
Ir	0.661	0.000003	0.00000000013	—

[†] ケイ素原子10^{6}個に対する原子数.

コバルトの地殻中での存在度は31位で原子番号が偶数の鉄, ニッケルに比べるとずっと少ない. 生物の必須元素であり, ビタミン B$_{12}$ に含まれる. このビタミンは

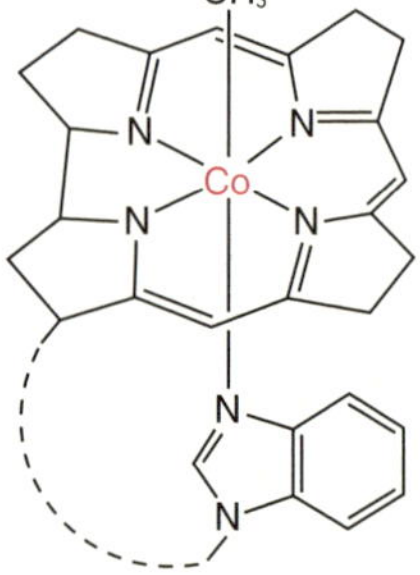

図 6・6 ビタミン B$_{12}$ のコバルトのまわりを示す模式図(コリン環とよばれる大環状配位子には多くの置換基がついていて実際の構造は複雑である)

コバルトにメチル基が結合した天然に存在する有機金属化合物のきわめて珍しい例である（図6・5）．欠乏すると悪性貧血症をひき起こす．成人の体内には1～2mg程度存在する．

◆ ロジウム，イリジウムは希少な元素であり，生物学的な役割も知られていない．

6・8・4 9族元素の単離

◆ コバルトの鉱石は輝コバルト鉱 CoAsS，スクッテルド鉱 (Co, Ni)As$_3$，リンネ鉱 (Co, Ni)$_3$S$_4$ などの硫化物，ヒ化物が重要である．これらの鉱物はニッケル鉱と常に一緒に産出する．また銅や鉛などの精錬の副産物としても得られる．

鉱石を焙焼することにより酸化物に変え，硫酸処理すると，鉄，コバルト，ニッケルが溶解し，不溶性の銅，鉛と分離することができる．石灰を加えて鉄を Fe$_2$O$_3$・nH$_2$O として沈殿させて除く（Fe^{3+}(aq) は Co^{2+}(aq) や Ni^{2+}(aq) より pK_a が小さく，水酸化物を形成しやすい）．次亜塩素酸ナトリウム NaOCl を加え，酸化して Co(OH)$_3$ として沈殿させる．この水酸化物を加熱脱水することにより Co$_3$O$_4$ にしてから，水素または炭素と加熱することにより金属コバルトが得られる．

◆ ロジウム，イリジウムはパラジウム，白金とともに金属状態で発見されるほか，銅やニッケルなどの精錬の副産物として得られる（§6・7・4，ルテニウム，オスミウムの項（p.236）を参照のこと）．

6・8・5 9族元素の用途

◆ コバルトを含む鋼は高温に耐えうるので，ガスタービンや旋盤の刃物などの高速度鋼に使われる．生産されるコバルトの3分の1はこの目的に利用されている．金属コバルトは鉄，ニッケルと並んでそれ自体で強磁性体である．鉄に比べると磁化は小さいがより高温でも磁力を保持する特性をもつ．永久磁石材料のアルニコ合金 (Al-Ni-Co) に使われる．この合金は鉄の磁石の 20～30 倍も磁性が強く，コバルトの4分の1はこの目的に利用されている．化学実験用の磁気撹拌子はアルニコ磁石をテフロンでコーティングしたものである．また，本田光太郎が発明した **KS 磁石鋼** はコバルトを含む鋼である．

コバルトの酸化物は昔から陶磁器，ガラスの青い着色剤として利用されている．コバルトガラスはナトリウムのD線をカットするため，炎色反応でカリウムを検出する際にも使われる．また，ガラス中の不純物として含まれる鉄による黄色味を消すためにも利用される．

^{59}Co に原子炉中で中性子を照射して得られる人工同位体 ^{60}Co は，半減期 5.3 年で β 崩壊し，さらに γ 崩壊する．この γ 線はがんの放射線治療やジャガイモなどの γ 線照射，工業検査に利用される．分析化学では鉄の状態分析に利用されるメスバウアー分光法の線源として重要である．

◪ **ロジウム**の大部分(85%)は自動車の触媒コンバーターに利用される．排ガス中の窒素酸化物を減少させる優れた性能をもつ．ガラス工業では薄く延ばした膜でも優れた反射能をもつことから，光ファイバーの外被やヘッドライトの鏡面などに利用される．硝酸や酢酸製造の触媒として利用される．**ウィルキンソン錯体**(Wilkinson complex) とよばれる $[RhCl(PPh_3)_3]$ はオレフィンの水素添加の活性が高い．白金ロジウム(ロジウム 10%)-白金の熱電対の起電力が $660 \sim 1063\,°C$ の国際温度目盛りが定義されている．

◪ **イリジウム**は最も耐食性に優れた金属であり，万年筆のペン先，方位測定用コンパスのベアリングに使われてきた．メートル原器，キログラム原器は白金 90%，イリジウム 10% の合金製であるが，メートル原器は現在は真空中の光速度に取って代わられている．自動車のスパークプラグの先端部に使われるほか，チタン-イリジウム合金は海水による腐食を受けにくく，深海探査用のパイプの材料として使われる．

6・8・6 化学的性質と化合物

◪ **コバルト**は鉄よりも硬い金属であり，希塩酸や希硝酸には水素を発生して溶解し Co^{2+} になる．濃硝酸に対しては不動態を形成するため溶解しない．高温で酸素と反応し Co_3O_4 を生成する．F_2, Cl_2 とは $CoF_2, CoF_3, CoCl_2$ を生成する．

硝酸コバルト，塩化コバルトなどの単純な Co^{2+} の化合物が水和してできる $[Co(H_2O)_6]^{2+}$ は正八面体 6 配位でピンクであるが，加熱すると正四面体 4 配位になり青色に変わる．Co^{2+} の水溶液に濃塩酸を加えると $[CoCl_4]^{2-}$ を生じて濃い青色に変わる．

Co^{3+} は強い酸化剤で水と反応して酸素を放出するため，単純な Co^{3+} の塩はできないが，多くの正八面体の錯体を形成することが古くから知られている．配位子としては $NH_3, NR_3, H_2O, Cl^-, Br^-, I^-, CN^-, C_2O_4^{2-}, CO_3^{2-}, OH^-$ など多数が知られている．配位子の種類により広範な色を呈するため，古くから合成されていたが，1893 年にスイスのウェルナーが配位結合の考え方でその結合と構造を説明するまでは酸化数 +3 が原子価でコバルトからの結合の手の数と考えられていた．

6・8 9族元素（コバルト族）

Co(0) はオクタカルボニル二コバルト $Co_2(CO)_8$, ドデカカルボニル四コバルト $Co_4(CO)_{12}$ などの金属カルボニルに見られ，Co(-I) は $Co_2(CO)_8$ をナトリウムアマルガム Na-Hg で還元してできるテトラカルボニルコバルト酸ナトリウム Na-$[Co(CO)_4]$ 中に見られる．

🔶 **ロジウム**単体は希塩酸や希硝酸などには溶解しないが，熱硫酸や加熱した王水には溶解する．高温で酸素と反応して Rh_2O_3 を生じる．F_2, Cl_2 と反応して RhF_3, $RhCl_3$ を与える．Rh(0) の化合物には $Rh_4(CO)_{12}$ がある．Rh(I) 化合物としては均一系水素化触媒として高い活性をもつウィルキンソン錯体 $RhCl(PPh_3)_3$ が重要である．この錯体は平面四角形で図 6・7 のような機構でオレフィンの水素化が進むと考えられている．

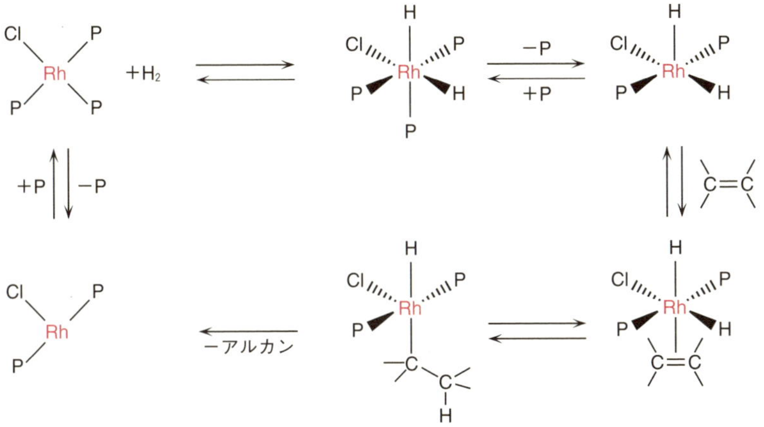

図 6・7 ウィルキンソン錯体によるオレフィン水素化の機構（P＝PPh_3）

🔶 **イリジウム**単体は通常の酸には溶解せず，王水にも不溶である．高温で酸素と反応して IrO_2 を生じる．F_2, Cl_2 と反応して IrF_6, $RhCl_3$ を与える．Ir(0) の化学種は $Ir_4(CO)_{12}$ がある．また，**ヴァスカ錯体**（Vaska's complex）とよばれる平面四角形の $[IrCl(CO)(PPh_3)_2]$ は H_2, HX, HSR などの多くの小分子がその結合を切って Ir に付加する．Ir は Ir(I) から Ir(Ⅲ) に酸化されることになるため，**酸化的付加反応**（oxidative addition）とよばれる．この反応は可逆的で逆反応は**還元的脱離反応**（reductive elimination）とよばれる．

$$[IrCl(CO)(PPh_3)_2] + H_2 \rightleftharpoons [IrClH_2(CO)(PPh_3)_2]$$

このような酸化的付加および還元的脱離は均一系の触媒反応で重要であり，上述のウィルキンソン錯体によるオレフィンの水素化にも見られる．

水素 H_2 が金属に付加する場合に，このように H-H の結合を切ってヒドリド配位子 H^- として配位する場合が多いが，H-H 結合を保ったまま金属に配位する例も 1980 年以来多数報告されるようになった．そのような化合物は**二水素錯体** (dihydrogen complex) とよばれ，金属は酸化されるとは見なされない．水素分子には非共有電子対はなく，H-H の σ 結合に関与する 2 電子が金属の空の軌道に配位して，三中心二電子結合をしていると見なされる．中心金属からは H-H の反結合性軌道に電子がある程度逆供与されると考えられている．この逆供与が強くなると，H-H の結合が切れて，ヒドリド錯体になる．

6・9 10 族元素（ニッケル族）
6・9・1 名称，発見および単離
▶ $_{28}$Ni　ニッケル　nickel

　元素名　ドイツ語の Nickel（悪魔とその手下の小鬼）に由来する．

　発　見　1751 年，スウェーデンのクロンステッドがニコライト（紅砒ニッケル鉱，NiAs）鉱石から新元素として金属を単離発見した．ニコライトはその色から銅の鉱石と想像されていたが，ヒ素による有毒ガスが発生するだけで銅が得られないので，Kupfernickel（悪魔の銅）と名付けられていた．

▶ $_{46}$Pd　パラジウム　palladium

　元素名　元素発見の前年に発見された小惑星 Pallas にちなむ．

　発　見　1803 年，英国のウラストンが粗製白金を王水処理して得られた沪液に塩化アンモニウムを加え，白金を塩化白金酸アンモニウム $(NH_4)_2[PtCl_6]$ として沈殿させた．彼はこの沪液にシアン化水銀(II)を加えてシアン化パラジウム $Pd(CN)_2$ の沈殿を得，これを強熱分解して金属パラジウムを得た．

▶ $_{78}$Pt　白金　platinum

　元素名　南米コロンビアのピント川で砂金とともに得られる"銀のようには黒ずまない銀"として見つかっており，スペイン語でピント川の銀 (Platina del Pinto) とよばれていたことから命名された．インディオは金のなり損ないとして，捨てていたという．

発　見　16世紀スペインの南米征服以後，砂状の自然白金がヨーロッパに持ちこまれた．18世紀になって元素として注目されるようになり，多くの化学者が発見に関与しているため，誰の発見かは特定できない．

▶ $_{110}$Ds　ダームスタチウム　darmstadtium

元素名　ドイツの重イオン研究所のある地名 Darmstadt にちなむ．

発　見　1987年，ソ連ドブナの原子核研究連合の国際研究チームがウランに^{40}Arを衝突させ，トリウムに^{44}Caを衝突させて半減期9msの新元素を発見した．

1991年，カリフォルニアのローレンスバークレイ国立研究所でギオルソらが質量数267の110番元素を報告した．

1994年，ドイツダルムシュタットの重イオン研究所で，アルムブルスターらが^{208}Pbに311 MeVに加速したNiイオンを毎秒3兆個衝突させ，質量数269の110番元素を3個つくった．半減期は0.17秒でHsへα崩壊し，さらにSg, Rfへ崩壊する．

1995年，ドブナでプルトニウムと^{34}Sの衝突で質量数273の110番元素を合成した．

6・9・2　一般的概観

ニッケルは−1から+4までの酸化状態をとるが，+2が最も安定である．平面四角形あるいは正八面体の錯体を形成する．パラジウム，白金の重要な酸化状態は+2

表6・28　10族元素の電子配置，イオン化エネルギー，電気陰性度

元素	電子配置	イオン化エネルギー /kJ mol^{-1}								電気陰性度(ポーリング)
		第一	第二	第三	第四	第五	第六	第七	第八	
Ni	[Ar]3d^{8}4s^2	736.7	1753.0	3393	5300	7280	10400	12800	15600	1.91
Pd	[Kr]4d^{10}	805	1875	3177	4700	6300	8700	10700	12700	2.20
Pt	[Xe]4f^{14}5d^{9}6s^1	870	1791	2800	3900	5300	7200	8900	10500	2.28

表6・29　10族元素の融点，沸点，気化熱，密度，原子半径，イオン半径

元素	融点/°C	沸点/°C	気化熱/kJ mol^{-1}	密度/g cm^{-3}	原子半径/pm	イオン半径/pm		
						E^{2+}	E^{3+}	E^{4+}
Ni	1453	2732	371.8	8.902	125	78	62	
Pd	1552	3140	393.3	12.02	138	86		64
Pt	1772	3830	510.5	21.45	138	85		70

および+4である．d^8 の+2では平面四角形，d^6 の+4では八面体構造が多い．
表6・28および表6・29に10族元素の各種データを掲げる．

6・9・3 自然界における存在

表6・30に自然界における10族元素の存在度を示す．

地殻中にニッケルは遷移金属としてはバナジウム，クロムについで7位で存在する．ただし，地球中心部には融解している鉄-ニッケル地核部分が存在し，大部分のニッケルはそこに存在している．ある種の生物には必須元素であるが，ヒトには有害である．それでも人体中には約15 mg 程度は含まれており，必須元素のコバルトより多い．

パラジウム，白金は希少な元素であり，生物学的役割は知られていない．

表 6・30　10族元素の太陽系，地殻，海水，人体中の元素存在度

元素	太陽系原子数[†]	地殻/ppm	海水/ppm	人体/ppm
Ni	49300	80	0.00057	0.2
Pd	1.39	0.0006	0.000000068	—
Pt	1.34	0.001	0.00000027	—

† ケイ素原子 10^6 個に対する原子数．

6・9・4 10族元素の単離

◆ ニッケルは硫化物，ヒ化物またはケイ酸塩鉱物として産出するが，重要な鉱物は硫鉄ニッケル鉱（ペントランド鉱）$(Fe, Ni)_9S_8$ で，鉄とニッケルが1：1で混じっている．この鉱石は鉄や銅の硫化物とともに産出する．

鉱石を浮遊選鉱法および磁気により濃縮してから，SiO_2 と加熱する．このとき FeS は $FeSiO_3$ のスラグになり，容易に除くことができる．硫化物として残るのは Cu_2S および Ni_2S_3 で，機械的に分離してから，Ni_2S_3 は空気中で焙焼することにより NiO にする．NiO を炭素還元することにより金属ニッケルにする．NiO はそのまま鋼をつくるのに利用される場合もある．

このようにして得られるニッケルにはコバルトなどの不純物が含まれるため，純粋にするためには電解製錬またはモンド法が用いられる．電解製錬は硫酸ニッケル水溶液を電解液として用い銅と同じような工程で生成する．モンド法はテトラカルボニルニッケルの生成・分解反応を利用する．ニッケルと一酸化炭素の反応で蒸気

圧の高い液体 Ni(CO)$_4$ をつくり，高温で加熱することにより純粋なニッケルが得られる．これはニッケルのみが常圧で CO と反応し，コバルトなどが反応しないことを活用している．

$$\text{Ni} + 4\text{CO} \xrightarrow{50\,°\text{C}} \text{Ni(CO)}_4 \xrightarrow{230\,°\text{C}} \text{Ni} + 4\text{CO}$$

◆ **パラジウム**は金属パラジウムとしても産出するし，鉱物も知られているが，カナダのニッケル精錬の副産物として得られるものが大部分である．粗製物を溶解してからヒドロキシオキシムで抽出し，ジアンミンジクロロパラジウム [PdCl$_2$(NH$_3$)$_2$] にして沈殿させ，加熱分解してパラジウム金属を得る．

◆ **白金**は自然白金として砂白金が産出するほか，白金-イリジウム合金も天然に産出する．白金の一部は銅やニッケル精錬の副産物として得られている．また硫化白金 PtS，ヒ化白金 PtAs$_2$ も鉱石として利用される．粗製物をさまざまな処理をして不純物の金属を除いてからアミンなどで白金成分を抽出し，ヘキサクロロ白金(Ⅳ)酸（塩化白金酸）H$_2$[PtCl$_6$] にしてから，ヘキサクロロ白金(Ⅳ)酸アンモニウム（塩化白金酸アンモニウム）(NH$_4$)$_2$[PtCl$_6$] として沈殿させ，加熱分解して白金が得られる．

6・9・5 10 族元素の用途

◆ **ニッケル**は加工が容易で細い線に引くことができ，高温でも耐食性に優れているため，ガスタービンやロケットエンジンに利用される．ニッケルめっきは銀製品の模造品に使われる．米国の 5 セント硬貨（ニクル）はニッケル 25％ の銅合金であるが，ニッケル硬貨も各国で利用されている．日本の 500 円硬貨も初期のものはニッケルでできていた．Ni–Al 合金をアルカリ処理すると Al が溶け去り，多孔質の Ni が残る．このようにしてつくられた**ラネーニッケル**（Raney nickel）は有機化合物の水素添加触媒として重要である．ニッカド電池（Ni–Cd 電池）やニッケル水素電池の電極としてもニッケルの用途が高い．

　ニッケルの大部分はステンレス鋼などの鉄合金や，ニクロムなどの製造に用いられる．典型的な 18-8 ステンレス鋼は 18％ のクロムと 8％ のニッケルを含む．鉄 64％，ニッケル 36％ の合金はインバールとよばれ，加熱してもほとんど熱膨張を起こさないため，巻き尺や時計の部品などに利用される．ニクロムはクロム含有率が 11〜22％ のニッケル合金で，赤熱しても酸化されないため，電熱器やトースターなどの電熱線に欠かせない．そのほかに多くの合金にニッケルが使われている．たとえば，形状記憶合金ニチノールはニッケル 55％ とチタン 45％ の合金である．モ

ネル合金（Ni-Cu）はフッ化水素酸にも侵されないので，フッ素製造の電解装置に使われる．プラチナイトはニッケル46％，鉄54％の合金で通常のガラスと熱膨張率がほとんど同じことを利用して，白熱電球の封入部に利用される．

◆ **パラジウム**は高温で水素を通過させるので，純水素を製造するさいに使われる．パラジウムの生産量の60％は白金，ロジウムとともに自動車の排ガスのコンバーター触媒に使われている．電子工学で必須のセラミックコンデンサーはパラジウム箔とセラミックスの薄い層が何層にも重ねてつくられている．Ag-Pd，Au-Ag-Pd合金は歯科用合金として利用されている．硝酸合成やPETに使われるテレフタル酸合成の触媒としても重要である．

◆ **白金**の約3分の1は宝飾に使われる．日本では特に指輪やネックレスなどに白金が好まれており，世界の約半分を日本が輸入している．酸化触媒として重要であり，アンモニアNH_3を酸化してNOに変換するオストワルド法の触媒として硝酸製造に欠かせない．自動車の排ガス中の炭化水素，CO，窒素酸化物を毒性の低いCO_2，N_2に変換する三元触媒には白金，パラジウム，ロジウムが利用されている（この場合の三元は三つの触媒機能をさし，3種の元素を意味するものではない）．白金はその電気抵抗値を利用して13.81 K（平衡水素の三重点）と630.74 ℃（アンチモンの凝固点）の間の国際温度目盛りの温度計として用いられる．白金-ロジウム合金，白金-イリジウム合金については§6・8・5を参照のこと．

6・9・6 化学的性質と化合物

ニッケルはパラジウム，白金に比べると反応性は高いが，酸や酸素に対しての反応性は鉄やコバルトに比べるとずっと低い．

ニッケルは高温で酸素と反応してNiO，ハロゲンとはNiX_2，塩酸や希硝酸に水素を発生して溶解する．

白金族金属に分類されるパラジウムは不活性であるが，ルテニウムやロジウムよりも酸や酸素，ハロゲンなどとの反応性は高い．酸素と高温でPdO，F_2とはPdF_3，Cl_2とは$PdCl_2$を生成する．塩酸や希硝酸には徐々に溶解する．

白金は高温高圧で酸素と反応してPtOを生成する．F_2とはPtF_4，Cl_2とは$PtCl_2$を生成する．制御しながらF_2と加熱するとPtF_5，PtF_6も合成される．一般の酸には溶解しないが，王水に溶解してヘキサクロロ白金(Ⅳ)酸（塩化白金酸）$H_2[PtCl_6]$を生じる．

10 族の金属は +2 の酸化状態が最も重要であるが，白金では +4 の酸化状態も重要である．

d^8 の電子配置をもつ Pd^{2+}，Pt^{2+} は平面四角形 4 配位の錯体を形成する．Ni^{2+} では平面四角形だけでなく，正八面体 6 配位の化合物も多く見られる．d^6 の電子配置をもつ Pt^{4+} は低スピン反磁性の正八面体の錯体を形成する．

0 価のニッケルはテトラカルボニルニッケル $Ni(CO)_4$ で見られるが，きわめて毒性の高い揮発性の正四面体分子である．

6・10　11 族元素（銅族）

6・10・1　名称，発見および単離

▶ $_{29}$Cu　銅　copper

元素名　古代英語の coper に基づく．もともとは銅を大量に輸出していたキプロス島のラテン語名 Cuprum に由来する．

発見　自然銅として産出するものが 1 万年以上昔から利用されていた．紀元前 5000 年ころエジプト王朝で銅が使用されていた．紀元前 3800 年ころのシナイ半島で銅の精錬がなされていた跡が見つかっている．その後はキプロスが銅，青銅の産地として有名である．

▶ $_{47}$Ag　銀　silver

元素名　アングロサクソン語の銀を意味する siolfur に由来する．元素記号はラテン語の argentum（明るい，輝く）に基づく．

発見　紀元前 3000 年ころより人類が使用していた．自然銀や輝銀鉱 Ag_2S として産出したものが使われていた．

▶ $_{79}$Au　金　gold

元素名　アングロサクソン語の geolo（黄色）に由来すると考えられている．元素記号はラテン語の aurum（オーラ，太陽の輝き）に基づく．

発見　自然金として産出するため，銅についで古くから利用されていた．

▶ $_{111}$Rg　レントゲニウム　roentgenium

元素名　X 線を発見したドイツの科学者レントゲン（Röntgen）にちなむ．

発見　1994 年，ドイツのダルムシュタットでアルムブルスターらの国際チームが ^{209}Bi に ^{64}Ni を衝突させ，質量数 272 の 111 番元素を 3 個つくった．半減期 1.5 ms

で α 壊変し，^{268}Mt に，さらに ^{264}Bh, ^{260}Db, ^{256}Lr に変化する．

6・10・2 一般的概観

表 6・31 および表 6・32 に 11 族元素の各種データを掲げる．

11 族元素は $(n-1)\mathrm{d}^{10}n\mathrm{s}^1$ の電子配置をもち，アルカリ金属と似た電子配置になるが，d 電子の遮へい効果は十分でないため，アルカリ金属に比べると第一イオン化エネルギーは大きい．いずれも電気伝導性の優れた金属で，展性，延性に富む．特に金の展性，延性は優れており，金箔，金線をつくるのに利用される．+1 から +3 の酸化状態を取りうる．

表 6・31 11 族元素の電子配置，イオン化エネルギー，電気陰性度

元素	電子配置	イオン化エネルギー /kJ mol^{-1}								電気陰性度(ポーリング)
		第一	第二	第三	第四	第五	第六	第七	第八	
Cu	[Ar]3d^{10}4s^1	745.4	1958	3554	5326	7709	9940	13400	16000	1.90
Ag	[Kr]4d^{10}5s^1	731.0	2073	3361	5000	6700	8600	11200	13400	1.93
Au	[Xe]4f^{14}5d^{10}6s^1	890.0	1980	2900	4200	5600	7000	9300	11000	2.54

表 6・32 11 族元素の融点，沸点，気化熱，密度，原子半径，イオン半径

元素	融点/℃	沸点/℃	気化熱 /kJ mol^{-1}	密度/g cm^{-3}	原子半径/pm	イオン半径/pm	
						E$^+$	E^{2+}
Cu	1083.5	2567	304.6	8.96	128	96	72
Ag	951.9	2212	255.1	10.5	144	113	89
Au	1064.4	2807	324.4	19.32	144	137	91

6・10・3 自然界における存在

表 6・33 に自然界における 11 族元素の存在度を示す．

◆ 銅は地殻中の存在度が 26 位の元素で，遷移金属としてはニッケルについで多い．硫化物として産出するほか金属単体でも得られる．銅はあらゆる生物にとって必須元素で，人体中には 70 mg 含まれる．シトクロム c オキシダーゼはすべての細胞中でエネルギーの産生に必要である．スーパーオキシドジスムターゼはラジカルを分解して生体を保護する．チロシナーゼはメラニン色素の合成に関与する．

◪ 銀も単体，硫化物として産出するが希少である．銀は生物学的な役割はないため，人体では排出できなかった銀が肝臓や皮膚に数 mg 蓄積されるのみである．下等生物には猛毒として作用する．

◪ 金は自然金として単体で発見される．金も生物学的な役割はなく，体内にはほとんど吸収されない．

表 6·33 11 族元素の太陽系，地殻，海水，人体中の元素存在度

元素	太陽系原子数†	地殻/ppm	海水/ppm	人体/ppm
Cu	522	50	0.00028	1
Ag	0.486	0.07	0.0000024	0.03
Au	0.187	0.0011	0.00001	0.003

† ケイ素原子 10^6 個に対する原子数．

6·10·4　11 族元素の単離

◪ 銅はイオン化傾向が小さく，自然銅として金属状態でも産出するが，黄銅鉱 (chalcopyrite) $CuFeS_2$ などを原料にして製造される．製造の過程は空気酸化による製錬と電解精錬の 2 段階に大きく分けられる．

銅鉱石を焼いて硫化銅(I) Cu_2S を分離し，転炉に移してから空気を吹き込んで鉄と硫黄を酸化して除く．

$$2Cu_2S + 3O_2 \longrightarrow 2Cu_2O + 2SO_2$$
$$Cu_2S + 2Cu_2O \longrightarrow 6Cu + SO_2$$

こうして得られる粗銅板は純度が 99.4% 程度であり，さらに電解精錬によって精製する．純銅板を陰極と粗銅板を陽極として，交互に並べ，硫酸銅 $CuSO_4$ 水溶液を電解溶液として用いる．

両極での反応は次式で表される．

$$陽極：Cu \longrightarrow Cu^{2+} + 2e^-$$
$$陰極：Cu^{2+} + 2e^- \longrightarrow Cu$$

すなわち，正味の反応は Cu → Cu であって，真の意味での電気分解ではない．粗銅中に不純物としてニッケル，金，銀などが含まれている．0.2〜0.5 V 程度の低電圧を用いることにより，銅よりイオン化傾向の大きいニッケルの還元を防ぐことができる．金，銀などは，銅よりイオン化傾向が小さいので，電解質には溶解せず，粗銅の下に陽極泥として沈殿する．この陽極泥から多くの貴金属が得られる．

銅の貧鉱では風化させてから浸出し，硫酸銅溶液にしてから，くず鉄や亜鉛などを入れてイオン化傾向の違いを利用して銅を析出させる．

🔶 **銀**は自然銀として産出するほか，輝銀鉱 Ag_2S，角銀鉱 $AgCl$ としても産出するが，銅，鉛，亜鉛などの精錬の際の副産物として得られる．銅精錬の陽極泥は熱希硫酸の処理により卑金属を除いたあと，硝酸銀にしてから電気分解することにより銀が得られる．また，金と同様のシアノ錯体を用いて抽出する方法も使われる．

🔶 **金**は金塊や砂金として元素単体で見いだされる．砂金は石英鉱脈中に存在していたものが，岩石の風化により河川に流れ出したものである．密度が大きいため，下流まで流されず，川床にたまったものが発見される．

鉱石中の金は，水銀またはシアン化ナトリウムによる抽出によって取出される．砕いた岩石を水とともに水銀上を流すと，金が水銀に溶け込みアマルガム（水銀の合金）ができる．アマルガムを加熱して蒸留することにより，水銀が流出し，金が残る．水銀は再利用される．この方法は江戸時代の日本の金鉱山で用いられていた．現在もアマゾンなどで使われており，水銀公害が問題になっている．なお，奈良の大仏がつくられたとき，アマルガムを用いて，表面が金めっきされていた．

シアン化ナトリウムによる抽出では砕いた岩石を $0.1 \sim 0.2\%$ のシアン化ナトリウム水溶液と接触させると，金は金(I)に酸化され，シアン化物イオンが配位したジシアノ金(I)酸ナトリウム $Na[Au(CN)_2]$ として水に溶解する．この溶液に亜鉛粉末を加えると，還元された金が沈殿してくる．

$$4Au + 8NaCN + 2H_2O + O_2 \longrightarrow 4Na[Au(CN)_2] + 4NaOH$$
$$2Na[Au(CN)_2] + Zn \longrightarrow 2Au + Na_2[Zn(CN)_4]$$

6・10・5　11族元素の用途

🔶 **銅**は特有の赤い色をした金属で，展性，延性に優れており，加工がしやすい．電気伝導性，熱伝導性は銀に次いで高い．価格は銀よりずっと安いため，電線や鍋，熱交換器などに利用される．屋根葺き，配管なども重要な用途である．

銅-スズ合金は青銅（broze：ブロンズ）として古代から美術品，梵鐘などに利用されてきた．青銅という名称は緑青により緑色になるためで，青銅そのものの色は黄色みかかった褐色である．黄銅（brass：真ちゅう）は銅と亜鉛の合金で銅あるいは亜鉛よりずっと硬く，しかも加工が容易であるため，装飾品，楽器などに利用される．

農業，園芸の殺菌消毒に用いられるボルドー液は硫酸銅溶液と石灰水の混合物である．

🔶 **銀**は宝飾品，食器に利用される．電気伝導性が金属の中で最良であり，銅より軟らかいため，可変抵抗の接点などに使われる．エレクトロニクス産業でも欠かせない．光の反射率が高いため，銀鏡反応を用いて鏡やデュワー瓶に利用される．

化合物では**臭化銀** $AgBr$ が写真感光材料として利用されてきた．化学実験ではカロメル電極（Hg/Hg_2Cl_2）に代わって銀・塩化銀電極が電気化学的測定用，pH メーターの基準電極として使われる．光によって色が変わるサングラスなどに用いられる感光ガラスは $Ag^+ \to Ag^0 \to Ag^+$ の反応を利用する．

🔶 **金**は宝飾品に利用されるが，純金で用いられることは少なく，銀，銅などを加えた合金で用いられることが多い．合金は純金に比べてずっと硬くなり，変形しにくくなる．金の純度を表すのには K（カラット）を用いる．純金は 24 K で，指輪などに用いられる 22 K は金の割合が 22/24 であることを示す．金はきわめて展性，延性に富む．この性質は金箔や金線をつくる上で重要である．金線は腐食しないため，コンピューターのIC回路の導線として利用される．

リューマチ関節炎には金剤（オーラノフィン，金チオグルコース誘導体など）が有効である．

6・10・6 化学的性質と化合物

🔶 銅は軟らかい赤色の金属で，熱伝導率，電気伝導率ともに高い．展性，延性に優れている．

銅は非酸化性の酸には溶けないが，硝酸には溶解する．濃硫酸とも反応する．

希硝酸　$3Cu + 8HNO_3 \longrightarrow 2NO + 3Cu(NO_3)_2 + 4H_2O$

濃硝酸　$Cu + 4HNO_3 \longrightarrow 2NO_2 + Cu(NO_3)_2 + 2H_2O$

硝酸塩などの熱分解によって黒色の酸化銅 CuO が得られる．800 ℃ 以上では酸素を放出して赤色の Cu_2O に変化する．銅を空気中で加熱しても，表面に CuO が生成する．ケイ藻土に担持した酸化銅を水素で微粒子の Cu に還元したものは，窒素中の痕跡量の酸素を除く脱酸素塔に利用される．

Cu^{2+} イオンは d^9 電子配置をもっているので，1 個の不対電子を含み，その化合物は着色していて，常磁性である．水和した多くの Cu^{2+} 塩は青色である．アンモニア水中では正四角形型 4 配位の $[Cu(NH_3)_4]^{2+}$ を生成し，深青色になる．

Cu^+ イオンは d^{10} 電子配置のため，d-d 遷移は起こらず，無色である．CuCl, CuBr, CuI は難溶性である．シアン化物イオンは Cu^{2+} を Cu^+ に還元し，自身は酸化されてシアン（ジシアン）$(CN)_2$ になる．過剰の CN^- が存在するとシアノ錯体を形成する．

$$2Cu^{2+} + 4CN^- \longrightarrow 2CuCN + (CN)_2$$
$$CuCN + 3CN^- \longrightarrow [Cu(CN)_4]^{3-}$$

🔹 **銀**は軟らかい白色の金属で，熱伝導，電気伝導性はすべての金属の中で最大である．Ag^+ が最も普通の酸化状態で，硝酸銀 $AgNO_3$ は最も重要な塩の一つである．ハロゲン化物の銀塩は AgF を除いて水に難溶である．溶解度は Cl>Br>I の順に小さくなる．AgCl は希アンモニア水に溶解し，AgBr は濃アンモニア水に溶解して直線二配位のアンミン錯体 $[Ag(NH_3)_2]^+$ を生成する．チオ硫酸ナトリウム $Na_2S_2O_3$ はハロゲン化銀と反応して可溶性の錯体 $[Ag(S_2O_3)_2]^{3-}$ を形成する．この反応は写真現像の際の重要な反応である．

+2 価の Ag は不安定であるが，AgO, AgF_2 が知られる．AgF_2 は加熱により AgF になり，フッ素を放出するため，フッ素化剤として利用される．

🔹 **金**は黄色の金属で，展性延性に富む．金の溶解には王水（塩酸と硝酸の 3：1 混合物）が必要である．硝酸は酸化剤として作用し，塩化物イオンが錯化剤としてはたらき，テトラクロロ金(Ⅲ)酸イオン $[AuCl_4]^-$ として溶解する．銅，銀では +3 価の酸化状態はまれであるが，金では普通である．ハロゲン化物 AuX_3 はすべてのハロゲンで得られる．$AuCl_3$ は金を王水に溶かしてから塩化水素を蒸発してつくられる．

$$H[AuCl_4] \longrightarrow AuCl_3 + HCl$$

6・11　12族元素（亜鉛族）
6・11・1　名称，発見および単離
▶ $_{30}Zn$　亜鉛　zinc

元素名　ドイツ語 Zinke（フォークの歯のようにとがったもの）に由来する．溶鉱炉中で尖頭状に沈殿することによる．またラテン語の白い鉱床を意味するという説もある．

単離　銅との合金（黄銅）はローマ時代から知られている．1500 年ころには単体が単離されているようである．ヨーロッパより古く，12 世紀から 16 世紀にはインドや中国では亜鉛精錬が確立していた．

1746 年，ドイツのマルクグラフが閃亜鉛鉱 ZnS から得たカラミン（亜鉛華：酸化亜鉛 ZnO）を密封したレトルト中で炭素と加熱することにより金属を単離する方法を記述している．

▶ $_{48}$Cd　カドミウム　cadmium

　元素名　ラテン語の cadmia（亜鉛華 ZnO，カラミンともよばれた）に由来する．
　発　見　1817 年，ドイツのシュトローマイヤーが $ZnCO_3$ を加熱して亜鉛華を得る実験をしていて，不純物として新元素を発見した．

▶ $_{80}$Hg　水銀　mercury

　元素名　水星 Mercury に由来する．ともに姿が変わりやすいからという説がある．元素記号はラテン語の hydrarugyrum（液体の銀）にからきている．
　単　離　古代中国や紀元前 15 世紀ころのエジプトで自然水銀が利用され，また辰砂 HgS の焙焼で得られていた．

6・11・2　一般的概観

12 族元素の各種データを表 6・34 および表 6・35 に掲げる．

12 族元素の電子配置は $(n-1)d^{10}ns^2$ で +2 価の酸化状態が最も安定であるが，その場合でも d^{10} で d 軌道が完全に満たされているため，遷移元素には分類されない．d-d 遷移が起こり得ないため基本的に化合物は無色である．水銀では +1 価も普通

表 6・34　12 族元素の電子配置，イオン化エネルギー，電気陰性度

元素	電子配置	イオン化エネルギー /kJ mol^{-1}								電気陰性度 (ポーリング)
		第一	第二	第三	第四	第五	第六	第七	第八	
Zn	[Ar]3d^{10}4s^2	906.4	1733.3	3832.6	5730	7970	10400	12900	16800	1.65
Cd	[Kr]4d^{10}5s^2	867.6	1631	3616	5300	7000	9100	11100	14100	1.69
Hg	[Xe]4f^{14}5d^{10}6s^2	1007.0	1809.7	3300	4400	5900	7400	9100	11600	2.00

表 6・35　12 族元素の融点，沸点，気化熱，密度，原子半径，イオン半径

元素	融点/℃	沸点/℃	気化熱 /kJ mol^{-1}	密度/g cm^{-3}	原子半径/pm	イオン半径/pm	
						E$^+$	E^{2+}
Zn	419.5	907	115.3	7.13	133		83
Cd	321.0	765	99.87	8.65	149	114	103
Hg	−38.9	356.6	59.15	13.546	160	127	112

に見られる．最外殻が ns^2 という電子配置はアルカリ土類金属と同一であるが，イオン化エネルギーはアルカリ土類金属より高い．これは d 電子による遮蔽効果が完全ではないためである．d 軌道の電子が結合に関与しないため，金属単体は融点，沸点ともに低く，特に水銀は唯一単体で液体の金属である．反応性は Zn>Cd>Hg の順に低下していく．亜鉛，カドミウムは希酸と反応するが，水銀は酸化力のある酸としか反応しない．また亜鉛は両性金属でアルカリにも溶解する．

6・11・3 自然界における存在

表 6・36 に 12 族元素の自然界における存在度を示す．

◆ **亜鉛**は地殻中にはニッケルについで 24 番目に多い元素であり，主として硫化物 ZnS（閃亜鉛鉱およびウルツ鉱）として産出する．亜鉛は生物にとって必須元素であり，成人は 1 日 15 mg 摂取する必要がある．ヒトの体内には約 2 g の亜鉛が含まれている．これは d ブロック元素としては鉄につぐ．200 種類以上の酵素中で見いだされており，成長，長寿，受精能力などのコントロール，食物の消化や核酸合成，免疫系などに欠かせない．体内にたまった炭酸イオンを二酸化炭素に変えて放出する炭酸脱水酵素にも亜鉛が入っている．亜鉛は DNA から RNA への転写因子としても重要である．転写因子にはジンクフィンガーとよばれる亜鉛を含む突出部がある．欠乏症として味覚，嗅覚障害が顕著である．

◆ **カドミウム**は硫化カドミウム CdS としても産出するが，亜鉛鉱石中に含まれる．カドミウムはある種のケイ藻には二酸化炭素と炭酸との相互変換を触媒する酵素中に含まれるが，動物にとって蓄積性の毒物である．亜鉛と似ているため，亜鉛酵素の亜鉛を置き換えて障害をもたらす．通常は腎臓から排出されるが，富山県神通川流域で発生したイタイイタイ病は，亜鉛鉱山から排出されたカドミウムが人体から排出しきれず腎臓で蓄積し，カルシウムの代謝に異常をもたらしたものである．

表 6・36 12 族元素の太陽系，地殻，海水，人体中の元素存在度

元素	太陽系原子数[†]	地殻/ppm	海水/ppm	人体/ppm
Zn	1260	75	0.00052	33
Cd	1.61	0.11	0.000100	∼ 0.3
Hg	0.34	0.05	0.00000033	0.09

[†] ケイ素原子 10^6 個に対する原子数．

🔴 **水銀**は単体の水銀が辰砂 HgS とともに産出する．水銀は自然環境中をいろいろな形で循環している．火山からの噴出，土壌の浸食，微生物による有機水銀の産出などが重要である．水銀はあらゆる生物から見いだされるが，生物学的な役割は何もなく，神経細胞の Na/K 濃度を調整してイオンチャネルとなっているタンパク質（§5・2・7）を不活性化するため，神経障害をもたらす．1950 年代に九州の水俣湾で起こった水俣病は，アセトアルデヒド製造工程で排出された水銀が原因で起こった．海底に生息する微生物により無機水銀が有機水銀に変化し，湾内の魚類が高濃度の水銀を含むようになり，その魚を食べていた住民や猫などの中枢神経が冒されて発症したもので，通常の水銀中毒症とは全く異なったものであった．

6・11・4　12 族元素の単離

🔴 **亜鉛**の鉱石は硫化物 ZnS であるが，立方晶系の閃亜鉛鉱，六方晶系のウルツ鉱がある．閃亜鉛鉱は貴石スファレライトとしても利用される．

鉱石は界面活性剤を利用した浮遊選鉱法で濃縮され，焙焼（ばいしょう）により酸化亜鉛 ZnO と二酸化硫黄 SO_2 に酸化される．SO_2 は硫酸 H_2SO_4 の製造に使われる．

$$ZnS + \frac{3}{2} O_2 \longrightarrow ZnO + SO_2$$

ZnO から金属亜鉛を得るには，❶ 一酸化炭素による還元法，または ❷ 硫酸亜鉛 $ZnSO_4$ に変えてから電気分解法，が用いられる．

❶ 溶鉱炉中で ZnO と一酸化炭素を加熱することにより還元する．

$$ZnO + CO \longrightarrow Zn + CO_2$$

❷ 硫酸亜鉛を電気分解法に用いる場合は，ZnS を低温で加熱して ZnO と $ZnSO_4$ にしてから，硫酸に溶解し，すべてを硫酸亜鉛にする．この溶液に亜鉛粉末を加えることにより，イオン化傾向が亜鉛より小さいカドミウムを金属として析出させて除く．この硫酸亜鉛水溶液を電気分解することにより，金属亜鉛が得られる．

上記のような製造法が見いだされる以前，18 世紀初めには，亜鉛の沸点が 907 ℃ で低いことを利用する方法が確立されていた．すなわち鉱石を加熱して蒸気として出てくるものをとらえる方法で，亜鉛蒸気は酸化されやすいため，空気を遮断して冷たいところに導いて金属を得ていた．

🔴 **カドミウム**は亜鉛に伴って産出する．硫酸亜鉛，硫酸カドミウムの混合溶液に亜鉛を加えることにより，カドミウムが析出する．また金属亜鉛に不純物として含まれるカドミウムは沸点が亜鉛より低いため，亜鉛の蒸留の初期にでてくる．

🔸 **水銀**は赤い鉱石である辰砂 HgS とともに単体としても産出する．辰砂は高い密度（$8.19\,\mathrm{g\,cm^{-3}}$）を利用して母岩から分けられ，酸化熱分解により発生する水銀蒸気を冷却することにより金属水銀が得られる．

$$\mathrm{HgS + O_2 \xrightarrow{600\,^\circ C} Hg + SO_2}$$

HgS に富む鉱石の場合はスクラップ鉄や生石灰 CaO と熱することによっても得られる．

$$\mathrm{HgS + Fe \longrightarrow Hg + FeS}$$
$$\mathrm{4HgS + 4CaO \longrightarrow 4Hg + 3CaS + CaSO_4}$$

水銀はいろいろな金属とアマルガムをつくるが，希硝酸中で空気を通して卑金属を酸化して硝酸中に溶解したあと，真空蒸留により精製することができる．

6・11・5　12 族元素の用途

🔸 **亜鉛**は鉄に亜鉛めっきしたトタンに利用されるのが最大の用途となっている．電気分解によるめっきだけでなく，融解した亜鉛中に鉄製品をつけてめっきすることも多い．イオン化傾向が鉄より高いため，鉄より酸化されやすく，一種の電池が形成され，亜鉛が犠牲になって酸化されることにより，本体の鉄がさびないようにする．亜鉛自体は酸化被膜ができると比較的安定になる．また亜鉛は電池の負極材料として利用される．かつては無垢の亜鉛が使われたが，現在は亜鉛めっきした鋼が使われている．

亜鉛の合金としては真ちゅう（黄銅）が重要である．銅：亜鉛が 70：30 から 60：40 のものが利用される．洋白（洋銀）は亜鉛 20 %，銅 60 %，ニッケル 20 % の合金で食器などに利用される．プレスタルとよばれる合金は亜鉛 78 %，アルミニウム 22 % の組成をもち，鉄鋼と同じくらいの強度でありながら塑性に富む．

酸化亜鉛 ZnO は亜鉛華とよばれ，白色顔料として塗料，印刷インキ，プラスチックに使われる．またゴム工業では製造時の触媒と製品の熱分散材料に用いられる．

🔸 **カドミウム**は融点が低く，はんだの材料に使われる．ニッカド電池（正極 Ni，負極 CdO）は何千回もの再充電が可能な二次電池であるが，しだいに他の二次電池に替わられている．カドミウムを電解めっきした鋼は海水などと接触するような腐食性の大きな環境で使われる．特殊な目的にはカドミウム標準電池（ウェストン電池）は Cd-Hg|CdSO₄ 飽和溶液|HgSO₄|Hg の組合わせの電池で起電力の測定などの基

準電池として使われる．硫化カドミウム CdS は半導体として光電管，光電子増倍管に使われるほか，カメラの露出計に使われる．

◪ **水銀**は室温で唯一の液体金属で，温度計に利用される．食塩水の電気分解には水銀が用いられたが，現在は別の方法に替わっている．蛍光灯は水銀蒸気中の放電により水銀原子から発せられる紫外線を，蛍光物質により可視光に変えている．蛍光灯内の水銀は 10 mg 程度である．ナトリウムランプでも点灯の初期は水銀灯としてはたらき，温度が高くなるとナトリウムによる発光が始まる．水銀電池は 1.35 V のボタン電池として今でも広範に使われている．これは亜鉛が負極で，水酸化亜鉛 $Zn(OH)_2$ と酸化水銀 HgO を練り混ぜたペーストを含み，中心部に鋼鉄製の正極が収められている．歯の治療で用いる"アマルガム"は銀 60 %，スズ 27 %，水銀 13 % の合金で，固まると体積が増え，虫歯の孔をきっちり埋めることができる．アマルガムという用語は水銀の合金一般をさす．多くの金属は容易にアマルガムを形成する．鉄はアマルガムをつくらないため，水銀の保存容器として利用される．

水銀は科学史上いくつも重要な発見に不可欠であった．トリチェリーの真空，ボイルシャルルの法則，ファラデーの電磁誘導，オンネスによる超伝導の発見，そして酸素の発見があげられる．シェーレとプリーストリが 1774 年に酸化水銀 HgO を熱分解して酸素単体を得た．

6・11・6 化学的性質と化合物

◪ **亜鉛**は銀白色の金属で反応性は比較的高い．表面は酸化されやすいが酸化被膜が保護するのでさびは進入しない．

酸素との反応では酸化亜鉛 ZnO を生じる．ZnO は両性であって，酸にも塩基にも溶解する．アルカリに溶解する際には亜鉛酸イオン $[Zn(OH)_3]^-$, $[Zn(OH)_4]^{2-}$ を生じる．亜鉛の塩はふつう水和しており，ハロゲン化物は潮解性である．水に溶解した場合は，正八面体のアクアイオン $[Zn(H_2O)_6]^{2+}$ が主成分と思われるが，Zn^{2+} は正四面体 4 配位構造もとりうる．水酸化亜鉛に過剰のアンモニアを加えるとテトラアンミン錯体が生じて溶解する．

$$Zn(OH)_2 + 4NH_3 \longrightarrow [Zn(NH_3)_4]^{2+} + 2OH^-$$

亜鉛は硫黄と反応し白色の硫化亜鉛 ZnS を生成する．Zn^{2+} と H_2S の反応では，中性または塩基性で ZnS が沈殿する．

亜鉛のハロゲン化物のうちフッ化物 ZnF_2 はイオン性が強く融点が高い．ルチル型の構造をしており，水に難溶性である．他のハロゲン化物は水にばかりでなく，ア

ルコール，ケトンなどの配位性溶媒によく溶ける．

🔴 **カドミウム**も酸素との反応で酸化カドミウム CdO を生じる．CdO は ZnO と異なり塩基性である．Cd(OH)$_2$ は塩基には不溶であるが，濃アンモニア水には錯体を形成して溶解する．

カドミウムも硫黄と反応して黄色の硫化カドミウム CdS を生成する．Cd^{2+} と H$_2$S の反応では酸性条件でも CdS を生じる．

CdF$_2$ はホタル石型構造をとり，難溶性であるが，そのほかのハロゲン化物は水によく溶ける．

🔴 **水銀**は酸化性の酸には溶解するが，非酸化性の酸には溶解しない．酸素との反応では 300〜350℃で HgO を生成するが，400℃以上では水銀と酸素に分解する．

$$HgO = Hg(l) + \frac{1}{2} O_2$$
$$\Delta H° = +90.46 \text{ kJ mol}^{-1}, \quad \Delta S° = +0.108 \text{ kJ mol}^{-1} \text{ K}^{-1}$$

この反応は酸素の発見，単離に使われた．HgO はつくり方により黄色型と赤色型があるが，粒子の大きさが違うだけである．

硫化水銀 HgS も加熱すると容易に分解して水銀を放出する．HgS は鉱石としては辰砂とよばれ，顔料の朱として利用されていた．Hg^{2+} と H$_2$S の反応で得られる HgS は黒色であるが，不安定で，温めると赤色型に変化する．

12族元素は+1の酸化状態では二量体 M$_2^{2+}$ になるが，Zn$_2^{2+}$, Cd$_2^{2+}$ は不安定であり融解塩や固体中でのみ知られる．Hg$_2^{2+}$ は Hg$_2$Cl$_2$, Hg$_2$SO$_4$, Hg$_2$(NO$_3$)$_2$ など多くの塩で知られており，Hg-Hg 距離は 2.50〜2.70 Å の範囲に入る．

二塩化二水銀 Hg$_2$Cl$_2$ は甘コウ（汞）（カロメル）ともよばれる．それに対して HgCL$_2$ は昇コウとよばれる．飽和甘コウ電極 SCE（saturated calomel electrode：Hg|Hg$_2$Cl$_2$|飽和 KCl 溶液）は水素電極の代わりに基準電極として利用される（+0.242 V）．

6・12 ランタノイド・アクチノイド

ランタンからルテチウムまでの元素は**ランタノイド**（lanthanoid）あるいは**ランタニド**（lanthanide）とよばれる．またスカンジウム，イットリウムを含めて**希土類**（rare earth）ともよばれる．希土類という名称は古い時代に比較的産出が希少であった鉱物から得られ，その酸化物を希土とよんだことからこの名称が生まれている．プロメチウムは天然には存在せず，核分裂生成物中から分離された．アクチニウム

6・12 ランタノイド・アクチノイド

からローレンシウムまでの元素は**アクチノイド**（actinoid）あるいは**アクチニド**（actinide）とよばれる．いずれも放射性元素であり，特にネプツニウム以降の元素（**超ウラン元素**）は，サイクロトロンなどを用いて人工的に合成された元素である．ランタノイド，アクチノイドは原子番号の増加とともにf軌道に電子が満たされていくため，**fブロック元素**とよばれる．

6・12・1 名称，発見および単離

▶ $_{57}$La　ランタン　lanthanum

　元素名　ギリシャ語のlanthanein（隠れたもの）に由来する．日本語のランタンはドイツ語のLanthanに起因する．

　発　見　1839年，スウェーデンのムーサンデルが硝酸セリウムを加熱して酸化セリウムとし，硝酸で新しい元素成分を抽出し，酸化物ランタナを得た．

▶ $_{58}$Ce　セリウム　cerium

　元素名　元素が発見される2年前に発見された小惑星セレス（Ceres）に由来する．Ceresはローマ神話の農作の女神．

　発　見　1803年，スウェーデンのベルセリウスとヒージンガーが1751年に発見されていた鉱物セライト（ケイ酸セリウム）から発見した．ドイツのクラプロートもほぼ同時期に独立に発見して，同じ名前を提案した．
　1875年になって米国のヒレブランドとノートンが融解した塩化セリウムの電気分解により単離した．

▶ $_{59}$Pr　プラセオジム　praseodymium

　元素名　ギリシャ語のprasiou didymos（緑色の双子）に由来する．ジジム（プラセオジムとネオジム）の成分でそのイオンが鮮やかな緑色を呈することから命名．日本語のプラセオジムはドイツ語のPraseodymに起因．

　発　見　1882年，ボヘミアのブラウナーがジジムの原子スペクトルを測定して単一元素でないことを証明した．1885年，オーストリアのカール・アウエルが酸化物の形でネオジムとプラセオジムを分割した．金属の単離は1931年になってからである．

▶ $_{60}$Nd　ネオジム　neodymium

　元素名　ギリシャ語のneo didimos（新しい双子）に由来する．日本語のネオジムはドイツ語のNeodymに起因．

発　見　1882 年，ブラウナーがジジムの原子スペクトルを測定して単一元素でないことを証明した．1885 年にカール・アウエルが酸化物の形でネオジムとプラセオジムを分割した．

▶ $_{61}$Pm　プロメチウム　promethium

元素名　ギリシャ神話の神々から火を盗んで人類に与えたプロメテウスの名にちなむ．

発　見　1902 年，ブラウナーがネオジムとサマリウムの間に新元素があることを主張した．

1914 年，モーズレーが特性 X 線の波長と原子番号の関係からその存在を裏付けたが，すべての同位体が放射性であるため，天然には極微量しか存在せず，自然界からの発見はいずれも失敗に終わっている．

1938 年，米国のロー，プール，クルバトフ，クィルがサイクロトロンを用いてプラセオジムやネオジムの試料に中性子，重陽子，α 粒子を衝突させて得られたものの中に 61 番元素を発見したとしてサイクロニウムと命名したが，化学的な証拠が皆無だったため，新元素発見とは認められなかった．

1945 年，米国のマリンスキー，グレンデニン，コリエルらがサイクロトロンでの生成物からイオン交換クロマトグラフィーを利用して，質量数 147 の 61 番元素を分離した．

▶ $_{62}$Sm　サマリウム　samarium

元素名　最初にこの元素が抽出された鉱物サマルスキー石（samarskite）に由来する．

発　見　1879 年，フランスのボアボードランがサマルスキー石から得たジジムの硝酸塩から，アンモニア水を加えて最初に沈殿する画分からサマリウムの水酸化物を単離した．ただし，このサマリウムからフランスのドマルセイがさらにユウロピウムを分離している．

▶ $_{63}$Eu　ユウロピウム　europium

元素名　ヨーロッパ（Europe）に由来する．日本語名は以前はユーロピウムであったが，日本化学会の字訳規則によりユウロピウムになった．

発　見　1901 年，フランスのドマルセイが硝酸マグネシウムサマリウムから分別結晶を繰返して分離した．

▶ ₆₄Gd　ガドリニウム　gadolinium

元素名　フィンランドの化学者ガドリン（イットリウムの発見者）の名誉をたたえてつけられた．

発　見　1880年，スイスのマリニャクが起源の違うジジムから得られるスペクトル線から新元素の存在を見いだし，酸化物の分離に成功した（アルファーイットリウムと命名）．

1886年，ボアボードランが鉱物ガドリナイトから同じ元素の酸化物を得，マリニャクの同意を得てガドリニウムと命名した．

▶ ₆₅Tb　テルビウム　terbium

元素名　スイスの鉱山町Ytterbyに由来する．

発　見　1843年，スウェーデンのムーサンデルが1794年に発見されたイットリア（酸化イットリウム）から，薄赤色のエルビア（酸化テルビウム）と黄色のテルビア（酸化エルビウム）を単離して報告した．後の研究者により，彼の命名とは逆の（　）内に示した今日の名称が定着した．

▶ ₆₆Dy　ジスプロシウム　dysprosium

元素名　ギリシャ語のdysprositos（きわめて得難い）に由来する．

発　見　1886年，ボアボードランがイットリア（酸化イットリウム）の精製・分析を繰返し，エルビウム，テルビウム，ホルミウム，ツリウムを分離し，さらにホルミウムから多数回の分別沈殿法によって，分離した．

▶ ₆₇Ho　ホルミウム　holmium

元素名　ストックホルムのラテン語名Holmiaに由来する．

発　見　1878年，スイスのドラフォンテーヌとソレー，スウェーデンのクレーヴェによって独立に発見された．ドラフォンテーヌとソレーはエルビア（酸化エルビウム）のスペクトルから未知の元素の存在を示し，のちにクレーヴェの発見したホルミウムと同一であることを示した．クレーヴェはイットリア（酸化イットリウム）からエルビウムとテルビウムを分離し，エルビウムからイッテルビウムを除いたあとの残渣からエルビウムとホルミウムを分離した．

▶ ₆₈Er　エルビウム　erbium

元素名　スイスの鉱山町Ytterbyに由来する．

発　見　1843年，ムーサンデルが1794年に発見されたイットリア（酸化イットリウム）から，薄赤色のエルビア（酸化テルビウム）と黄色のテルビア（酸化エルビウム）を単離して報告した．後の研究者により，彼の命名とは逆の（　）内に示した今日の名称が定着した．

純粋な金属エルビウムは塩化エルビウムを金属カリウム蒸気で還元することにより得られた．

▶ $_{69}$Tm　ツリウム　thulium
元素名　ラテン語のThule（極北の地）すなわちスカンジナビアに由来する．
発　見　1879年，スウェーデンのクレーヴェがイットリア（酸化イットリウム）中の不純物の一連の分析の中で，得られたエルビウムから，ホルミウムとエルビウムを分離，さらにツリウムを分離した．

▶ $_{70}$Yb　イッテルビウム　ytterbium
元素名　スイスの鉱山町Ytterbyに由来する．
発　見　1878年，スイスのマリニャクにより，イットリア（酸化イットリウム）の分析からエルビウムとテルビウムが分離され，さらにエルビウムからイッテルビウムが分離された．

金属単体は1937年になってはじめてつくられた．

▶ $_{71}$Lu　ルテチウム　lutetium
元素名　ラテン語のLutetia（ローマ時代のパリの名称）に由来する．
発　見　1907年，フランスのユルバンが粗製のイッテルビウム中に含まれていた新しいランタノイド元素を発見．パリの古名Luteceにちなんでluteciumと命名したが，のちにラテン語に基づきルテチウムと命名．ほぼ同時にオーストリアのフォン・ウェルスバッハが同じ元素を発見．カシオピウムと命名（カシオペア座の形が自分の頭文字のWと同じだから）．後者の名前も広く使われたが，現在ではルテチウムに統一．

純粋な金属は1953年に初めてつくられた．

▶ $_{89}$Ac　アクチニウム　actinium
元素名　ギリシャ語のaktinos（光線）に由来する．

発　見　1899 年, フランスのドビエルヌにより瀝青ウラン鉱（ピッチブレンド）から抽出分離された.

▶ $_{90}$**Th　トリウム　thorium**
元素名　スカンジナビア神話の雷神トールに由来する.
発　見　1829 年, スウェーデンのベルセリウスがノルウェーで発見されたトール石（$ThSiO_4$）から発見した. フッ化トリウムから金属カリウムと加熱して金属を単離した.

▶ $_{91}$**Pa　プロトアクチニウム　protactinium**
元素名　アクチニウムにギリシャ語の protos（第一）を接頭辞として付けたもの.
発　見　1871 年, メンデレーエフはトリウムとウランの間に未知の元素の存在を示唆した.
1918 年, ドイツのマイトナーが瀝青ウラン鉱（ピッチブレンド）を処理して, 微量のアクチニウム前駆体の存在を示した.
1934 年, グローセが真空中フィラメント上で PaI_5 を加熱して金属を析出させた.

▶ $_{92}$**U　ウラン　uranium**
元素名　元素発見の数年前に発見された天王星（Uranus）にちなんで命名された. Uranus はギリシャ神話の天空の神. 日本語名のウランはドイツ語の Uran に基づく.
発　見　1789 年, ドイツのクラプロートは瀝青ウラン鉱（ピッチブレンド）を酸で処理したあと, 水酸化ナトリウムで中和することにより黄色の沈殿（$Na_2U_2O_7$）を得た. この沈殿を木炭末と加熱して黒色粉末を得, 未知の金属を得たと思い, ウランと命名（実はこれは酸化物の一種であった）.
1841 年, フランスのペリゴーが四塩化ウラン UCl_4 を金属カリウムで還元して金属ウランを得た.

▶ $_{93}$**Np　ネプツニウム　neptunium**
元素名　海王星（Neptune）に由来する.
発　見　1940 年, カリフォルニア大学バークレー校でマクミランがウランをターゲットにしてサイクロトロンから得られた中性子を照射して, 異常な β 線を検出した. たまたまバークレーを訪問していたアーベルソンが新元素による β 線であることを証明した.

▶ ₉₄Pu　プルトニウム　plutonium

元素名　冥王星（Pluto）に由来する．

発見　1940年，カリフォルニア大学バークレー校でシーボルグ，ワール，ケネディが ^{238}U に重陽子を衝突させ ^{238}Np を得た．^{238}Np は半減期2日で β 崩壊して94番元素を生成した．

▶ ₉₅Am　アメリシウム　americium

元素名　アメリカにちなんで命名された．

発見　1944年，シカゴ大学のシーボルグ，ジェイムズ，モーガン，ギオルソらが，原子炉中のプルトニウムの中性子照射で得られた95番元素を発見．（^{238}Pu＋2n → ^{240}Am＋e$^-$）

▶ ₉₆Cm　キュリウム　curium

元素名　キュリー夫妻の栄誉を称えて命名された．

発見　1944年，シーボルグ，ジェイムズ，ギオルソにより，^{239}Pu をターゲットにカリフォルニア大学バークレー校のサイクロトロンで加速された α 粒子を衝突させて得られた．

▶ ₉₇Bk　バークリウム　berkelium

元素名　カリフォルニア州バークレーにちなんで命名された．

発見　1949年，トンプソン，ギオルソ，シーボルグらがサイクロトロンにより加速されたヘリウム原子核を ^{241}Am に照射して得た．

▶ ₉₈Cf　カリホルニウム　californium

元素名　カリフォルニア大学および州名にちなんで命名された．かつては日本語名はカリフォニウムが使われていた．

発見　1950年，カリフォルニア大学バークレー校でトンプソン，ストリートJr，ギオルソ，シーボルグにより，^{242}Cm にヘリウム原子核を照射して半減期44分の ^{245}Cf が5000個得られた．（^{242}Cm＋^{4}He → ^{245}Cf＋^{1}n）

▶ ₉₉Es　アインスタイニウム　einsteinium

元素名　物理学者アインシュタイン（Albert Einstein）にちなむ．かつては日本語名ではアインシュタイニウムが使われていた．

発　見　1952 年，太平洋エニウェクト環礁で行われた熱爆発（水素爆弾）実験の残滓中から，ショパン，トンプソン，ギオルソ，ハーヴェイらにより質量数 253 の 99 番元素（半減期 20 日）が発見された．

▶ $_{100}$Fm　フェルミウム　fermium
　元素名　物理学者フェルミ（Enrico Fermi：核分裂連鎖反応に成功）にちなむ．
　発　見　1952 年，太平洋エニウェクト環礁で行われた熱爆発（水素爆弾）実験の残滓中から，ショパン，トンプソン，ギオルソ，ハーヴェイらにより質量数 255 の 100 番元素（半減期 22 時間）が発見された．

▶ $_{101}$Md　メンデレビウム　mendelevium
　元素名　最初に周期表を提案したロシアのメンデレーエフにちなむ．
　発　見　1955 年，カリフォルニア大学バークレイ校でギオルソ，ハーヴェイ，ショパン，トンプソン，シーボルグが ^{253}Es に α 粒子を照射して半減期 78 分の ^{256}Md を 17 個つくった．

▶ $_{102}$No　ノーベリウム　nobelium
　元素名　スウェーデンの化学者でノーベル賞の発案者ノーベル（Nobel）にちなむ．
　発　見　1957 年，ストックホルムのノーベル物理学研究所から ^{242}Cm に ^{13}C の原子核を衝突させ，半減期 10 分の新元素の同位体を得たと報告があった．ノーベリウムと命名したが，これはロシア，アメリカでの追実験では確認できなかった．
　1958 年，カリフォルニア大学バークレー校でギオルソ，シッケランド，ウォルトン，シーボルグらが，重イオン線形加速器を用いて ^{244}Cm と ^{246}Cm に ^{12}C の原子核を照射して ^{254}No を得た（半減期 55 秒）．

▶ $_{103}$Lr　ローレンシウム　lawrencium
　元素名　多くの新元素合成に成功したサイクロトロンの発明者ローレンス（Lawrence）にちなむ．
　発　見　1961 年，カリフォルニア大学バークレー校のギオルソらが ^{250}Cf, ^{251}Cf, ^{252}Cf の混合物に ^{10}B および ^{11}B の原子核を照射して半減期 8 秒の α 放射体を得た． ^{258}Lr, ^{259}Lr の混合物であった．溶媒抽出により安定な酸化数を Lr(III) と決定した．当初元素名としてローレンシウム，元素記号として Lw が提案されたが，IUPAC は 1963 年に現在の Lr を承認した．

6・12・2 一般的概観

表 6・37 および表 6・38 にランタノイドとおもなアクチノイドの各種データを示す.

ランタノイドとアクチノイドの外殻電子配置はそれぞれ $4f^{0-14}5d^{0,1}6s^2, 5f^{0-14}6d^{0,1}7s^2$ となる. ランタノイドは +3 の酸化状態が安定で, ほとんどの化合物がこの酸化状態をとる. アクチニドでも +3 が安定であるが, +4 も比較的安定である. ウランでは +6 の酸化状態までとりうる. f ブロック元素では内殻が充填されていくために, 原子番号が増加するに従い, 原子半径, イオン半径が減少するという大きな特徴がある. これをランタノイド収縮, アクチノイド収縮とよぶ. 4, 5 族のハフニウム, タンタルはそれぞれ同族のジルコニウム, ニオブと化学的挙動がきわめてよく似るという現象は, ランタノイド収縮のために, 原子半径, イオン半径が同族のすぐ上の元素とほとんど違わないために起こる.

表 6・37 ランタノイド, Ac, Th, U の電子配置, イオン化エネルギー, 電気陰性度

元素	電子配置	イオン化エネルギー /kJ mol^{-1}					電気陰性度 (ポーリング)
		第一	第二	第三	第四	第五	
La	[Xe]$5d^16s^2$	538.1	1067	1850	4819	6400	1.10
Ce	[Xe]$4f^15d^16s^2$	527.4	1047	1949	3547	6800	1.12
Pr	[Xe]$4f^36s^2$	523.1	1018	2086	3761	5543	1.13
Nd	[Xe]$4f^46s^2$	529.6	1035	2130	3899	5790	1.14
Pm	[Xe]$4f^56s^2$	535.9	1052	2150	3970	5953	—
Sm	[Xe]$4f^66s^2$	543.3	1068	2260	3990	6046	1.17
Eu	[Xe]$4f^76s^2$	546.7	1085	2404	4110	6101	—
Gd	[Xe]$4f^75d^16s^2$	592.5	1167	1990	4250	6249	1.20
Tb	[Xe]$4f^96s^2$	564.6	1112	2114	3839	6413	—
Dy	[Xe]$4f^{10}6s^2$	571.9	1126	2200	4001	5990	1.22
Ho	[Xe]$4f^{11}6s^2$	580.7	1139	2204	4100	6169	1.23
Er	[Xe]$4f^{12}6s^2$	588.7	1151	2194	4115	6282	1.24
Tm	[Xe]$4f^{13}6s^2$	596.7	1163	2285	4119	6313	1.25
Yb	[Xe]$4f^{14}6s^2$	603.4	1176	2415	4220	6328	—
Lu	[Xe]$4f^{14}5d^16s^2$	523.5	1340	2022	4360	6445	1.27
Ac	[Rn]$6d^17s^2$	499	1170	1900	4700	6000	1.1
Th	[Rn]$6d^27s^2$	587	1110	1978	2789		1.3
U	[Rn]$5f^36d^17s^2$	584	1420				1.38

表 6・38 ランタノイド，Ac, Th, U の融点，沸点，気化熱，密度，原子半径，イオン半径

元素	融点/°C	沸点/°C	気化熱/kJ mol^{-1}	密度/g cm^{-3}	原子半径/pm	イオン半径/pm		
						E^{2+}	E^{3+}	E^{4+}
La	921	3457	399.6	6.145	188		122	
Ce	799	3426	313.8	6.749	182.5		107	94
Pr	931	3512	332.6	6.773	183		106	92
Nd	1021	3068	283.7	7.007	182		104	
Pm	1168	2730	—	7.220	181		106	
Sm	1077	1791	191.6	7.520	180	111	100	
Eu	822	1597	175.7	5.243	204	112	98	
Gd	1313	3266	311.7	7.9004	180		97	
Tb	1356	3123	391	8.229	178		97	81
Dy	1412	2562	293	8.55	177		91	
Ho	1474	2695	251.0	8.795	177		89	
Er	1529	2863	292.9	9.066	176		89	
Tm	1545	1950	247	9.321	175		94	87
Yb	824	1193	159	6.965	194	113	86	
Lu	1663	3395	428	9.84	173		85	
Ac	1050	3200	418	10.06	188		118	
Th	1750	4790	543.9	11.720	180		101	99
U	1132	3745	422.6	18.95	154		103	80†

† U^{6+}

6・12・3 自然界における存在

表 6・39 に自然界におけるランタノイドおよびおもなアクチノイドの存在度を示す．

◆ ランタノイドは希土類ともよばれるが，特別な鉱石などはあまりないためで，地殻における存在度は決して低くはなく，薄く広がっている．いずれも硬い酸であり，酸素との親和性は高いため，岩石圏には多い．+3 価であるため，アクアイオンの pK_a は小さく，加水分解を受けやすいため，水への溶解度は低く，海水中での存在度は低い．いずれの元素も生物学的な役割はないが，セリウムはカルシウムと似た挙動をするため，骨の中には約 3 ppm の高濃度で存在する．

◆ アクチノイドはすべて放射性元素であるが，トリウムとウランは半減期の長い同位体があり，46 億年前に地球ができたときに取込まれたものが一部残っている．^{232}Th, ^{235}U, ^{238}U の半減期はそれぞれ，1.41×10^{10} y, 7.1×10^8 y, 4.51×10^9 y であり，^{238}U は地球生成時の約半分になっている．なお，^{234}U も存在するが，半減期は 2.47×10^5 y で ^{238}U の放射壊性崩壊生成物であり，地球生成時に取込まれたものは残っていない．

表 6・39　ランタノイド，Ac, Th, U の太陽系，地殻，海水，人体中の元素存在度

元素	太陽系原子数[†]	地殻/ppm	海水/ppm	人体/ppm
La	0.4460	32	0.0000069	0.01
Ce	1.136	68	0.0000005	0.6
Pr	0.1669	9.5	0.0000010	—
Nd	0.8279	38	0.0000048	—
Pm	—	ウラン鉱石中に痕跡量	—	—
Sm	0.2582	7.9	0.0000010	—
Eu	0.0973	2.1	0.00000027	—
Gd	0.3300	7.7	0.0000015	—
Tb	0.0603	1.1	0.00000025	—
Dy	0.3942	6	0.00000096	—
Ho	0.0889	1.4	0.00000058	—
Er	0.2508	3.8	0.00000086	—
Tm	0.0378	0.48	0.00000033	—
Yb	0.2479	5.3	0.0000022	—
Lu	0.0367	0.51	0.00000041	—
Ac	—	痕跡量	—	—
Th	0.0335	12	0.0000092	0.0006
U	0.0090	2.4	0.00313	0.001

[†] ケイ素原子 10^6 個に対する原子数．

46 億年前，地球ができたときに高温だったときの余熱はすでになくなっているが，地球内部が高温であり，地熱や火山活動で放出されるエネルギーはこれらの元素の放射性崩壊のエネルギーに由来する．

6・12・4　ランタノイド・アクチノイドの単離

◆ ランタノイドの単離にはトリウムとランタノイドの複雑なリン酸塩鉱物であるモナズ石が鉱石として用いられる．モナズ石を熱濃硫酸で溶解して，不溶物を除く．アンモニア水で部分的に中和してトリウムを ThO_2 として沈殿させ，除く．母液に硫酸ナトリウムを加えることにより軽いランタノイドは硫酸塩として沈殿してくる．さらし粉で酸化してから，セリウムは +4 価の $Ce(IO_3)_4$ として沈殿させ除く．+3 価に酸化された他のランタノイドは，イオン交換樹脂や溶媒抽出などにより相互に分離する．

金属はハロゲン化物の電気分解またはカルシウムなどによる還元で単離される．

❶ ランタノイド塩化物に NaCl または $CaCl_2$ を加えて融点を低くして融解塩電解で単離する．

❷ 軽い方の金属（La-Eu）はアルゴン雰囲気下，三塩化物を 1000〜1100°C でカルシウムにより還元することにより得られる．重いランタノイドは融点が高いため，1400°C 以上を必要とするが，この温度では $CaCl_2$ が沸騰してしまうために，ランタノイドの三フッ化物を必要とする．リチウム還元が使われる場合もある．

◨ **アクチノイド**のうち重要な元素は天然に存在する**トリウム**と**ウラン**である．トリウムはモナズ石がおもな鉱物であり，ランタノイドとの分離は上に記したようにしてできる．ウランの鉱石としては瀝青ウラン鉱（ピッチブレンド）U_3O_8 が重要である．ランタノイドの金属単体はハロゲン化物または酸化物を Li, Mg, Ca などで還元することにより得られる．

6・12・5　ランタノイド・アクチノイドの用途

◨ **ランタノイド**は酸化物が古くからガラスや陶磁器の釉薬の着色に用いられてきた．ネオジムガラスはコバルトガラスのように濃い青色ではなく，薄い青色であるが，589 nm のナトリウム D 線をきれいにカットすることができるため，ガラス細工に欠かせない．また可視分光器の波長較正に使われる．ネオジムとプラセオジムが分離されずにジジムといわれて使われていたため，ジジムガラスともよばれる．

ランタノイドを各元素に分離する前に取出されたミッシュメタルとよばれる La, Ce, Nd が主成分の合金でライターなどの発火合金，ガラスの研磨剤，鉄鋼への添加剤に使われてきた．ランタンは水素吸蔵合金への用途も研究されている．

ネオジムはネオジム磁石 $Nd_2Fe_{14}B$ の成分として重要である．この磁石はフェライト磁石の 10 倍以上の磁性をもつ．**サマリウム**も $SmCo_5$ や Sm_2Co_{17} がサマリウム磁石として利用される．磁性体への応用は f 軌道が完全に満たされていないで，フントの規則によりスピンが対になっていないことが利用されている．

セリウム，**テルビウム**，**ユウロピウム**がそれぞれ青，緑，赤の蛍光を与えるので，テレビのブラウン管や三色型の蛍光灯に使われる．YAG（イットリウムアルミニウムガーネット $Y_3Al_5O_{12}$）に加えて固体レーザーの材料に使われる．CD などの光磁気ディスクにはガドリニウム，テルビウム，ジスプロシウムが使われている．

ウランは ^{235}U が熱中性子を吸収して核分裂を起こし，核エネルギーを放出するため，原子爆弾に使われた．核分裂を制御して核エネルギーを有効に利用しようとするものが原子炉である．原子炉運転上の安全性や廃棄物が放射能をもつため，エネルギーを原子炉に依存することへの反対も多いが，二酸化炭素による地球温暖化の

問題から，見直されている．

　核燃料としてウランを用いるためには同位体 ^{235}U（存在量 0.72 %）を濃縮する必要がある．そのためには**六フッ化ウラン** UF$_6$ が使われる．UF$_6$ は正八面体の分子性化合物であり，融点が 64 ℃ で揮発性の結晶である．F は ^{19}F のみの単一核種であるため，同位体の違いによる UF$_6$ の質量は U 同位体の質量のみに依存するため，気相拡散法や遠心分離法を用いて ^{235}U が濃縮される．^{235}U を濃縮したウランを**濃縮ウラン**とよぶ．^{235}U を除いたウランが**劣化ウラン**である．ウランは密度が大きいため，弾頭に用いるとコンパクトでも大きな破壊力が得られるため，劣化ウラン弾として軍事用に用いられている．湾岸線戦争で大量に使用されて問題になった．^{238}U は放射性同位体であるから，劣化ウランも放射能をもつわけで，このような利用法は大きな問題をもつ．

◻ **アクチノイド**の放射能を利用する場合も多い．**アメリシウム**は煙探知機に使われる．α 壊変により電極間の空気がイオン化され，わずかに流れている電流が煙により低下することを検知するものである．医療への応用も多い．

6・12・6　化学的性質と化合物

　ランタノイドの金属は銀白色で電気的陽性が高い．水とも反応し，熱すると激しく水素を発生する．空気中で徐々に酸化されて M$_2$O$_3$（セリウムでは CeO$_2$）を生じる．高温で，H$_2$, C, N$_2$, S, ハロゲンなどの非金属と反応する．表 6・40 ～ 42 にランタノイド，アクチノイドの酸化物，フッ化物，塩化物の組成を示す．この表からわかるようにランタノイドの酸化状態はセリウムを除いて +3 が安定である．アクチノイドではランタノイドに比べて高い酸化数のものも安定になる．その多くは人工

表 6・40　ランタノイド，アクチノイドの二元酸化物

La	Ce	Pr	Nd	Pm	Sm	Eu	Gd	Tb	Dy	Ho	Er	Tm	Yb	Lu
			NdO		SmO	EuO							YbO	
La$_2$O$_3$	Ce$_2$O$_3$	Pr$_2$O$_3$	Nd$_2$O$_3$		Sm$_2$O$_3$	Eu$_2$O$_3$	Gd$_2$O$_3$	Tb$_2$O$_3$	Dy$_2$O$_3$	Ho$_2$O$_3$	Er$_2$O$_3$	Tm$_2$O$_3$	Yb$_2$O$_3$	Lu$_2$O$_3$
	CeO$_2$	PrO$_2$												

Ac	Th	Pa	U	Np	Pu	Am	Cm	Bk	Cf	Es	Fm	Md	No	Lr
Ac$_2$O$_3$					Pu$_2$O$_3$	Am$_2$O$_3$	Cm$_2$O$_3$	Bk$_2$O$_3$	Cf$_2$O$_3$	Es$_2$O$_3$				
	ThO$_2$	PaO$_2$	UO$_2$	NpO$_2$	PuO$_2$	AmO$_2$	CmO$_2$	BkO$_2$	CfO$_2$					
		Pa$_2$O$_5$	U$_2$O$_5$	Np$_2$O$_5$										
			UO$_3$											

6・12 ランタノイド・アクチノイド

元素であるため,化合物が詳しく調べられてリストアップされているわけではない.

元素発見の歴史でわかるように,ランタノイドの化学的性質は互いによく似ている.

ランタノイドの酸化物は塩基性酸化物で,空気中から CO_2 を吸収して炭酸塩をつくり,水と反応して $M(OH)_3$ をつくる.イオン半径が大きいため,水溶液中でアクアイオンは 6 以上の配位数をもつが,加水分解しやすい.8 配位の化合物が多いがランタノイド収縮のために,重い元素になると配位数が減少する傾向がある.

ランタノイド化合物も f 軌道の縮重が解け,f-f 遷移のために着色しているものが多いが,d 軌道より内殻にあるため,配位子の違いによる f 軌道分裂への影響は小さく,同一金属の化合物は同じような色をしている.また,モル吸光係数も小さいため,色は薄い.

表 6・41 ランタノイド,アクチノイドの二元フッ化物

La	Ce	Pr	Nd	Pm	Sm	Eu	Gd	Tb	Dy	Ho	Er	Tm	Yb	Lu
					SmF_2	EuF_2							YbF_2	
LaF_3	CeF_3	PrF_3	NdF_3		SmF_3	EuF_3	GdF_3	TbF_3	DyF_3	HoF_3	ErF_3	TmF_3	YbF_3	LuF_3
	CeF_4	PrF_4												

Ac	Th	Pa	U	Np	Pu	Am	Cm	Bk	Cf	Es	Fm	Md	No	Lr
AcF_3			UF_3	NpF_3	PuF_3	AmF_3	CmF_3	BkF_3	CfF_3	EsF_3				
	ThF_4	PaF_4	UF_4	NpF_4	PuF_4	AmF_4	CmF_4	BkF_4	CfF_4					
		PaF_5	UF_5	NpF_5										
			UF_6	NpF_6	PuF_6									

表 6・42 ランタノイド,アクチノイドの二元塩化物

La	Ce	Pr	Nd	Pm	Sm	Eu	Gd	Tb	Dy	Ho	Er	Tm	Yb	Lu
			$NdCl_2$		$SmCl_2$	$EuCl_2$			$DyCl_2$			$TmCl_2$	$YbCl_2$	
$LaCl_3$	$CeCl_3$	$PrCl_3$	$NdCl_3$		$SmCl_3$	$EuCl_3$	$GdCl_3$	$TbCl_3$	$DyCl_3$	$HoCl_3$	$ErCl_3$	$TmCl_3$	$YbCl_3$	$LuCl_3$

Ac	Th	Pa	U	Np	Pu	Am	Cm	Bk	Cf	Es	Fm	Md	No	Lr
						$AmCl_2$			$CfCl_2$	$EsCl_2$				
$AcCl_3$			UCl_3	$NpCl_3$	$PuCl_3$	$AmCl_3$	$CmCl_3$	$BkCl_3$	$CfCl_3$	$EsCl_3$				
	$ThCl_4$	$PaCl_4$	UCl_4	$NpCl_4$										
		$PaCl_5$	UCl_5											
			UCl_6											

付録 A. 無機化学命名法

　生物が発見されると，その特徴や発見者にちなんで新しい名称が与えられる．化合物についてもかつては赤血塩（red prussiate of potash：$K_3[Fe(CN)_6]$），マグヌス緑色塩（Magnus' green salt：$[Pt(NH_3)_4][PtCl_4]$）などの固有名詞的に名前が付けられていった．このような慣用名は化合物の数が少ないうちは問題ないが，1000 万種類もの化合物が報告されている現在では，対応しきれないことは明らかである．一定の規則に基づいてあらゆる化合物を命名するために化学命名法が定められている．
　命名法の歴史は 1787 年にさかのぼるが，現在は**国際純正および応用化学連合**（International Union of Pure and Applied Chemistry，略称 **IUPAC**）が定めた命名法に従って，物質の名称が定められている．IUPAC 命名法は英語が基準になっているが，日本化学会は，物質名を日本語で書くための規則として，IUPAC が定めた名称を日本語に翻訳，あるいは字訳する規則を制定している．
　無機化合物は，塩をはじめとして，陽性成分と陰性成分からなる場合が多く，主として成分とその成分比を示す命名法を主体とする体系を採用している．有機化合物で広く使われている置換命名法も無機化学命名法で水素化物およびその誘導体に利用される．
　IUPAC 命名法も 1959 年から始まって何回か改訂を加え，無機化学命名法では 2005 年の勧告が最も新しいものであるが，現在広く使われてものは 1990 年勧告である．本書はそれに準じているが，この付録には 2005 年のものも紹介しておく．また，英語に準じて日本語が定められているので，必要に応じて英語名も加えておく．

A·1　元素名，元素記号

　元素名は IUPAC では英語で表記しているが，日本語名はそれに基づいて日本化学会が定めている．本書の裏見返しの周期表にそれが記されている．炭素，硫黄，銅，鉄，水銀，白金など古くから使われている元素名は漢字で記される．戦後，当用漢字表から外されたために使用することができなくなった漢字が使われていた元素名は，カタカナ（＋素）で表す．ホウ素，ケイ素，スズ，リン，ヒ素，フッ素，ヨウ素がそれに相当する．その他の元素は基本的には英語の字訳を用いる．これは英語の発音とは関係なく，スペルから一義的に決められる（ほぼローマ字読みに近い）．最近命名された $_{105}$Db ドブニウム（dubnium），$_{109}$Mt マイトネリウム（meitnerium）はこの規則に則っていない．ユウロピウム（europium）も規則に従っていない名称である．もともと日本語の元素名はドイツ語によっていたため，英語の表記とは異なる元素もいくつかある．ナトリウム（sodium），カリウム（potassium），ウラン

(uranium), チタン (titanium), ランタン (lanthanum), ネオジム (neodymium), プラセオジム (praseodymium) などがそれである.

元素記号はアルファベット1文字または2文字で表され, 最初の文字は大文字を使い, 2文字目は小文字になる. 正式な名称が決まるまで, Uuq などの3文字で表されるものがあるが, これは原子番号のラテン語表記の頭文字を連ねている.

A·2 化 学 式

化合物が分子からできている場合は, 正しい分子量に相当する分子式を用いる.

例: $O_2, O_3, H_2O, H_2O_2, P_4O_{10}$

分子量が温度などで変化する場合には最も簡単な化学式を用いる.

例: S_8, P_4 ではなく S, P

もちろん分子そのものを論じるときには S_8 などを用いる.

化学式中では分子でも塩でも, 原則として陽性成分を前に, 陰性成分を後に記す. 二元化合物では電気陰性度の小さい元素を前に書く. 電気陰性度の順は, 表 A·1 に示した順に小さくなっていくものとする. 水素と希ガスの位置に注意してほしい. なお, この表の電気陰性度の順番はあくまでも便宜的なものであって, 正しい電気陰性度は反映しているものではないことに注意する必要がある.

表 A·1 元素の順序

													H				
He	Li	Be											B	C	N	O	F
Ne	Na	Mg											Al	Si	P	S	Cl
Ar	K	Ca	Sc	Ti	V	Cr	Mn	Fe	Co	Ni	Cu	Zn	Ga	Ge	As	Se	Br
Kr	Rb	Sr	Y	Zr	Nb	Mo	Tc	Ru	Rh	Pd	Ag	Cd	In	Sn	Sb	Te	I
Xe	Cs	Ba	La→Lu	Hf	Ta	W	Re	Os	Ir	Pt	Au	Hg	Tl	Pb	Bi	Po	At
Rn	Fr	Ra	Ac→Lr														

この表で, 赤字で記した B と Al の間で, 電気的陰性元素と電気的陽性元素に便宜的に分ける. B 以前を電気的陰性元素, Al 以降を電気的陽性元素とみなし, 陽性または陰性の元素が2種類以上あるときはそれぞれの中の順序は元素記号のアルファベット順とする. ただし, 成分が SO_4^{2-} や PF_6^- のように多原子団のときは中心原子を先に記す.

例: $NaCl, CaCl_2, NaH, CaSO_4, AlK(SO_4)_2$

非金属間の二元化合物の場合には表 A·1 の順番ではなく, つぎの系列を用いる (O の位置が異なることに注意). ただし 2005 年勧告では, この順番は使わず表 A·

1のみを利用することになったので，今後はハロゲンの酸化物はすべて OX_n などのように表記することになる.

Rn, Xe, Kr, B, Si, C, Sb, As, P, N, H, Te, Se, S, At, I, Br, Cl, O, F

例：XeF_2, B_2H_6, SiH_4, NH_3, H_2S, H_2O, Cl_2O, OF_2, IF_5

A·3 数　詞

元素名や基名の前に数詞をつけて，原子数や基の数を示す．日本語の前には漢数字の一，二，三などが用いられ，字訳された基の名称の前には，モノ，ジ，トリ，テトラ，ペンタなどの数詞を用いる．元素名はすべて日本語として扱う．

例：P_4O_{10}　　　　十酸化四リン　　tetraphosphorus decaoxide
　　$[Mn_2(CO)_{10}]$　デカカルボニル二マンガン　decacarbonyldimanganese

A·4 イオン名

単原子イオンは陽イオンでは元素名をそのまま書き，あとにイオンをつける．必要ならローマ数字で酸化数表示をつける．

例：Zn^{2+}　　亜鉛イオン　　zinc ion
　　Fe^{2+}　　鉄(II)イオン　　iron(II)ion

水素化物分子にプロトンを付加して生じる陽イオンは英語の元素語幹にオニウムをつけて表す（英語では語尾が -ium）．

例：PH_4^+　　ホスホニウムイオン　　phosphonium ion
　　H_3O^+　　オキソニウムイオン　　oxonium ion

例外はアンモニウムイオン NH_4^+ で，ニトロニウムイオンとはよばない．

陰イオンは元素語幹に ── 化物イオンをつける（英語では語尾が -ide）．同種多原子分子の場合と少数の多原子陰イオンも ── 化物イオンとする（CN^-, OH^-）．多原子陰イオンはオキソ酸から生じるものが多く，── 酸とよぶ（英語では語尾が -ate）．中心原子の酸化数が低い酸素酸は亜 ── 酸（英語では語尾が -ite）となる．

例：O^{2-}　　　酸化物イオン　　oxide ion
　　S^{2-}　　　硫化物イオン　　sulfide ion
　　F^-　　　　フッ化物イオン　　fluoride ion
　　Cl^-　　　塩化物イオン　　chloride ion
　　S_2^{2-}　　二硫化物イオン　　disulfide ion
　　CN^-　　シアン化物イオン　　cyanide ion
　　OH^-　　水酸化物イオン　　hydroxide ion

CO_3^{2-}	炭酸イオン	carbonate ion
NO_3^-	硝酸イオン	nitrate ion
NO_2^-	亜硝酸イオン	nitrite ion

A·5 化合物の名称

化合物の名称には二元命名法（体系名），置換命名法および配位命名法がある．

A·5·1 二元命名法（体系名）

電気的陽性と陰性の成分からできているとみなされる化合物の体系的な名称は成分とそれらの比を示してつくられる．電気的陰性成分を先に，陽性成分をあとによぶ．この順番は英語の名称と逆転する．電気的陰性成分は語尾を ── 化 (-ide)，または ── 酸 (-ate, -ite) と変える． ── 化は単原子または同種多原子の場合で，異種多原子の場合には ── 酸を用いる．ただし，OH（**水酸化**），CN（**シアン化**）のような例外もある．

成分比は，① 原子数の比率で表す，② 酸化数を用いる，場合がある．

① の場合，数詞の一は省略する．ただし，CO のように，別の組成の化合物（CO_2 など）が存在する場合には，単純に酸化炭素ではなく，一酸化炭素 (carbon monoxide) とよぶ．

② の酸化数を用いる場合はローマ数字（I, II, III, IV など）で表し，中心元素のあとに（　）に入れて示す．酸化数が負の場合は−I などのように−をつけるが，正の場合には＋をつけない．ゼロの場合はローマ数字にないが 0 を用いる．

例：			
	NaCl	塩化ナトリウム	sodium chloride
	CaO	酸化カルシウム	calcium oxide
	SiC	炭化ケイ素	silicon carbide
	NaOH	水酸化ナトリウム	sodium hydroxide
	CO_2	① 二酸化炭素	carbon dioxide
		② 酸化炭素(IV)	carbon(IV) oxide
	$FeCl_2$	① 二塩化鉄	iron dichloride
		② 塩化鉄(II)	iron(II) chloride
	$FeCl_3$	① 三塩化鉄	iron trichloride
		② 塩化鉄(III)	iron(III) chloride
	MnO_2	① 二酸化マンガン	manganese dioxide
		② 酸化マンガン(IV)	manganese(IV) oxide

本書では基本的に ① の命名法を採用している．

A・5・2 水素化物などの中性分子（置換命名法）

単核の水素化物は英語の元素名の語幹に —— ane をつける．日本語の語尾は（ア）ンになる．この命名法は水素を他の置換基で置換する際の母体として用いることができる．たとえば，$PH_2(C_6H_5)$，$P(CH_3)_3$ はそれぞれフェニルホスファン，トリメチルホスファンとよぶ．

BH_3	ボラン	CH_4	メタン	NH_3	アザン
AlH_3	アルラン	SiH_4	シラン	PH_3	ホスファン
GaH_3	ガラン	GeH_4	ゲルマン	AsH_3	アルサン
InH_3	インジガン	SnH_4	スタンナン	SbH_3	スチバン
TaH_3	タラン	PbH_4	プルンバン	BiH_3	ビスムタン

CH_4 は水素化物の系統名ではカルバンになるが，これは用いない．NH_3 は母体として用いるときのみアザンとよび，単独の化合物名としてはアンモニアを用いる．InH_3 は系統名ではインダンとなるはずであるが，この名称は有機化合物ですでに使われているため，元素名の起源となったインジゴの語幹を用いてインジガンとしている．H_2O, H_2S, HF, HCl などはこの命名法ではそれぞれオキシダン，スルファン，フルオラン，クロランなどになるが，化合物名としてはそれぞれ，水（water），硫化水素（hydrogen sulfide），フッ化水素（hydrogen fluoride），塩化水素（hydrogen chloride）を用いる．

中心原子が2核以上の水素化物の名称は数詞ジ，トリ，テトラなどをつける．（ ）内にアラビア数字を入れ，語尾につけて水素数を明示する．

例： B_2H_6　ジボラン(6)　diborane(6)
　　 B_4H_{10}　テトラボラン(10)　tetraborane(10)

A・5・3 配位命名法（錯体の表記法と命名法）

錯体の化学式は［ ］の中に中心金属を最初に書き，つぎに陰イオン性配位子，最後に中性配位子を書く．イオンの電荷を示す場合には，［ ］の右肩に明記する．2005年勧告では配位子のイオン性の判断はむずかしいという理由で，配位子の順番は配位子の名称のアルファベット順になった．このため［$CoCl_3(NH_3)_3$］は，今後［$Co(NH_3)_3Cl_3$］になる．

例：［$CoCl_3(NH_3)_3$］　　トリアンミントリクロロコバルト(Ⅲ)
　　　　　　　　　　　　　triamminetrichlorocobalt(Ⅲ)
　　［$Ti(H_2O)_6$］$^{3+}$　① ヘキサアクアチタン(Ⅲ)イオン
　　　　　　　　　　　　　hexaaquatitanium(Ⅲ) ion
　　　　　　　　　　　　② ヘキサアクアチタン(3+)イオン
　　　　　　　　　　　　　hexaaquatitanium(3+) ion

[Co(NH₃)₆]³⁺   ① ヘキサアンミンコバルト(Ⅲ)イオン
      hexaamminecobalt(Ⅲ) ion
     ② ヘキサアンミンコバルト(3+)イオン
      hexaamminecobalt(3+) ion

[CoCl₆]³⁻   ① ヘキサクロロコバルト(Ⅲ)酸イオン
      hexachlorocobaltate(Ⅲ) ion
     ② ヘキサクロリドコバルト酸(3−)イオン
      hexachlorocobaltate(3−) ion

　名称は配位子名が先で中心金属が最後になる．複数の種類の配位子がある場合には配位子名のアルファベット順に配位子の数を頭につけて読み上げる．陽イオンは錯体名に ── イオンをつけ，陰イオンの場合は ── 酸イオンをつける．中心金属の酸化数を示すためには，① 金属の酸化数を示す方法と，② 錯体の電荷数で示す場合がある．例示したものはいずれも中心金属は3価の陽イオンであり，① は ( ) 内にローマ数字で表すことにより金属イオンの酸化数を示している．② は錯体電荷数をアラビア数字と正負の符号で表したものである．

　配位子の名称は中性のものは，分子の名称を用いる．ただし H_2O, NH_3, CO, NO は例外でそれぞれ**アクア**（aqua），**アンミン**（ammine），**カルボニル**（carbonyl），**ニトロシル**（nitrosyl）とよぶ．

　陰イオン性の配位子は陰イオンの名称の語尾 -ide, -ite, -ate をそれぞれ -ido, -ito, -ato などになる．

 例： Cl^- クロリド   chlorido
    CN^- シアニド   cyanido
    H^- ヒドリド   hydrido
    $CH_3CO_2^-$ アセタト   acetato

ただし，クロリド，シアニドなどの名称は2005年勧告から採用された名称でまだ定着していないため，本書の本文中では規則の例外として従来から用いられてきたクロロ（chloro），シアノ（cyano）などの配位子名を用いている．1990年勧告ではそれ以外にもフルオロ，ブロモ，ヨード，ヒドロなど昔から使われていた陰イオン配位子名が例外として認められていたが，2005年勧告では認められなくなったためしばらくは混用される可能性がある．たとえば，最初の例である $[CoCl_3(NH_3)_3]$ は2005年勧告では $[Co(NH_3)_3Cl_3]$ と表記され，名称はトリアンミントリ<u>クロリド</u>コバルト(Ⅲ) triammninetrichloridocobalt(Ⅲ)になる．

　配位化合物の化学式も陽イオン，陰イオンの順に並べ，名称も二元命名法に準じる．ただし，陰イオンが錯体でないものの名称は陽イオンを先に述べ ── 化物または ── 酸塩のように陰イオンで終わる．たとえば，赤血塩，マグヌス緑色塩はそれ

付録 A. 無機化学命名法

それ以下のようになる.
例: $K_3[Fe(CN)_6]$　① ヘキサシアノ鉄(Ⅲ)酸カリウム
　　　　　　　　　　potassium hexacyanoferrate(Ⅲ)
　　　　　　　　　② ヘキサシアノ鉄酸(3−)カリウム
　　　　　　　　　　potassium hexacyanoferrate(3−)
$[Pt(NH_3)_4][PtCl_4]$　① テトラクロロ白金(Ⅱ)酸テトラアンミン白金(Ⅱ)
　　　　　　　　　　tetraammineplatinum(Ⅱ) tetrachloroplatinate(Ⅱ)
　　　　　　　　　② テトラクロロ白金酸(2−)テトラアンミン白金(2+)
　　　　　　　　　　tetraammineplatinum(2+) tetrachloroplatinate(2+)
$[Co(NH_3)_6]Cl_3$　① ヘキサアンミンコバルト(Ⅲ)塩化物
　　　　　　　　　　hexaamminecobalt(Ⅲ) chloride
　　　　　　　　　② ヘキサアンミンコバルト(3+)塩化物
　　　　　　　　　　hexaamminecobalt(3+) chloride
$[Co(NH_3)_6](NO_3)_3$　① ヘキサアンミンコバルト(Ⅲ)硝酸塩
　　　　　　　　　　hexaamminecobalt(Ⅲ) nitrate
　　　　　　　　　② ヘキサアンミンコバルト(3+)硝酸塩
　　　　　　　　　　hexaamminecobalt(3+) nitrate

なお，配位化合物では配位子の立体的な配置に基づく異性体などの区別もしなくてはならないことが多い．ここでは $[MA_4B_2]$, $[MA_3B_3]$ のものについてのみ図 A・1 に示す．

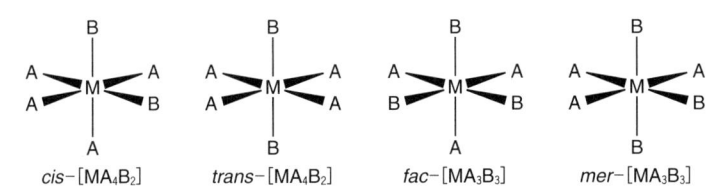

　　cis-$[MA_4B_2]$　　trans-$[MA_4B_2]$　　fac-$[MA_3B_3]$　　mer-$[MA_3B_3]$

図 A・1　$[MA_4B_2]$, $[MA_3B_3]$ の異性体とその表記

付録 B. 本書で使用されている非 SI 単位と SI 単位との換算

本書では,原子,分子の大きさやエネルギーを論じる際に,SI 以外の単位をいくつか併用しているので,SI 単位との換算表を示し,それについて簡単にふれておきたい.

長さでは,原子間距離などを論じるときに SI の pm だけでなく,Å(オングストローム)と a_0(ボーア半径)を用いている.

長さ	m	nm	pm
1 Å	1×10^{-10} m	0.100 nm	100 pm
1 a_0	5.29×10^{-11} m	0.0529 nm	52.9 pm

またエネルギーでは SI の J または J mol^{-1} だけでなく,eV(電子ボルト)と Hartree(ハートリー)を用いた.1 eV は電気素量 e の電荷をもつ粒子が電位差 1 V の間で加速されるときに得られるエネルギーである.1 Hartree は水素 1 s 軌道のエネルギーの 2 倍 13.60 eV に相当する.

エネルギー	J	kJ mol^{-1}
1 eV	1.602×10^{-19} J	9.649×10 kJ mol^{-1}
1 Hartree	4.360×10^{-18} J	2.626×10^3 kJ mol^{-1}

SI は 1960 年の国際度量衡総会で決議されて認められた**国際単位系**(Systeme International d'Unites,略して **SI**)が物理量を示す基本的な単位系で,科学だけでなく,できる限り日常生活でもそれを用いることになっている.SI のきわめて優れた点は物理量を算出する際に,式さえあっていれば,求まる物理量は SI で正しい単位をもった数値として求められることにある.

たとえば,ボーアモデルで量子数 n の定常状態での電子の円運動半径 r_n は次式で示されるが,

$$r_n = \frac{h^2 \varepsilon_0 n^2}{\pi m_e e^2}$$

$n=1$ のときの半径 r_1(ボーア半径 a_0)は h, ε_0, m_e, e などの物理定数を正しい SI 単位を用いて代入すれば,計算途中の単位を気にしないでも r_1 は 5.29×10^{-11} m と正しい SI 単位で求めることができる.

付録 B. 本書で使用されている非 SI 単位と SI 単位との換算

SI は単位の接頭語として d(デシ)：10^{-1}, c(センチ)：10^{-2}, da(デカ)：10^{1}, h(ヘクト)：10^{2} 以外は，k(キロ), M(メガ), m(ミリ) などの 10^{3n} ごとのものしか認めていないため，単純な数値の比較がしにくい場合がでてくる．

たとえば，原子間距離などは通常 $1 \sim 3$ Å の範囲に入るが，nm を用いると 0.154 nm のように必ず小数点以下の数値になりわずらわしい．また pm を用いると 3 桁の数値になり，たとえば 130 pm と表記した場合，有効数字が 2 桁なのか 3 桁なのかがわからない．原子間距離などは Å を利用した方が便利である．場合によってはボーア半径 a_0 も便利な単位である．

物理量は数値と単位で記されることを利用すると，SI 以外の単位から SI への換算はその単位部分に換算値を入れるだけで簡単に求めることができる．

例： 3 Å $= 3 \cdot 100$ pm $= 300$ pm
　　 $5 a_0 = 5 \cdot 52.9$ pm $= 265$ pm

付録 C. 参考書・推薦書

本書に掲げた数値データは主として以下の書籍に基づいている．
1) 日本化学会編，"改訂 5 版 化学便覧 基礎編 I, II"，丸善（2004）
2) J. Emsley, "The Elements", 3rd ed., Oxford University Press（1998）．

無機化学についてさらに学びたい方には以下の書籍を薦める．
3) 荻野 博，飛田博実，岡崎雅明著，"基本無機化学"，第 2 版，東京化学同人（2006）．
4) F. A. コットン，G. ウィルキンソン，P. L. ガウス著，中原勝儼訳，"基礎無機化学"，（原著第 3 版），培風館（1998）．
5) P. W. Atkins, T. L. Overton, J. P. Rourke, M. T. Weller, F. A. Armstrong 著，田中勝久，平尾一之，北川 進訳，"シュライバー・アトキンス 無機化学（上・下）"，第 4 版，東京化学同人（2008）．
6) G. Rayner-Canham, T. Overton 著，西原 寛，高木 繁，森山広思訳，"レイナーキャナム無機化学（上・下）"，（原著第 4 版），東京化学同人（2009）．
7) N. N. Greenwood, A. Earnshaw, "Chemistry of the Element", 2nd Ed., Butterworth Heinemann（1997）．
8) "元素 111 の新知識"，第 2 版，桜井 弘編，講談社ブルーバックス（2009）．
9) J. Emsley 著，山崎 昶訳，"元素の百科事典"丸善（2003）．
10) P. Enghag 著，渡辺 正監訳，"元素大百科事典"，朝倉書店（2007）．
11) P. A. Cox, "The Elements on Earth", Oxford University Press（1995）．

3) は本書と同規模の書籍であるが，錯体，有機金属化合物，生物無機化学などに各 1 章をあて解説している．4), 5) は欧米の標準的な教科書で，基礎理論，族ごとの各論，さらにトピックス的な各論がまとめられている．6) も同様であるが，各論の記述に力をいれており，特に産業や環境とのかかわりにも力を入れ，多数のコラムが興味深い．7) は元素，族ごとの各論中心の記述中心で，きわめて詳細に論じている．8), 9), 10) は元素を中心にまとめた事典的な書籍で，各元素の個性が生き生きと記述されている．8) はコンパクトであるが，読み物としても面白くまとまっている．11) は元素の環境での存在や循環などに重点をおいた書籍である．

対称性，群論については以下の 2 冊を薦める．
12) F. A. Cotton 著，中原勝儼訳，"コットン群論の化学への応用"，丸善（1980）．
13) S. F. A. Kettle, "Symmetry and Structure", 3rd ed., John Wiley（2007）．

12) は群論に関するオーソドックスな書籍，13) は分子軌道法を解説しながら具体的な化合物を一つ一つ取上げて群論を解説しているユニークな群論入門書である．

索　　引

あ，い

IUPAC（国際純性および
　　応用化学連合）　212, 277
アインシュタイン　2, 12, 268
アインスタイニウム　268
アウエル　263, 264
亜　鉛　256, 258, 259, 260, 261
亜鉛華　260
亜鉛族　256
亜塩素酸　192
亜鉛めっき　237
アクアイオン　93
アクア錯体　62, 64
アクチニウム　135, 208, 210, 266
アクチニウム系列　8
アクチニド　31, 263
アクチノイド　31, 263, 273, 274
アクチノイド収縮　270
アグリコラ　164, 183
アザン　169
亜酸化炭素　159
アジ化塩素　171
アジ化臭素　171
アジ化水素　171
アジ化ナトリウム　166, 171
アジ化鉛　171
アジ化フッ素　171
アジ化ヨウ素　171
亜硝酸アンモニウム　166
アスタチン　184
アセトニトリル　98
圧電効果　216
圧電性　160
アニオン　4
アパタイト　165
アーベルソン　267

亜ヒ酸　166, 175
アボガドロ数　2
アマルガム　254, 261
アメリシウム　268, 274
アラクノ　143
亜硫酸ガス　181
亜リン酸　175
アルカロイド　121
アルカリ　93
アルカリ金属　30, 113
　──陰イオン　121
　──のイオン半径　119
アルカリ土類金属　30, 122
アルキルアルミニウム　145
アルゴン　194, 196, 197
アルサン　169
アルシン　169, 170
アルツハイマー病　134
アルニコ合金　243
α　線　7
α 崩壊　7
アルフェドソン　114
アルマイト　138
アルミナ　135, 136, 145
アルミニウム　131, 134, 137, 138, 144
アルミノケイ酸塩　134
アルミノケイ酸塩鉱物　116
アルムブルスター　251
アレニウス　93
アレニウス酸・塩基　93
アンチモン　163, 166, 167, 168
安定同位体　4
アンモニア　45, 94, 96, 98, 169, 170

硫　黄　176, 177, 179, 180
イオン化エネルギー　32
イオン結合　79
イオン結晶　79
イオン積　93

イオンチャネル　120, 259
イオンの移動度　119
イオン半径　84
　　アルカリ金属の──　119
イオン名　279
イタイイタイ病　258
一酸化炭素　157
一酸化窒素　173
一酸化二窒素　173
イッテルビウム　266
イットリウム　207, 209
イットリウムガーネット　210
イリジウム　241, 243, 244, 245
イルメナイト　214
陰イオン　4, 279
インジウム　132, 137, 138, 144

う〜お

ヴァスカ錯体　245
ウィルキンソン錯体　244, 245
ウィルキンソン触媒反応　246
ヴィンクラー　146
ウェイド則　143
ウェストン電池　260
ヴェーラー　122, 131
ウェルスバッハ　266
ウェルナーの配位説　60
ヴォークラン　223
ウラストン　241, 246
ウラン　273
ウラン系列　8
ウルツ鉱　259
ウルツ鉱型構造　78

エカマンガン　229
エーケベリ　218
SI　284
sp^2 混成軌道　47

索引

sp³混成軌道　47
sブロック元素　31
X　線　7, 28
HSAB　96
HSAB則　98
NaCl型構造　76
n型半導体　90
エネルギー準位　16
エネルギー相関図　52
fブロック元素　31, 263
MO(分子軌道)法　43
エルー　131
エルイヤー兄弟　224
LCAO　51
エルステッド　131
エルビウム　265
エレクトライド　122
塩化アルミニウム　145
塩化カルシウム　129
塩化カルボニル　156
塩化水素　188, 189
塩化セシウム型構造　78
塩化ナトリウム型構造　76
塩化白金酸　249
塩化マグネシウム　129
塩　基　93
塩基性酸化物　180
塩　橋　103
塩　酸　190
炎色反応　115
塩　素　184, 185, 186, 188
塩素酸　192
塩類似水素化物　111

オイラーの定理　40
黄血塩　239
王　水　256
黄　銅　254, 260
黄銅鉱　253
黄リン　167
オキソ酸　279
オキソニウムイオン　93, 94
オクテット説　43
オサン　235
オストワルド法　109, 174, 250
オスミウム　235, 236, 237, 238, 240
オスミリジウム　237, 238
オゾン　178, 179
オゾン層　156, 178
オービタル　16

親核種　7
オルト水素　110
オールレッド-ロコーの電気陰性度　69
オンネス　261

か

回映軸　36
回映操作　35, 39
ガイガー　2
改質反応　108
灰チタン石　216
回転軸　36
回転操作　35
壊変定数　7
過塩素酸　192
化学式　278
核　子　6
核　種　4
核爆発　10
核分裂　10
隔　壁　103
核　力　6
過酸化水素　182
過酸化物　118
価　数　28
硬い塩基　97
硬い酸　97
カチオン　3
活字合金　168
価電子　30
価電子帯　88
カドミウム　257, 258, 259, 260, 262
カドミウム標準電池　260
ガドリニウム　265
ガドリン　207, 265
カニッツァロ　1
カーボンナノチューブ　150～152
過マンガン酸カリウム　234
カラット　255
カリウム　114, 116
ガリウム　131, 134, 136, 137, 138, 144
カリホルニウム　268
カルコゲン　30
カルシウム　123, 126, 127, 130

カルシウムカーバイド　128
カルシウムシアナミド　169
カルバボラン　144
カルボラン　144
カルモジュリン　130
過レニウム酸カリウム　234
過レニウム酸ナトリウム　232
カロメル　262
岩塩型構造　76
還元剤　100, 101
還元的脱離反応　245
還元反応　100
甘コウ(汞)　262
カーン石　134
γ　線　7, 244
γ崩壊　7

き

ギオルソ　212, 224, 247, 268, 269
希ガス　30, 193, 195
貴ガス　193, 195
輝水鉛鉱　223, 226
キセノン　194, 197
基底状態　14, 22
　　　——の原子の電子配置　26
軌　道　16
軌道関数　16
軌道のエネルギー　16
希土類　262
擬ハロゲン　162
ギブズエネルギー　105
キャヴェンディッシュ　107, 163, 194
9族元素　240
キュリウム　268
キュリー夫妻　124, 194
キュリー夫人　124, 176
鏡映操作　35, 39
共　鳴　44
鏡　面　36
共　役　94
共役塩基　94
共役酸　94
共有結合　43
共有結合性水素化物　111
強誘電体　215
キルヒホッフ　114

索　引

金　251, 253, 254, 255, 256
銀　251, 252, 254, 255, 256
銀/塩化銀電極　103
銀鏡反応　255
金紅石　214
禁制遷移　64
禁制帯　88
金属カルボニル　158, 203
金属結合　87
金属性水素化物　111, 112

く〜こ

空間充填率　75
クォーク　4
グメリン　114
クラウス　235
クラウンエーテル　121
クラスター　92, 140
グラファイト　136, 148, 151, 152, 153
クラプロート　176, 211, 263, 267
クリストバル石　159
クリプテート　121
クリプトン　194, 197
クルックス　132
クルトア　184
クレーヴェ　265, 266
クロソ　143
クロム　223, 225, 227
　──めっき　227
クロム酸　228
クロム酸ナトリウム　226
クロム族　223
クロム鉄鉱　225
クロール法　127, 214, 220
クロロフィル　130
クロンステッド　223, 246
群　37
群　論　36

ケイ酸　157
ケイ酸塩　160
ケイ酸ナトリウム　226
形状記憶合金　249
ケイ素　146, 148, 150, 153, 159
KS磁石鋼　243
結合エネルギー　6

結合性軌道　53
結晶場理論　61
ゲー・リュサック　131, 146, 183
ゲルマニウム　88, 146, 148, 150, 153, 154
ゲルマン　156
元　37
原　子　1
原子価殻電子対反発則　49
原子核　2
原子価結合法　43, 44, 58, 61
原子質量単位　5
原子番号　4
原子量　5
原子炉　10
元　素　4
元素記号　278
元素の存在度
　宇宙における──　10
元素名　277

鋼　237
光学活性　39
鋼　玉　134, 145
格　子　71
格子エネルギー　79, 82
格子点　71
高スピン　64
構成原理　22
鋼　鉄　238
光電管　118
光電子スペクトル　59
恒等操作　35
氷　92
国際純正および応用化学連合　277
国際単位系　284
黒リン　167
五酸化二窒素　174
五酸化二バナジウム　220〜222
五酸化二ヨウ素　192
コスター　212
5族元素　218
コバルト　240, 243, 244
コバルトガラス　243
コバルト族　240
五フッ化アンチモン　172
コランダム　134, 145
コールマン試薬　239

コールマン石　134
混成軌道　46

さ

サイクロトロン　263
最密充塡　74
錯　塩　60
錯　体　60
　──の表記法と命名法　281
サファイア　134
サマリウム　264, 273
サマリウム磁石　273
さらし粉　188
酸　93
三塩化チタン　216
三塩化窒素　171, 172
三塩化ホウ素　135
三塩基酸　96
酸化亜鉛　260, 261
酸解離指数　95
酸解離定数　95
酸化カルシウム　128
酸化・還元　100
酸化還元反応　100
酸化剤　101
酸化数　100, 280
酸化的付加反応　245
酸化銅　255
酸化二塩素　191
酸化二臭素　191
酸化反応　100
酸化物　180
三酸化硫黄　181
三酸化クロム　228
三酸化臭素　192
三酸化二クロム　228
三酸化二窒素　174
三酸化二鉄　238
三酸化二ヒ素　166
三酸化二ホウ素　140
三臭化窒素　171, 172
三重水素　109
酸性酸化物　181
酸　素　175, 177, 178, 179, 180, 261, 262
3族元素　207
酸素族　175
酸素分子　54

索引

三中心二電子結合 142
三フッ化窒素 171, 172
三フッ化ホウ素 38, 46, 96
三方晶系 74
三ヨウ化ホウ素 135

し

次亜塩素酸 188, 191, 192
シアノ錯体 162
シアン 162
シアン化水素 162
シアン化ナトリウム 254
シアン化物 162
シアン酸 162
シェーレ 123, 163, 176, 183, 184, 223, 229, 261
四塩化ケイ素 157
四塩化ジルコニウム 217
四塩化炭素 156
四塩化チタン 214, 215
シェーンフリース記号 42, 72
磁気量子数 15
σ供与結合 206
σ結合 48
自己イオン化 93
自己解離 93
自己解離定数 93
四酸化オスミウム 238, 240
四酸化三鉄 238
四酸化二窒素 174
ジシアン 162
ジジム 263, 273
ジスプロシウム 265
4 族元素 211
七酸化二塩素 192
7 族元素 229
質量欠損 5
質量数 4
CT吸収 66
磁鉄鉱 237
四フッ化キセノン 198
四フッ化ケイ素 156
四フッ化炭素 156
シフト反応 108
C_{60}フラーレン 152
1,2-ジブロモエタン 188
シーボーギウム 224
ジボラン(6) 142

シーボルグ 224, 268, 269
ジメチルスルホキシド 98
遮蔽(しゃへい)効果 21
11 族元素 251
臭化銀 188, 255
臭化水素 189
臭化メチル 188
周期 30
周期表 29
周期律 29
15 族元素 163
13 族元素 131
重水 110
重水素 109
臭素 184, 186, 187, 188
重曹 119
10 族元素 246
重炭酸塩 119
ジュウテリウム 109
自由電子模型 87
12 族元素 256
18 族元素 193
18 電子則 203, 206
14 族元素 146
16 族元素 175
縮重 16
縮退 16
主軸 36
シュトック 141
ジュラルミン 138
主量子数 15
シュレーディンガー 15
昇位 47
昇コウ(汞) 262
硝酸 174
硝酸銀 256
常磁性 55, 60
鍾乳石 128
鍾乳洞 128
ショパン 269
シラン 155
シリカ 159
ジルコニア 214, 215
ジルコニウム 211, 214, 215, 217
ジルコン 212, 214, 215
神経細胞 120
辰砂(しんしゃ) 259, 260
真性半導体 89
真ちゅう 254, 260
振動数条件 13
侵入型水素化物 112

す〜そ

水銀 257, 259, 260, 261, 262
水酸化アルミニウム 135, 145
水酸化カルシウム 127
水酸化バリウム 127
水酸化物イオン 93
水酸化ベリリウム 127
水酸化リン酸カルシウム 129, 130
水晶 160
水性ガス 157
——反応 109
水素 107
水素化アルミニウムリチウム 112, 119
水素化物 111, 154
水素化ホウ素ナトリウム 112
水素結合 91, 113
水素添加 109
水素分子 53
水素様イオン 20
水平化効果 99
水平効果 190
数詞 279
スカンジウム 207, 209, 210
スカンジウム族 207
スズ 146, 148, 150, 153, 154
——ペスト 153
——めっき 237
スタンナン 156
スチバン 169
スチビン 169, 170
ステンレス鋼 227, 237, 249
ストロンチウム 123, 126, 127
スピネル 238
スピン禁制 64, 233
スピン量子数 22

正孔 89
青酸 162
正四面体 40
正十二面体 40
生石灰 128
正多面体 40
青銅 254
正二十面体 40
正八面体 40

索引

正方晶系 74
正六面体 40
ゼオライト 161
石英 159
赤血塩 239
赤鉄鉱 237
赤銅鉱型構造 79
赤リン 167
セグレ 229
セシウム 115, 116, 118
節 18
絶縁体 88
石灰水 127, 158
石膏 129
ゼッターベルク 115
節面 18
セフストレーム 218
セリウム 263, 271, 273
セレン 176, 178, 179, 180, 182
閃亜鉛鉱 259
閃亜鉛鉱型構造 77
遷移 13
遷移元素 30, 200
前期量子論 13
銑鉄 237

相対原子質量 5
相対分子質量 5
族 30
ソレー 265

た〜つ

第一イオン化エネルギー 28, 32
対角線関係 122
体系名 280
対称心 36
対称性 34, 35
対称操作 35
対称要素 36
体心格子 74
体心立方格子 74, 76
第二イオン化エネルギー 32
ダイヤモンド 149, 151, 153
ダウンズ法 117
タッケ 230
ダニエル電池 102
ダームスタチウム 247

タリウム 132, 137, 138
単位格子 71
単位胞 71
炭化カルシウム 130, 128
炭化水素 154
炭化ホウ素 137
タングステン 223, 225, 226, 227
タングステン酸イオン 228
炭酸 158
炭酸イオン 48
炭酸塩 158
炭酸カルシウム 138, 158
炭酸水素塩 119, 158
炭酸水素ナトリウム 119, 158
炭酸脱水酵素 258
炭酸ナトリウム 158
炭酸リチウム 119
短周期表 31
単純格子 73
炭素 146, 148, 151, 157
炭素繊維 149
炭素族 30, 146
タンタル 218, 220, 221, 222
ターンブルブルー 239

チオ硫酸 182
チオ硫酸ナトリウム 182, 256
置換命名法 281
チーグラー−ナッタ触媒 145, 215, 217
チタン 211, 214
チタン酸カルシウム 216
チタン酸バリウム 215, 216
チタン族 211
チタン鉄鉱 214
窒化ガリウム 138
窒素 163, 165, 166, 167, 168, 172
窒素族 163
チャドウィック 3
中間型水素化物 111
中性酸化物 181
中性子 3
超ウラン元素 263
超強酸 172
超酸 172
超酸化物 118
長岡半太郎 30
超伝導 261
超伝導性 221

ツリウム 266

て, と

デイヴィー 114, 123, 124, 131, 183, 184
定常状態 13
底心格子 74
低スピン 64
d-d 遷移 63
d ブロック元素 31, 201
デカボラン(14) 143
テクネチウム 229, 232, 233
鉄 234, 236, 237
鉄族 234
鉄マンガン重石 226
テトラカルボニルニッケル 204, 248, 251
テトラヒドリドアルミン酸リチウム 112, 119
テトラフルオロエテン 187
テナール 146, 183
テナント 235, 241
テフロン樹脂 187
テルビウム 265, 273
テルミット反応 226, 232
テルル 176, 178, 179, 180
電解精錬 253
電荷移動吸収 66
電気陰性度 68
電気分解 108
点群 37, 40
典型元素 30
電子 2
電子雲 19
電子化物 122
電子親和力 29, 32
電子対 25
電子配置 22
　基底状態の原子の—— 26
電子不足化合物 142
電子捕獲 8
伝導帯 88
電離放射線 7

銅 251, 252, 253, 254
同位体 4, 109
動径分布関数 20
等軸晶系 74

索引

銅　族　251
特性X線　29
特定フロン　156, 179, 188
土星モデル　2
トタン　237, 260
ドビエルヌ　124, 208, 267
ドブニウム　219
ド・ブロイ　14
ド・ボアドラン　131
ドマルセイ　264
トムソン　2
トラヴァーズ　194
ドラフォンテーヌ　265
トリウム　267, 273
トリウム系列　8
トリチウム　109
トリチェリー　261
ドルトン　1
トンプソン　269

な　行

長岡半太郎　2
ナトリウム　114, 116, 117
ナトリウムランプ　118
鉛　147, 148, 150, 153, 154
軟　鉄　238
軟マンガン鉱　231

二塩基酸　96
ニオブ　218, 220, 221, 222
ニクロム　227, 249
二クロム酸　228
二元化合物　76
二元水素化物　111
二元命名法　280
二酸化硫黄　181
二酸化塩素　192
二酸化五炭素　159
二酸化三炭素　159
二酸化炭素　39, 49, 158
二酸化チタン　88, 215, 216
二酸化窒素　174
二酸化マンガン　178, 187, 233
二水素錯体　246
ニッカド電池　249, 260
ニッケル　246, 248, 249, 350
ニッケル族　246
ニ　ド　143

ニトロゲナーゼ　169, 225
ニトロシル　173
二フッ化キセノン　198
二フッ化酸素　183
二フッ化二酸素　183
二硫化モリブデン　227, 228
ニルソン　207

ネオジム　263, 273
ネオジムガラス　273
ネオン　193, 197
熱電対　244
ネプツニウム　267
燃料電池　109

濃縮ウラン　275
ノダック　230
ノートン　263
ノーベリウム　269

は, ひ

配位化合物　60
配位結合　60
配位子　60
配位子場理論　61, 66
配位数　75
配位命名法　280, 281
π逆供与結合　206
π結合　48
ハイゼンベルク　14
ハイポ　182
パイレックスガラス　137
ハーヴェイ　269
パウリの排他原理　22
白熱電球　227
バークリウム　268
白リン　167, 175
ハチェット　218
八隅説 → オクテット説
8族元素　234
白　金　246, 248, 249, 250
白金族金属　236
白金族元素　237
ハックスビル　115
発光ダイオード　138
発光分光法　114
ハッシウム　235, 237
波動関数　15

バートレット　198
バナジウム　218, 220, 221, 222
バナジウム族　218
ハーバー–ボッシュ法　109, 168, 169
ハフニウム　212, 214, 215, 217
ハミルトニアン　15
ハミルトン演算子　15
パラジウム　246, 248, 249, 250
パラジウム管　112
パラ水素　110
パラール　184
バリウム　123, 126, 127
バリタ水　127, 158
バルマー系列　14
ハロゲン　30
ハロゲン化水素　189, 190
ハロゲン化ホウ素　139
ハロゲン間化合物　193
反結合性軌道　53
半減期　7
反磁性　60
はんだ　154
反転操作　35, 39
バンドギャップ　88
バンド理論　87

ピエゾエレクトリック　160, 216
BNCT(ホウ素中性子捕獲治療法)　144
非化学量論の化合物　112
ヒ化ガリウム　138
p型半導体　89
光触媒　215, 216
非結合性軌道　56
ヒージンガー　263
非水溶媒　98
ビスシクロペンタジエニル鉄　239
ビスマス　163, 166, 167, 168, 169
ビスムタン　169
ビスムチン　169, 170
ヒ　素　163, 165, 166, 168
ビタミンB$_{12}$　242
ビッグバン　11
ピッチブレンド　124, 267, 273
ヒドラジン　171
ヒドロキシアパタイト　129, 165

索　引

293

ヒドロキシルアミン　171
ヒドロホウ素化反応　143
pブロック元素　31
ビュシー　122
ヒューズ　169
標準酸化還元電位　102
標準水素電極　103
標準電極電位　103
氷晶石　134, 135, 187
ヒレブランド　263

ふ〜ほ

ファラデー定数　105
ファラデーの電磁誘導　261
VSEPR(原子価殻電子対反発則)　49
VB(原子価結合)法　43
フィラメント　221, 227
フェライト　239
フェリシアン酸イオン　239
フェルミ　269
フェルミウム　269
フェルミ準位　88
フェロシアン酸イオン　239
フェロシリコン　154, 155
フェロセン　239
不確定性原理　14
不活性ガス　195
不活性電子対効果　133, 147
複合格子　73
不純物半導体　89
不対電子　25
フッ化ウラン(VI)　39
フッ化水素　55, 186, 189
フッ化リン酸カルシウム　129
物質波　14
沸石　161
フッ素　183, 185, 186, 187
不定比化合物　112, 211, 222
不動態　215, 238
ブラヴェ格子　73
ブラウナー　263, 264
ブラウン運動　2
プラズマ　4
プラセオジム　263
ブラック　123
プラトンの正多面体　40
プラムプディングモデル　2

フラーレン　150, 151, 152, 153
プランク　12
プランク定数　13
フランシウム　116
プラント　241
ブランド　114
ブリキ　154, 237
プリーストリ　163, 176, 261
フリーデルクラフツ反応　138
フルオロアパタイト　129
フルオロカーボン　187
プルシアンブルー　239
プルトニウム　268
プルンバン　156
プレスタル　260
ブレンステッド　94
ブレンステッド酸・塩基　94
プロトアクチニウム　267
プロメチウム　264
フロン　187
ブロンズ　254
分極効果　83
分光化学系列　64
分子　1
分子軌道法　43, 51, 58, 61
分子性水素化物　111, 112
分子ふるい　161
分子量　5
ブンゼン　114
フントの規則　22

並進操作　36
ヘヴェシー　212
ヘキサクロロ白金(IV)酸　249
ヘキサシアノ鉄(II)酸イオン　239
ヘキサシアノ鉄(III)酸イオン　239
β線　7
β崩壊　7
ヘモグロビン　236
ペラン　2
ヘリウム　53, 193, 196, 197
ペリエ　229
ベリリウム　122, 126
ベルセリウス　114, 146, 176, 211, 263, 267
ベルトライド　112
ヘルマン-モーガン記号　72
ペロブスカイト　216
ペロブスキー石　216

ペンタカルボニル鉄　204
ペンタボラン(9)　143
変分原理　45

ボーア　13, 230
ボーア半径　17
ボアボードラン　264, 265
ボイル　261
ボイル-シャルルの法則　2
方位量子数　15
方鉛鉱　150
崩壊定数　7
ホウ化物　137
ホウケイ酸塩ガラス　137
ホウ酸　94, 135, 140
ホウ砂　131, 134
放射性核種　7
放射性元素　271
放射性同位体　4
放射能　7
放射平衡の成立　10
ホウ素　131, 134, 136
ホウ素水素化物　140
ホウ素族　30
ホウ素中性子捕獲治療法　144
飽和甘コウ電極　103
ボーキサイト　134, 135
ボークラン　122
ホスゲン　156
ホスファン　169
ホスフィン　169, 170
ホスホニウム塩　170
蛍石型構造　78
ボラン　140
ポーリウム　230
ポーリング　46
ポーリングの電気陰性度　68
ホール　131
ボルドー液　255
ポルフィリン　130, 236
ホルミウム　265
ホルムアルデヒド　48
ボルン-ハーバーサイクル　82
ポロニウム　176, 178, 180
本多・藤嶋効果　216

ま　行

マイトナー　267

マイトネリウム 241
マクスウェル 2
マグネシウム 123, 126, 127, 130
マクミラン 267
マティーセン 114
マーデルング定数 80
マリケンの電気陰性度 69
マリニャク 218, 219, 265, 266
マリンスキー 264
マルスデン 2
マンガン 229, 231, 232, 233
マンガン族 229

ミオグロビン 236
水 36, 45, 91, 182
水ガラス 160
ミッシュメタル 210, 273
水俣病 259
明礬(みょうばん) 131
ミリカン 2

無機化学命名法 277
ムーサンデル 208, 265
無水クロム酸 228
娘核種 7

メタホウ酸 140
メタラボラン 144
メタン 46, 57
面心格子 74
面心立方格子 74, 75
メンデレーエフ 29, 269
メンデレーエフの周期表 29
メンデレビウム 269

モアッサン 184
モーズリー 29
モナズ石 272
モリブデン 223, 225, 226, 227
モリブデン鋼 227
モリブデン酸イオン 228
モンド 203
モンド法 248
モントリオール議定書 156

や 行

焼き石膏 129

YAG 210, 273
軟らかい塩基 97
軟らかい酸 97

融解塩電解 272
融解塩電解法 135
有機金属化合物 206
ユウロピウム 210, 264, 273
ユルバン 266

陽イオン 3, 279
ヨウ化水素 189
陽極泥 253, 254
洋銀 260
陽子 3
ヨウ素 184, 186, 187
洋白 260

ら, り

ライヒ 132
ラヴォアジェ 107, 123, 146, 163, 175, 176, 183
ラザフォード 2, 163
ラザボージウム 212
ラジウム 124, 194
ラッシヒ法 171
ラドン 194, 197
ラネーニッケル 249
ラポルテ禁制 64, 233
ラミー 132
ラムゼー 193, 194
ランタニド 31, 262
ランタノイド 31, 262, 271, 272, 273
ランタノイド収縮 219, 224, 270
ランタン 208, 209, 210, 263

リチア輝石 116
リチウム 114, 117
立方最密充填 74, 75
立方晶系 74
リヒター 132
リプスコム 142
硫化亜鉛 261
硫化カドミウム 258, 261
硫化水素 182

硫酸 181
硫酸カルシウム 129
硫酸バリウム 129
リュードベリ定数 14
量子条件 13
量子数 13
量子力学 12
両性酸化物 181
緑柱石 122
リン 163, 165, 166, 167, 168, 175
鱗雲母 116
リン灰石 165
鱗ケイ石 159
リン酸 168, 175

る～ろ

ルイス 43, 96
ルイス酸・塩基 96
ルチル 214
ルチル型構造 78
ルテチウム 266
ルテニウム 234, 236, 237, 238, 240
ルビー 134, 227
ルビジウム 114, 116

励起状態 14, 22
レイリー 194
瀝青ウラン鉱 124, 267
劣化ウラン 274
レニウム 230, 232, 233, 234
レプトン 4
レントゲニウム 251

六酸化四ヒ素 175
六酸化二塩素 192
6族元素 223
六フッ化ウラン 39, 187, 274
六フッ化キセノン 198
ロジウム 241, 243, 244, 245
ローゼ 218
六方最密充填 74, 75
六方晶系 74
ローリー 94
ローレンシウム 269
ローレンス 269

下井　守（しもい　まもる）
1946年 長野県に生まれる
1970年 東京大学大学院理学系研究科修士課程 修了
東京大学名誉教授
専攻 無機化学，錯体化学，ホウ素化学
理学博士

第1版 第1刷 2009年 6月19日 発行
第4刷 2021年 6月 7日 発行

基礎無機化学

ⓒ 2009

著　者　　下　井　　守
発行者　　住　田　六　連
発　行　　株式会社 東京化学同人
東京都文京区千石 3-36-7（〒112-0011）
電話 03-3946-5311・FAX 03-3946-5317
URL: http://www.tkd-pbl.com/

印　刷　中央印刷株式会社
製　本　株式会社 松岳社

ISBN978-4-8079-0671-0
Printed in Japan
無断転載および複製物（コピー，電子データなど）の無断配布，配信を禁じます．

元素の周期表 (2021)

族→ 周期↓	1	2	3	4	5	6	7	8	9	10	11	12	13	14	15	16	17	18
1	水素 1H 1.008																	ヘリウム 2He 4.003
2	リチウム 3Li 6.941†	ベリリウム 4Be 9.012											ホウ素 5B 10.81	炭素 6C 12.01	窒素 7N 14.01	酸素 8O 16.00	フッ素 9F 19.00	ネオン 10Ne 20.18
3	ナトリウム 11Na 22.99	マグネシウム 12Mg 24.31											アルミニウム 13Al 26.98	ケイ素 14Si 28.09	リン 15P 30.97	硫黄 16S 32.07	塩素 17Cl 35.45	アルゴン 18Ar 39.95
4	カリウム 19K 39.10	カルシウム 20Ca 40.08	スカンジウム 21Sc 44.96	チタン 22Ti 47.87	バナジウム 23V 50.94	クロム 24Cr 52.00	マンガン 25Mn 54.94	鉄 26Fe 55.85	コバルト 27Co 58.93	ニッケル 28Ni 58.69	銅 29Cu 63.55	亜鉛 30Zn 65.38*	ガリウム 31Ga 69.72	ゲルマニウム 32Ge 72.63	ヒ素 33As 74.92	セレン 34Se 78.97	臭素 35Br 79.90	クリプトン 36Kr 83.80
5	ルビジウム 37Rb 85.47	ストロンチウム 38Sr 87.62	イットリウム 39Y 88.91	ジルコニウム 40Zr 91.22	ニオブ 41Nb 92.91	モリブデン 42Mo 95.95	テクネチウム 43Tc (99)	ルテニウム 44Ru 101.1	ロジウム 45Rh 102.9	パラジウム 46Pd 106.4	銀 47Ag 107.9	カドミウム 48Cd 112.4	インジウム 49In 114.8	スズ 50Sn 118.7	アンチモン 51Sb 121.8	テルル 52Te 127.6	ヨウ素 53I 126.9	キセノン 54Xe 131.3
6	セシウム 55Cs 132.9	バリウム 56Ba 137.3	ランタノイド 57〜71	ハフニウム 72Hf 178.5	タンタル 73Ta 180.9	タングステン 74W 183.8	レニウム 75Re 186.2	オスミウム 76Os 190.2	イリジウム 77Ir 192.2	白金 78Pt 195.1	金 79Au 197.0	水銀 80Hg 200.6	タリウム 81Tl 204.4	鉛 82Pb 207.2	ビスマス 83Bi 209.0	ポロニウム 84Po (210)	アスタチン 85At (210)	ラドン 86Rn (222)
7	フランシウム 87Fr (223)	ラジウム 88Ra (226)	アクチノイド 89〜103	ラザホージウム 104Rf (267)	ドブニウム 105Db (268)	シーボーギウム 106Sg (271)	ボーリウム 107Bh (272)	ハッシウム 108Hs (277)	マイトネリウム 109Mt (276)	ダームスタチウム 110Ds (281)	レントゲニウム 111Rg (280)	コペルニシウム 112Cn (285)	ニホニウム 113Nh (278)	フレロビウム 114Fl (289)	モスコビウム 115Mc (289)	リバモリウム 116Lv (293)	テネシン 117Ts (293)	オガネソン 118Og (294)

s-ブロック元素　d-ブロック元素　p-ブロック元素

ランタノイド	ランタン 57La 138.9	セリウム 58Ce 140.1	プラセオジム 59Pr 140.9	ネオジム 60Nd 144.2	プロメチウム 61Pm (145)	サマリウム 62Sm 150.4	ユウロピウム 63Eu 152.0	ガドリニウム 64Gd 157.3	テルビウム 65Tb 158.9	ジスプロシウム 66Dy 162.5	ホルミウム 67Ho 164.9	エルビウム 68Er 167.3	ツリウム 69Tm 168.9	イッテルビウム 70Yb 173.0	ルテチウム 71Lu 175.0
アクチノイド	アクチニウム 89Ac (227)	トリウム 90Th 232.0	プロトアクチニウム 91Pa 231.0	ウラン 92U 238.0	ネプツニウム 93Np (237)	プルトニウム 94Pu (239)	アメリシウム 95Am (243)	キュリウム 96Cm (247)	バークリウム 97Bk (247)	カリホルニウム 98Cf (252)	アインスタイニウム 99Es (252)	フェルミウム 100Fm (257)	メンデレビウム 101Md (258)	ノーベリウム 102No (259)	ローレンシウム 103Lr (262)

f-ブロック元素

元素名 → 水素 1H 1.008 ← 元素記号
原子番号 ↗
原子量 (質量数12の炭素 (^{12}C) を12とし、これに対する相対値とする)

ここに示した原子量は実用上の便宜を考えて、国際純正・応用化学連合 (IUPAC) で承認された最新の原子量に基づき、日本化学会原子量専門委員会が作成した表にまとめたものである。本来、同位体存在度の不確定さは、自然に、あるいは人為的に起こりうる変動幅や実験誤差のために、元素ごとに異なる。したがって、個々の原子量の信頼性の値は、正確度が保証された有効数字の桁数が大きく異なる。本表の原子量を引用する際には、このことに注意を喚起することが望ましい。なお本表の原子量の信頼性は有効数字4桁目で±2である。安定同位体がなく、天然で特定の同位体組成を示さない元素については、その元素の放射性同位体の質量数の一例を ( ) 内に示す。したがって、その値を原子量として扱うことはできない。* 密度の一例としては、原子量は6.938から6.997の幅をもつ。
†市販品中のリチウム化合物のリチウムの原子量は6.938から6.997の幅をもつ。

©2021 日本化学会 原子量専門委員会